FÍSICA
com Aplicação Tecnológica

Oscilações, Ondas, Fluidos e Termodinâmica | Volume 2

Blucher

DIRCEU D'ALKMIN TELLES

JOÃO MONGELLI NETTO

Organizadores

FÍSICA
com Aplicação Tecnológica

Oscilações, Ondas, Fluidos e Termodinâmica | Volume 2

Física com aplicação tecnológica – edição coordenada por Dirceu D'Alkmin Telles/João Mongelli Netto
© 2013 Volume 2 – Oscilações, ondas, fluidos e termodinâmica – Organizador: João Mongelli Netto
Direitos reservados para Editora Edgard Blücher Ltda.
Capa: Alba Mancini – Mexerica Design

Blucher

Rua Pedroso Alvarenga, 1245, 4º andar
04531-012 – São Paulo – SP – Brasil
Tel.: 55 11 3078-5366
contato@blucher.com.br
www.blucher.com.br

Segundo o Novo Acordo Ortográfico, conforme
5. ed. do *Vocabulário Ortográfico da Língua
Portuguesa*, Academia Brasileira de Letras,
março de 2009

É proibida a reprodução total ou parcial por
quaisquer meios, sem autorização escrita da
Editora.

Todos os direitos reservados pela Editora Edgard
Blücher Ltda.

Ficha Catalográfica

Física com aplicação tecnológica – v. 2 /
organização de Dirceu D'Alkmin Telles, João
Mongelli Netto. – São Paulo: Blucher, 2013.

Vários autores

ISBN 978-85-212-0755-9

1. Física I. Telles, Dirceu D'Alkmin II. Mongelli
Netto, João

13-0336   CDD 530

Índices para catálogo sistemático:

1. Física

APRESENTAÇÃO

A publicação de uma obra como *Física com Aplicação Tecnológica* representa uma oportunidade de contribuir para a transferência e a difusão do conhecimento científico e tecnológico, possibilitando assim a democratização do conhecimento. Nós, da Fundação FAT – Fundação de Apoio à Tecnologia –, sentimo-nos muito honrados em participar na divulgação desta obra. Ações como esta se adequam aos objetivos estabelecidos pela Fundação de Apoio à Tecnologia, criada em 1987, por um grupo de professores da Faculdade de Tecnologia de São Paulo – FATEC-SP.

A Fundação FAT, que nasceu com o objetivo básico de ser um elo entre o setor produtivo e o ambiente acadêmico, parabeniza os autores pelo excelente trabalho.

Ações como essa se unem ao conjunto de outras que a Fundação FAT oferece, como assessorias especializadas, cursos, treinamentos em diversos níveis, consultorias e concursos para toda a comunidade. Essas ações são direcionadas tanto às Instituições públicas como privadas.

A obra *Física com Aplicação Tecnológica*, *Volume 2: Oscilações, Ondas, Fluidos e Termodinâmica*, que abrange as teorias da Física e suas aplicações tecnológicas, será fundamental para o desenvolvimento acadêmico de alunos e professores dos cursos superiores de Tecnologia, Engenharia, Bacharelado em Física e para estudiosos da área.

No processo de elaboração da obra, os autores tiveram o cuidado de incluir textos, ilustrações e orientações para solução de exercícios. Isso faz com que a obra possa ser considerada ferramenta de aprendizado bastante completa e eficiente.

A cidadania é promovida visando à conscientização social, a partir do esforço das instituições em prol da difusão do conhecimento.

Professor César Silva
Presidente da Fundação FAT – Fundação de Apoio à Tecnologia
www.fundacaofat.org.br

PREFÁCIO

Os docentes de Física do Departamento de Ensino Geral da FATEC-SP, sob a coordenação do Prof. João Mongelli Netto e Prof. Dr. Dirceu D'Alkmin Telles, lançam, em continuidade ao trabalho iniciado anteriormente, o livro *Física com Aplicação Tecnológica, Volume 2: Oscilações, Ondas, Fluidos e Termodinâmica*.

Destinado a alunos e professores dos cursos superiores de Tecnologia, Engenharia, Bacharelado em Física e estudiosos da área, o presente volume apresenta às comunidades acadêmicas tópicos de Oscilações, Ondas, Fluidos e Termodinâmica, por meio de teorias, aplicações tecnológicas, exercícios resolvidos e propostos.

Gostaria de parabenizar a todos que contribuíram para a concretização de mais um volume, que, seguramente, terá valor inestimável para as Instituições de Ensino Superior do país.

Profª Drª Luciana Reyes Pires Kassab

Diretora da FATEC-SP

SOBRE OS AUTORES

JUAN CARLOS RAMIREZ MITTANI

Graduado em Física pela Universidade Nacional de San Agustin (Arequipa – Perú). Mestre e Doutor pela Universidade de São Paulo. Pós-doutorado na USP e na Universidade de Oklahoma (Estados Unidos). Atualmente é professor da Faculdade de Tecnologia de São Paulo e realiza pesquisas na área de Datação e Dosimetria, usando técnicas de luminescência.

juan@fatecsp.br

JOÃO MONGELLI NETTO

Licenciado em Física pela Universidade de São Paulo. Autor de *Física Básica*, pela Editora Cultrix: vol. 1 Mecânica; vol.2 Hidrostática, Termologia e Óptica; coautor de *Física Geral – curso superior* – Mecânica da Partícula e do Sólido, sob coordenação do Professor Tore Johnson. Leciona atualmente essa disciplina na Faculdade de Tecnologia de São Paulo.

mongelli@fatecsp.br; vestibular@centropaulasouza.sp.gov.br

DIRCEU D´ALKMIN TELLES

Engenheiro, Mestre e Doutor em Engenharia Civil – Escola Politécnica – USP. Consultor nas áreas de Irrigação e de Recursos Hídricos. Professor do Programa de Pós-Graduação da Escola Politécnica – USP e Ceeteps. Coordenador e Professor do Curso de Especialização da FATEC-SP. Organizou e escreveu livros e capítulos nas seguintes áreas: reúso da água, agricultura irrigada, aproveitamento de esgotos sanitários em irrigação, elaboração de projetos de irrigação, ciclo ambiental da água e física com aplicação tecnológica. Atua como colaborador da Fundação FAT.

dirceu.telles@fatgestao.org.br; datelles@fatecsp.br

MANUEL VENCESLAU CANTÉ

Bacharel e Mestre em Física pela Unicamp. Doutor em Engenharia de Materiais e Processos de Fabricação pela Unicamp. Tem experiência em ensino de Física, tanto no Ensino Médio como no Ensino Superior. Atualmente, é professor associado da Faculdade de Tecnologia da Zona Leste, no Curso de Polímeros.

mvcante@terra.com.b

EDUARDO ACEDO BARBOSA

Bacharel em Física pelo Instituto de Física da Universidade de São Paulo. Mestre em Física pela Unicamp. Doutor em Tecnologia Nuclear pelo IPEN. Professor e pesquisador da Faculdade de Tecnologia de São Paulo na área de Lasers, Holografia e Metrologia óptica.

ebarbosa@fatecsp.br

FRANCISCO TADEU DEGASPERI

Bacharel em Física pelo Instituto de Física da Universidade de São Paulo. Mestre e Doutor pela Feec – Unicamp. Trabalhou por 24 anos no Ifusp e trabalha em tempo integral na Faculdade de Tecnologia de São Paulo, desde 2000. Montou e, atualmente, coordena o Laboratório de Tecnologia do Vácuo da FATEC-SP. Realiza trabalhos acadêmicos e industriais, desenvolvendo Processos, Metrologia e Instrumentação na área de Vácuo.

ftd@fatecsp.br

LUCIANA KAZUMI HANAMOTO

Bacharel em Física pela Universidade de São Paulo. Doutora em Física do Estado Sólido pela Universidade de São Paulo. Professora associada na Faculdade de Tecnologia de São Paulo.

CONTEÚDO

Volume 2

Capítulo 1	ELASTICIDADE E OSCILAÇÕES	13
Capítulo 2	ONDAS	67
Capítulo 3	FLUIDOS	123
Capítulo 4	TEMPERATURA E DILATAÇÃO	177
Capítulo 5	CALORIMETRIA E TRANSFERÊNCIA DE CALOR	193
Capítulo 6	A PRIMEIRA LEI DA TERMODINÂMICA	235
Capítulo 7	A SEGUNDA LEI DA TERMODINÂMICA E TEORIA CINÉTICA DOS GASES	295
	BIBLIOGRAFIA GERAL	349

7 ELASTICIDADE E OSCILAÇÕES

Juan Carlos Ramirez Mittani

1.1 ELASTICIDADE

1.1.1 INTRODUÇÃO

Até agora, a maioria dos casos envolvendo a ação de forças sobre corpos têm se concentrado sobre os chamados **corpos rígidos**, isto é, corpos ideais não deformáveis, o que, na realidade, é uma simples ilusão. Os sólidos são formados por átomos, os quais não se encontram em contato rígido ou não têm superfícies duras que possam se compactar apertadamente. A nuvem eletrônica dos átomos pode ser moldada ou deformada por forças externas.

Em um sólido, os átomos são unidos por forças cujo comportamento é muito parecido com as forças exercidas por molas. A Figura 1.1 mostra a representação de uma pequena parte de um arranjo regular dos átomos. Nela podemos observar que cada átomo encontra-se em equilíbrio sob a influência de seis molas, todas com constante elástica k muito grande, sendo necessária, assim, uma grande força para tirar os átomos da posição de equilíbrio. Em decorrência disso se dá a ideia de rigidez. Em materiais menos rígidos os valores dessas constantes elásticas são menores, por exemplo, na borracha, na qual pequenas forças são suficientes para mudar a posição dos átomos.

Todo corpo sólido é deformável até certo ponto, isto é, podemos mudar suas dimensões ligeiramente ao esticá-lo, comprimi-lo ou torcê-lo, e alguns corpos sofrem uma deformação

Figura 1.1

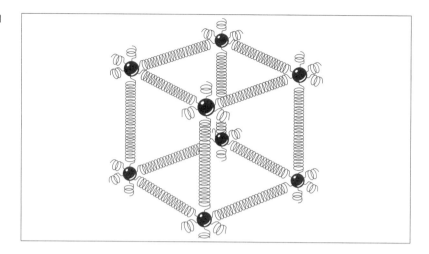

maior que a de outros. Uma vez que a força aplicada deixa de atuar, e desde que esta não exceda certo limite (força de ruptura F_r), alguns corpos recuperam sua forma primitiva, enquanto outros não.

Os primeiros são chamados corpos elásticos, enquanto os outros, corpos plásticos. No presente capítulo, nos concentraremos no estudo dos primeiros, lembrando que corpos elásticos puros não existem.

Se, em um fio metálico AB, de peso desprezível, suspendermos um peso P, como mostrado na Figura 1.2a, o diagrama de corpo livre do sistema mostra que o fio se encontra submetido a forças de tração (Figura 1.2b). Se o fio não se rompe, é porque, no seu interior, se desenvolvem tensões, originadas pelas forças de interação molecular, que mantêm as secções transversais do fio unidas, isto é, se DD é uma das secções transversais (Figura

Figura 1.2

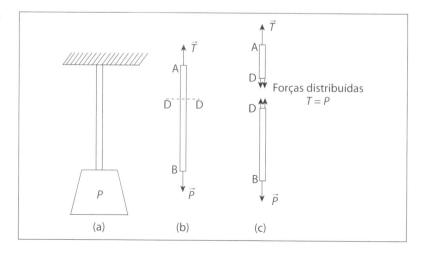

1.2c), a parte superior AD puxará a inferior DB com a mesma intensidade com que DB puxará a parte superior AD. As forças internas T, iguais e opostas, são capazes de equilibrar a força externa P ($T = P$).

De maneira similar, se, sobre uma barra vertical, aplicamos um peso P na parte superior (Figura 1.3a), a barra se encontrará submetida a uma compressão (Figura 1.3b). Da mesma maneira que no caso anterior, na parte interna da barra também se desenvolvem forças de compressão C capazes de equilibrar a força externa P ($C = P$) (Figura 1.3C).

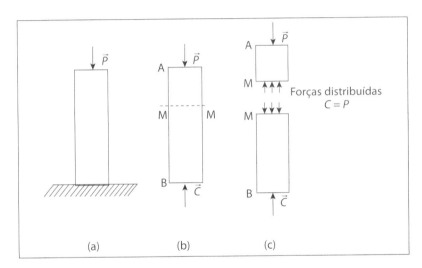

Figura 1.3

Concluindo, uma tensão de tração ou de compressão aplicada em um corpo provoca mudanças nas dimensões físicas desse corpo. Na continuação, estudaremos mais detalhadamente a relação que existe entre as mudanças físicas e as forças aplicadas.

1.1.2 LEI DE HOOKE

Robert Hooke (1635-1703), contemporâneo de Newton, foi o primeiro a descobrir a relação existente entre a variação do comprimento Δx experimentado por um fio e a força F a que está submetida. Ele observou que a variação de comprimento era linearmente proporcional à força aplicada.

A lei de Hooke se escreve $F = k\,\Delta x$, onde a constante de proporcionalidade k depende do material e das dimensões do fio.

Cabe lembrar que a lei de Hooke também é válida para compressões e aplica-se muito bem às molas.

1.1.3 LIMITE DA ELASTICIDADE E PONTO DE RUPTURA

Se, por meios mecânicos adequados, submetermos um tarugo metálico a uma tração de maneira contínua e crescente, medindo a força F aplicada e a variação de comprimento Δx em intervalos convenientes, o gráfico de Δx em função de F nos mostrará duas regiões muito bem diferenciadas (Figura 1.4).

- De O até A temos uma região que corresponde a uma elongação da ordem de 1% do comprimento inicial (L_o) e a relação entre Δx e F é linear, obedecendo à lei de Hooke.

  Diz-se que o tarugo se encontra na **região elástica**, submetido a forças $F \leq F_e$. Se a força diminuir paulatinamente até se anular, o tarugo também voltará ao seu comprimento inicial.

- De A até B a elongação não é mais proporcional à força aplicada. Observa-se uma alteração dimensional visível no tarugo, isto é, uma diminuição do diâmetro em alguma região.

  Diz-se que o tarugo se encontra em uma região plástica com forças atuando entre os intervalos $F_e < F < F_r$. Uma diminuição paulatina de F a partir de qualquer ponto dessa região, o ponto C, por exemplo, ocasionará uma diminuição na elongação do tarugo, seguindo a curva de recuo ao longo de CD, de maneira que, quando a força se anula, o tarugo não volta ao seu estado original, ficando deformado permanentemente com uma elongação Δx_p.

- Se, a partir do ponto D da trajetória de regresso, voltamos a aumentar a força, outra curva será obtida.

Figura 1.4

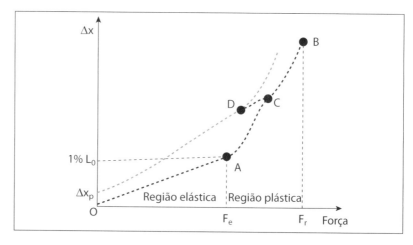

Em resumo, dentro da região plástica não existe mais um único valor de Δx para cada valor de F. O valor de Δx dependerá do tratamento anterior a que foi submetido o material. Um fenômeno desta natureza, no qual o valor de uma grandeza física depende da história anterior, denomina-se histerese.

Para forças de módulo superior a F_r, uma vez atingida a deformação indicada pelo ponto B, o tarugo se rompe.

1.1.4 DEFORMAÇÕES

Um corpo extenso pode ser deformado de várias maneiras. Por exemplo, uma bola de golfe, quando golpeada por um taco, se comprime até adquirir qualquer forma rara imaginável (Figura 1.5). Se analisarmos a deformação de um ponto de vista microscópico, isto é, analisando pequenas porções (volume infinitesimal dV) da bola, observaremos que estas experimentam três tipos básicos de deformações:

- variação do volume sem alterar sua forma;
- variação da forma sem alterar seu volume;
- variação de ambas as características.

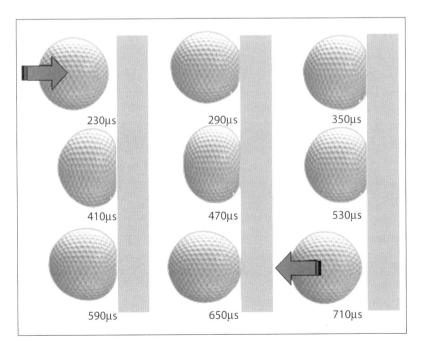

Figura 1.5
Deformação de uma bola de golfe, ao chocar-se com um obstáculo rígido.

Analisemos cada um dos casos, em separado:

a) Imaginemos um pequeno cubo submerso numa massa líquida, como mostrado na Figura 1.6. Devido à pressão do líquido, o cubo é submetido a forças perpendiculares $F_\perp$ em cada face, causando uma diminuição do volume, porém, mantendo sua forma cúbica. Se o volume inicial (fora do líquido) é V_o e o final (dentro do líquido) V_f, a variação do volume do cubo será $\Delta V = V_f - V_o$. Nesse caso, ΔV é uma boa aproximação da medida da deformação, embora seja mais conveniente considerar a variação relativa do volume, que denominaremos de deformação volumétrica por compressão hidráulica.

$$\frac{\Delta V}{V_o} = \beta \qquad (1.1)$$

Figura 1.6

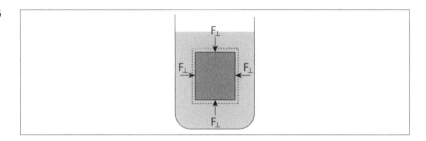

b) Se, no lugar de submergir o cubo em um líquido, aplicarmos duas forças paralelas $F_{//}$, atuando em sentidos contrários sobre superfícies opostas, o cubo sofrerá uma deformação, como mostrado na Figura 1.7.

Nesse caso, o cubo se deforma, porém, mantendo seu volume inicial. As laterais formam um ângulo φ com a vertical.

Esse tipo de deformação recebe o nome de cisalhamento. Cada plano horizontal do cubo sofre um deslocamento, seja no lado direito ou esquerdo, com referência no plano de tensão MN. Podemos medir o cisalhamento por meio do ângulo φ.

Figura 1.7

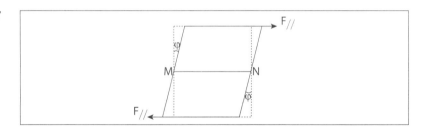

Se o cubo permanece fixo na parte inferior (base) e aplicamos uma força $F_{//}$ na parte superior do cubo (Figura 1.8), obteremos resultados análogos ao caso anterior.

Como φ é um ângulo muito pequeno, seu valor em radianos coincide com o valor da sua tangente trigonométrica. Sendo assim, a deformação por cisalhamento será:

$$\varphi = \tan\varphi = \frac{\Delta x}{h}$$

Onde Δx representa o deslocamento do lado superior do cubo e h a altura.

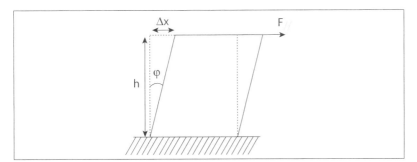

Figura 1.8

c) Se um tarugo metálico é submetido a uma força de tração ao longo do seu eixo longitudinal, o efeito será a elongação do tarugo e uma diminuição da sua secção transversal (Figura 1.9). Nesse caso, o corpo varia tanto o seu volume quanto a sua forma. Embora continue sendo um cilindro, suas dimensões são modificadas de modo que

$$\frac{L}{r} \neq \frac{L_o}{r_o}$$

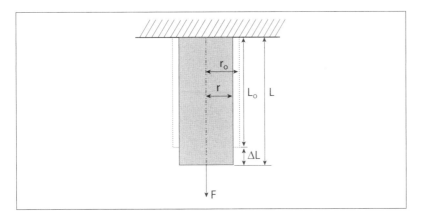

Figura 1.9

Como o alongamento longitudinal ΔL é mais notório, então, definimos a deformação por tração como:

$$\varepsilon = \frac{\Delta L}{L_o} \qquad (1.2)$$

Caso o tarugo metálico seja comprimido ao longo do eixo longitudinal, nesse caso, observaremos uma diminuição no comprimento do tarugo e um incremento na secção transversal. As definições feitas anteriormente permanecem vigentes para este novo caso.

1.1.5 TENSÃO

Definimos três tipos de deformação: volumétrica, por cisalhamento e por tração/compressão. Agora, consideraremos as tensões que as produzem.

Entendemos por tensão, não a força aplicada diretamente no corpo, mas sim, o resultado da força aplicada sobre uma unidade de área da secção transversal do corpo.

Assim definimos:

a) **Tensão hidráulica:**

É a pressão que o fluido exerce sobre o corpo imerso nele.

$$p = \frac{F_\perp}{A} \qquad (1.3)$$

b) **Tensão por cisalhamento:**

É a tensão que atua na direção tangencial à área da secção transversal do corpo. Essa tensão também é chamada de tensão tangencial ou cisalhante e é representada pela letra grega tau (τ).

$$\tau = \frac{F_{//}}{A} \qquad (1.4)$$

c) **Tensão por tração ou compressão longitudinal:**

É a tensão que ocorre na direção normal (perpendicular) à área da secção transversal e é chamada também de tensão normal. Esse tipo de tensão é representado pela letra grega sigma (σ).

$$\sigma = \frac{F}{A} \qquad (1.5)$$

Enquanto as deformações são adimensionais, as tensões têm a dimensão da pressão

$$[Tensão] = \frac{[Força]}{[Área]}$$

e sua unidade no S. I. é

$$\frac{N}{m^2} = Pa \text{ (pascal)}$$

1.1.6 MÓDULOS DE ELASTICIDADE

A lei de Hooke, tratada anteriormente pode ser enunciada, de uma maneira geral, como:

"Em todo corpo elástico, a tensão é diretamente proporcional à deformação"

tensão = constante · deformação

onde a constante é o módulo elástico.

A constante independe da forma ou da dimensão e só depende do material do qual o corpo é constituído.

a) Módulo de compressão

$$M = \frac{Tensão\,hidráulica}{Deformação\,volumétrica} = -\frac{p}{\beta} = -\frac{p}{\Delta V / V_o} \quad (1.6)$$

O sinal negativo é adicionado para que o módulo resulte em um valor positivo, já que, $\Delta p = p_f - p_o$ tem sinal oposto a $\Delta V = V_f - V_o$.

É bastante comum o uso do coeficiente de compressibilidade k definido como o inverso do módulo de compressão

$$k = \frac{1}{M} = -\frac{\Delta V}{V_o p} \quad (1.7)$$

b) Módulo de cisalhamento

$$G = \frac{Tensão\,por\,cisalhamento}{Deformação\,por\,cisalhamento} = \frac{\tau}{\varphi} = \frac{\dfrac{F_{//}}{A}}{\dfrac{\Delta x}{h}} \quad (1.8)$$

c) Módulo de Young

$$E = \frac{\substack{\text{Tensão longitudinal} \\ \text{(tração ou compressão)}}}{\text{Deformação por tração}} = \frac{\sigma}{\varepsilon} = \frac{F/A}{\Delta L/L_o} \qquad (1.9)$$

A dimensão dos módulos elásticos coincide com a dimensão da tensão, tendo, assim, as mesmas unidades.

A Tabela 1.1 mostra os valores aproximados dos três módulos elásticos para alguns materiais.

Tabela 1.1

Material	Compressão – M (GPa)	Cisalhamento – G (GPa)	Young – E (GPa)
Alumínio	70	30	70
Latão	61	36	91
Cobre	140	44	110
Ferro	90	40	100
Aço	160	84	200
Chumbo	8	6	16
Tungstênio	200	150	390
Vidro	31	23	55
Concreto	–	–	30
Diamante	540	450	1.120
Gelo	8	3	14
Osso	–	80	15*
Água	2,2	0	0
Mercúrio	28	0	0
Ar (pressão normal)	0,0001	0	0

*Em compressão.

Os módulos de cisalhamento e de Young são nulos para todos os líquidos e gases.

1.2 OSCILAÇÕES

1.2.1 INTRODUÇÃO

Seja um sistema em equilíbrio estável. Se o perturbarmos ligeiramente de seu ponto de equilíbrio, o sistema realizará oscilações em torno desse ponto. As oscilações têm a característica de serem periódicas, isto é, para intervalos de tempo iguais, de valor T, repetem-se as características cinéticas e dinâmicas do sistema. O tempo T recebe o nome de período de oscilação.

Devemos diferenciar o movimento oscilatório do movimento ondulatório, embora ambos estejam relacionados. Por exemplo, o som de um violão é produzido pelas vibrações ou oscilações da corda do instrumento. Nesse caso, as cordas oscilam em torno de sua posição de equilíbrio. Já as ondas sonoras são perturbações das moléculas de ar devidas às oscilações da corda, e se propagam no espaço, afastando-se do ponto em que foram produzidas.

Movimento periódico

Denomina-se movimento periódico qualquer movimento que se repete em intervalos regulares de tempo. Por exemplo, as vibrações das cordas de algum instrumento musical, as contrações do coração, o movimento de um pêndulo etc.

Movimento harmônico

Corresponde ao caso particular em que o movimento periódico pode ser representado matematicamente por meio de uma série de senos e cossenos (série de Fourier). Por exemplo, se o movimento acontece em uma dimensão, podemos representá-lo como:

$$x(t) = A_1 sen\left(\omega t\right) + B_1 \cos\left(\omega t\right) + A_2 sen\left(2\omega t\right) + B_2 \cos\left(2\omega t\right) +$$
$$+ A_3 sen\left(3\omega t\right) + \ldots$$

onde os termos ω, 2ω, 3ω são denominados de: 1º harmônico, 2º harmônico, 3º harmônico etc. Dentre os possíveis movimentos harmônicos que existem, o mais simples é aquele que pode ser descrito por uma função seno ou cosseno.

1.2.2 MOVIMENTO HARMÔNICO SIMPLES

É o caso mais simples de movimento oscilatório ou periódico. Para entender melhor, consideremos o caso de um bloco de massa m ligado a uma mola, movimentando-se sobre um plano horizontal, sem atrito, como mostrado na Figura 1.10. Quando afastamos o bloco do seu ponto de equilíbrio e logo o soltamos, observamos um movimento de ida e volta em torno do ponto de equilíbrio $x = 0$, o que se repete em intervalos de tempo regulares. Esse tipo de movimento é chamado movimento harmônico simples.

Figura 1.10

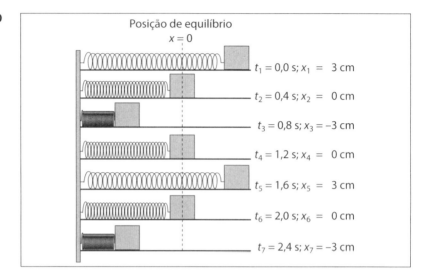

O tempo necessário para ir de um lado a outro e voltar à sua posição inicial, isto é, realizar uma oscilação completa, é denominado período T. A Figura 1.11 mostra uma oscilação completa realizada pelo bloco. No caso, o período de oscilação é $T = 1,6$ s.

A frequência das oscilações é o inverso do período $f = 1/T$ e a unidade é o hertz = 1/s. A frequência nos informa o número de oscilações que acontecem em um segundo. No exemplo da Figura 1.11, a frequência da oscilação é $f = 1/(1,6\text{ s})$ ou $f = 0,63$ Hz.

Figura 1.11

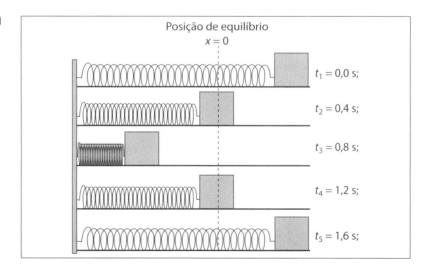

Se fizermos o gráfico da posição x do bloco em função do tempo t para os valores mostrados na Figura 1.10, obteremos a curva da Figura 1.12.

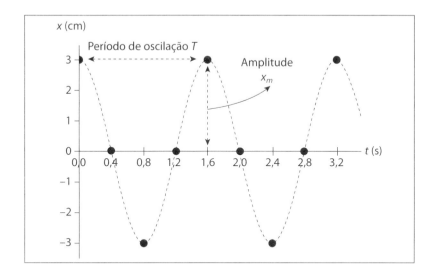

Figura 1.12

Olhando para a curva podemos observar que esta tem uma semelhança com a função matemática **cosseno**. Uma análise matemática detalhada mostra que a posição do bloco em função do tempo é descrita pela expressão $x(t) = 3\cos\left(\dfrac{5\pi}{4}t\right)$.

De maneira geral, para um sistema oscilante qualquer com movimento harmônico simples MHS, sua posição em função do tempo pode ser descrita pela relação

$$x(t) = x_m \cos(\omega t + \varphi) \qquad (1.10)$$

onde x_m é a amplitude da oscilação máxima, ω a frequência angular, $(\omega t + \varphi)$ a fase e φ a constante de fase.

A função cosseno se repete a cada vez que o ângulo aumenta em 2π, ou seja, o sistema realiza uma oscilação completa; assim, a frequência angular será $\omega = \dfrac{2\pi}{T} = 2\pi f$. Uma característica importante do movimento harmônico simples é que o período de oscilação não depende da amplitude do movimento. Essa propriedade é importante na música, já que o tom das notas musicais independe da sua intensidade.

A constante de fase φ nos permite conhecer o deslocamento no instante $t = 0$ s e é importante, principalmente quando queremos comparar o movimento de dois sistemas oscilantes. Por exemplo, a Figura 1.13 apresenta as curvas do deslocamento de dois osciladores, estando ambos separados por uma fase de π/4. No instante $t = 0$ s uma curva apresenta deslocamento igual a 3,0 unidades; enquanto a outra, um deslocamento igual a 2,1unidades.

Figura 1.13

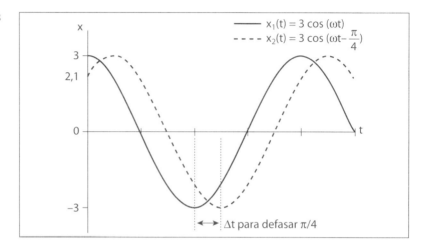

1.2.3 VELOCIDADE E ACELERAÇÃO DO MOVIMENTO HARMÔNICO SIMPLES

1.2.3.1 Velocidade

Para obter a velocidade do movimento harmônico simples derivamos, com relação ao tempo, a equação da posição $x(t) = x_m \cos(\omega t + \varphi)$.

$$v(t) = \frac{dx(t)}{dt} = -x_m \omega \, sen(\omega t + \varphi) \qquad (1.11)$$

Observa-se que $v(t)$ também oscila harmonicamente com a frequência angular ω, entre os valores máximos $-x_m\omega$ e $+x_m\omega$. Portanto, $x_m\omega$ é o valor máximo da velocidade.

$$v_{máx} = x_m \omega \qquad (1.12)$$

O sinal positivo ou negativo em $x_m\omega$ indica o sentido do movimento.

1.2.3.2 Aceleração

Derivando novamente, com relação ao tempo, a equação da velocidade $v(t) = -x_m \omega \, sen(\omega t + \varphi)$, obtemos a equação da aceleração.

$$a(t) = \frac{dv(t)}{dt} = -x_m \omega^2 \cos(\omega t + \varphi) \qquad (1.13)$$

Assim como no caso da velocidade, a aceleração também oscila harmonicamente com a frequência angular ω e $x_m\omega^2$ é o valor da aceleração máxima.

$$a_{\text{máx}} = x_m \omega^2 \qquad (1.14)$$

Considerando que a equação do deslocamento é $x(t) = x_m \cos(\omega t + \varphi)$, podemos escrever a equação da aceleração como:

$$a(t) = -\omega^2 x(t) \qquad (1.15)$$

Os gráficos da posição, velocidade e aceleração em função do tempo são mostrados na Figura 1.14. No caso da posição e

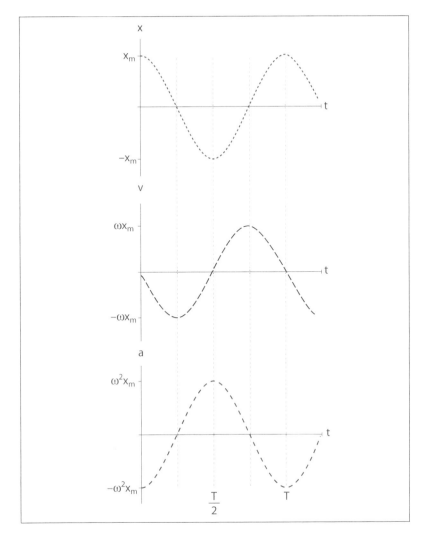

Figura 1.14

da velocidade, é observada uma defasagem de $\pi/2$ entre ambas. Esse resultado indica que, quando o objeto se encontra no seu deslocamento máximo, isto é, em x_m ou $-x_m$, a velocidade é nula em ambos os casos; e quando o objeto se encontra na posição de equilíbrio $x = 0$, a velocidade tem seu valor máximo ou $v_{máx} = x_m\omega$. De maneira similar, também é observada uma defasagem de π entre o deslocamento e a aceleração, e isso nos indica que, quando a partícula se encontra no seu deslocamento máximo em x_m ou $-x_m$, a aceleração terá seu valor máximo igual a $-x_m\omega^2$ ou $x_m\omega^2$ respectivamente. Lembre-se que o sinal de positivo ou negativo indica o sentido da aceleração.

1.2.4 FREQUÊNCIA E PERÍODO DO SISTEMA BLOCO–MOLA

Analisaremos mais detalhadamente o sistema bloco–mola, já mencionado anteriormente. Quando afastamos o bloco de sua posição de equilíbrio, observamos que há uma força F, de sentido contrário ao deslocamento, que atua sobre o bloco por causa da mola, como mostrado na Figura 1.15. A intensidade dessa força, também chamada de força restauradora, pode ser obtida a partir da segunda lei de Newton $\vec{F} = m\,\vec{a}$. Como o sistema é um oscilador harmônico, a aceleração será igual $a = -\omega^2 x$; assim, o módulo da força restauradora será:

$$F = -m(\omega^2 x)$$

Porém, da lei de Hooke, sabemos também que $F = -k\,x$, onde F é a força exercida pela mola, e k é a constante elástica. Igualando ambas as relações, temos:

$$k = m\omega^2$$

Da relação, podemos deduzir que o bloco oscila harmonicamente, em torno da posição de equilíbrio, com uma frequência angular

$$\omega = \sqrt{\frac{k}{m}} \qquad (1.16)$$

Observa-se que a frequência de oscilação depende da natureza do sistema oscilante, e é representada pela constante elástica da mola e pela massa da partícula. Normalmente ω recebe o nome de frequência própria ou frequência natural.

Da frequência, podemos obter o período de oscilação do sistema

$$T = 2\pi\sqrt{\frac{m}{k}} \qquad (1.17)$$

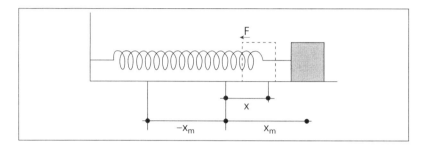

Figura 1.15

1.2.5 ENERGIA DO MOVIMENTO HARMÔNICO SIMPLES (BLOCO–MOLA)

A energia mecânica total é a soma da energia cinética com a energia potencial

$$E_M = E_C + E_P$$

A energia potencial, no caso de um sistema bloco–mola, é dada por

$$E_P = \frac{kx^2}{2}$$

Lembramos que a energia potencial aumenta nas elongações, tendo valor máximo nos pontos extremos x_m e $-x_m$, e valor nulo na posição de equilíbrio $x = 0$ (Figura 1.16).

A energia cinética do bloco em algum ponto do movimento oscilatório é

$$E_C = \frac{mv^2}{2}$$

A energia cinética será nula nas extremidades e máxima na posição de equilíbrio (Figura 1.16).

Como não há atrito entre o bloco e a superfície, o sistema é conservativo, isto é, a energia mecânica total E_M sempre permanece constante. Logo

$$E_M = \frac{kx^2}{2} + \frac{mv^2}{2}$$

Figura 1.16

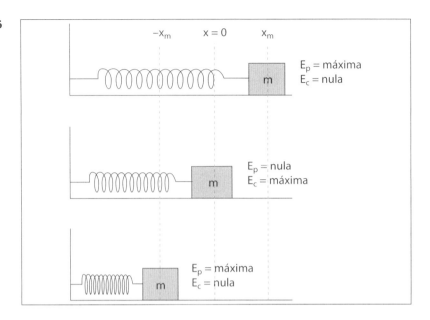

Substituindo $x = x_m \cos(\omega t + \varphi)$ e $v = -x_m \omega \, sen(\omega t + \varphi)$ na expressão acima obtemos

$$E_M = \frac{kx_m^2}{2} \qquad (1.18)$$

A energia mecânica total do movimento harmônico simples é proporcional ao quadrado da amplitude x_m da oscilação.

1.2.6 PÊNDULO SIMPLES

Pêndulo simples é um ente matemático sem representação física, porém, uma aproximação bastante aceitável seria a de uma partícula de massa m suspensa por um fio de comprimento L e massa desprezível. A partícula, quando liberada desde um ângulo inicial, como mostrado na Figura 1.17, oscilará de um lado para outro, periodicamente, com uma amplitude angular igual ao ângulo inicial.

Quando levamos o pêndulo fora da sua posição de equilíbrio e o soltamos, ele irá oscilar em decorrência da ação de uma força restauradora. O esquema de forças atuando sobre a partícula de massa m é mostrado na Figura 1.18. Do esquema, podemos observar que a força restauradora que atua sob o pêndulo é a componente $F_x = mg \, sen \, \theta$ do peso da partícula.

Considerando que a amplitude de oscilação do pêndulo é muito pequena, quando comparada com o comprimento do fio,

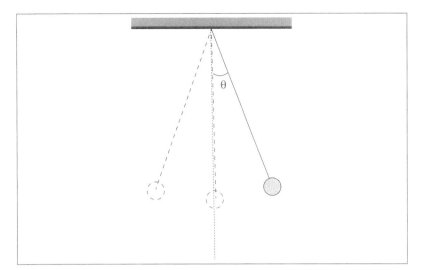

Figura 1.17

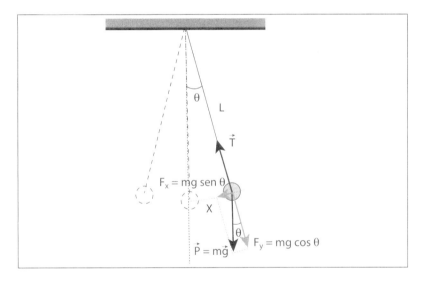

Figura 1.18

o arco que o pêndulo faz durante a oscilação pode ser aproximado por um segmento de reta x. Nessa aproximação, temos, sen $\theta = \dfrac{x}{L}$. Assim, o módulo da força restauradora será

$$F_x = -mg\left(\dfrac{x}{L}\right)$$

Por outro lado, conforme foi mencionado anteriormente, o módulo da força que atua sobre uma partícula em movimento harmônico simples é

$$F_x = ma = m(-\omega^2 x)$$

Comparando-se esta última relação com a equação da força restauradora, obtém-se a frequência angular de oscilação do pêndulo

$$\omega = \sqrt{\frac{g}{L}} \qquad (1.19)$$

e o período de oscilação

$$T = 2\pi\sqrt{\frac{L}{g}} \qquad (1.20)$$

Se o ângulo inicial for muito pequeno, como no presente caso, o pêndulo oscilará com movimento harmônico simples. Nesta situação, observa-se que o período independe do ângulo inicial e só depende do comprimento do fio e da aceleração da gravidade. Em razão desse fato, o pêndulo simples torna-se um dispositivo bastante adequado e preciso para a medição da aceleração da gravidade.

1.2.7 PÊNDULO FÍSICO

Diferentemente do pêndulo simples, um pêndulo físico é qualquer corpo rígido vinculado a um eixo fixo, não necessariamente no centro de massa, oscilando com movimento harmônico simples, Figura 1.19.

Figura 1.19

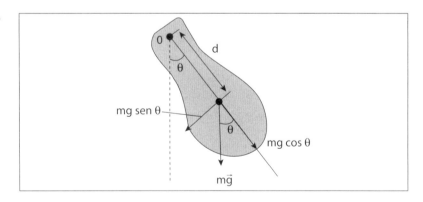

Se o eixo se encontra a uma distância d do centro de massa, como mostrado na Figura 1.19, a força decorrente da gravidade produzirá um torque restaurador $\tau = -mgd\,\text{sen}\,\theta$. Como se trata de um corpo rígido, o torque também pode ser escrito como $\tau = I\alpha$, onde I é o momento de inércia e α a aceleração angular, ambos em relação ao eixo O.

Igualando ambas as expressões para o torque temos que

$$I\alpha = -mgd\,\mathrm{sen}\theta$$

Supondo que o pêndulo físico também se desloca em ângulos muito pequenos, nesse caso, podemos usar a aproximação $\mathrm{sen}\theta \approx \theta$, e a relação apresentada aqui se reduz a

$$\alpha = -\frac{mgd}{I}\theta$$

Como já foi mencionado, a aceleração do movimento harmônico simples unidimensional é da forma $a = -\omega^2 x$, então, seu equivalente angular será da forma $\alpha = -\omega^2\theta$, logo

$$\omega^2\theta = \frac{mgd}{I}\theta$$

Desta maneira, a frequência angular do pêndulo físico será

$$\omega = \sqrt{\frac{mgd}{I}} \tag{1.21}$$

e o período do movimento

$$T = \frac{2\pi}{\omega} = 2\pi\sqrt{\frac{I}{mgd}} \tag{1.22}$$

Novamente, observamos que a frequência de oscilação depende da natureza do sistema que, no caso, é representada pelo momento de inércia e a massa do corpo rígido.

1.2.8 MOVIMENTO CIRCULAR UNIFORME

Existem outras maneiras de se observar um movimento harmônico simples. Uma delas é o movimento da **projeção** de um ponto material que realiza um movimento circular uniforme sobre o diâmetro central (Figura 1.20). Consideremos uma partícula movimentando-se circularmente no sentido anti-horário com raio x_m e velocidade angular constante $\omega = \dfrac{\theta}{t}$.

No instante $t = t_2$, a projeção da partícula ao longo do eixo x, é dada pela distância OP. Conforme transcorre o tempo nos instantes t_3, t_4, t_5 etc., observa-se que o ponto P se desloca inicialmente para o lado esquerdo, passando pelo centro do círcu-

Figura 1.20

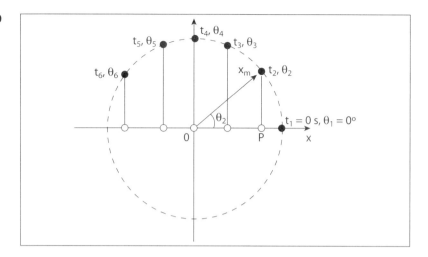

lo até atingir a posição extrema; depois, volta a se movimentar para o lado direito. Desta maneira, observa-se um movimento oscilatório em torno do diâmetro central da circunferência com uma amplitude igual a seu raio.

A posição do ponto P em $t = t_2$ será $x_2(t) = x_m \cos\theta_2$ e em um tempo posterior, por exemplo, em $t = t_3$ será $x_3(t) = x_m \cos\theta_3$. Em geral, podemos escrever a posição do ponto P segundo a relação

$$x(t) = x_m \cos(\theta)$$

Como a partícula está se movimentando com velocidade angular constante $\omega = \dfrac{\theta}{t}$, temos que $\theta = \omega t$. Substituindo-o na equação anterior, obtemos

$$x(t) = x_m \cos(\omega t)$$

Dessa relação, podemos concluir que o ponto P realiza efetivamente um movimento harmônico simples sobre o eixo x. Denomina-se o ângulo θ de fase do movimento.

Como o movimento circular da partícula é uniforme, θ variará linearmente com o tempo. De maneira geral, podemos escrever:

$$\theta = \omega t + \varphi$$

Nessa expressão, o ângulo φ é a fase do movimento para $t = 0$ s (Figura 1.21).

Figura 1.21

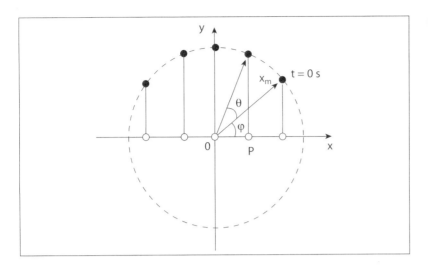

De maneira geral, podemos escrever o movimento de P segundo a relação

$$x(t) = x_m \cos(\omega t + \varphi) \qquad (1.23)$$

e como já vimos anteriormente é a relação do MHS.

1.2.9 MOVIMENTO HARMÔNICO SIMPLES AMORTECIDO

Até agora, estudamos movimentos harmônicos simples, nos quais a energia mecânica do sistema sempre permanece constante, de maneira que o oscilador não para de oscilar. Embora essa situação seja ideal, na realidade a amplitude das oscilações de um sistema real diminui com o tempo, até o sistema parar de oscilar em virtude da interação do oscilador com o meio no qual está se movimentando. Por exemplo, no caso de um pêndulo simples real em oscilação após certo tempo, a amplitude de suas oscilações será tão pequena que será imperceptível à simples vista, isto se ele não tiver se detido completamente, em virtude, principalmente, do atrito com o ar.

Analisemos matematicamente o movimento harmônico amortecido. Para isto, seja o sistema mostrado na Figura 1.22, onde uma esfera de massa desprezível está submersa em um líquido, presa por uma haste fina de massa desprezível. A mola tem constante elástica k, e o bloco, massa M.

Quando fornecemos um impulso inicial ao bloco, o sistema começa a oscilar, porém, em decorrência do atrito da bola com o líquido, o movimento oscilatório começa a perder energia. Como consequência, se observará uma diminuição gradual da amplitude de oscilação até o sistema parar por completo.

Figura 1.22

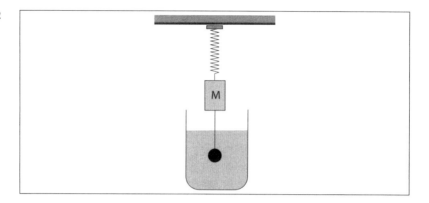

A força de atrito entre a bola e o líquido é proporcional à velocidade do corpo e é da forma

$$F_a = -bv \tag{1.24}$$

Na relação, b é uma constante que tem unidade N/m s^{-1} e depende das características de viscosidade do líquido e da forma do corpo submerso (geometria da superfície e tamanho do corpo).

Como a força de atrito F_a sempre se opõe ao sentido do movimento, o diagrama de forças em um instante determinado será o da Figura 1.23.

Figura 1.23

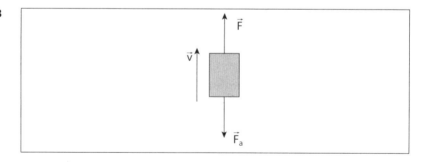

Supondo que a força gravitacional à qual o bloco está submetido seja extremamente pequena, quando comparada com as forças F da mola e de atrito, e aplicando a segunda lei de Newton temos

$$\sum \vec{F} = M\vec{a}$$
$$\vec{F} + \vec{F}_a = M\vec{a}$$
$$-kx - bv = Ma$$

Substituindo a aceleração e a velocidade por d^2x/dt^2 e dx/dt respectivamente, e rearranjando os termos, segue

$$\frac{d^2x}{dt^2} + \frac{b}{M}\frac{dx}{dt} + \frac{k}{M}x = 0$$

Analisando as unidades do termo b/M temos que

$$\frac{b}{M} = \frac{\dfrac{N}{m/s}}{kg} = \frac{\dfrac{kg\,m/s^2}{m/s}}{kg} = \frac{1}{s}$$

segundo este resultado, denotaremos $\dfrac{b}{M} = \dfrac{1}{\tau}$, sendo τ no caso o tempo de relaxação. Já o termo k/M é ω_o^2, o qual é a expressão da frequência angular para o sistema bloco–mola já visto anteriormente.

Assim, obtemos a equação diferencial

$$\frac{d^2x}{dt^2} + \frac{1}{\tau}\frac{dx}{dt} + \omega_o^2 x = 0 \qquad (1.25)$$

A solução para esta equação diferencial é do tipo

$$x(t) = x_m e^{-bt/2M}\cos(\omega t + \phi) = x_m e^{-t/2\tau}\cos(\omega t + \phi)$$

Onde x_m é a amplitude inicial e ω a frequência angular do oscilador amortecido, que é dada pela expressão

$$\omega = \sqrt{\frac{k}{M} - \frac{b^2}{4M^2}} = \sqrt{\omega_0^2 - \frac{1}{4\tau^2}} \qquad (1.26)$$

Note que a solução também se pode interpretar como um movimento harmônico simples com a amplitude variável $x_m' = x_m e^{-t/2\tau}$ da forma

$$x(t) = x_m'\cos(\omega t + \phi) \qquad (1.27)$$

A Figura 1.24 mostra o gráfico da posição em função do tempo para o oscilador amortecido.

Figura 1.24

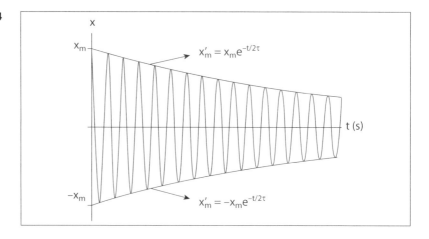

1.2.10 OSCILAÇÕES FORÇADAS E RESSONÂNCIA

Como já foi analisado anteriormente, em um oscilador amortecido, a energia diminui com o tempo, em virtude da interação do oscilador com o meio no qual está se movimentando. Porém, é possível compensar essa perda de energia aplicando uma força externa, de tal maneira que ela realize um trabalho positivo. A proposta é ajustar o sistema, de modo que o bloco fique oscilando ininterruptamente.

A Figura 1.25 mostra o oscilador amortecido analisado anteriormente junto a um agente externo, fornecedor da força necessária para compensar a perda de energia, decorrente do amortecimento. O agente externo é composto por um eletroímã de maneira que, quando o bloco está se movimentando para baixo, fecha-se o contato que está ao lado do bloco. Nesse instante, o eletroímã é acionado, gerando um puxão na linha, restituindo, assim, a energia dissipada naquela oscilação.

Figura 1.25

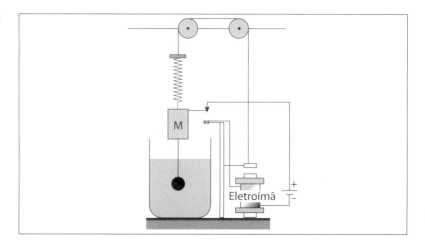

Do exemplo anterior, é possível acrescentar energia ao sistema, por meio de uma força que opere na direção do movimento oscilatório.

Para podermos fazer uma análise do ponto de vista matemático, vamos supor que essa força externa F_{ext} seja aplicada harmonicamente no tempo da forma

$$F_{ext} = F_o \cos \omega_e t$$

onde F_o é uma constante e ω_e a frequência angular da força externa, que **não está** relacionada com a frequência angular do sistema ω_o.

No caso, o objeto de massa M, ligado à mola de constante k, está submetido à força de amortecimento e à força externa. Aplicando a segunda lei de Newton, temos

$$\sum F = Ma$$
$$F + F_a + F_{ext} = Ma$$
$$-kx - bv + F_o \cos(\omega_e t) = Ma$$
$$-kx - b\frac{dx}{dt} + F_o \cos(\omega_e t) = M\frac{d^2x}{dt^2}$$
$$\frac{d^2x}{dt^2} + \frac{1}{\tau}\frac{dx}{dt} + \omega_o^2 x = \frac{F_o}{M}\cos(\omega_e t) \qquad (1.28)$$

A solução desta equação diferencial possui duas componentes, uma chamada de transitória e outra de estacionária. A componente transitória da solução é similar à do oscilador amortecido

$$x(t) = x_m e^{-t/2\tau}\cos(\omega t + \phi) \qquad (1.29)$$

Nela, as constantes x_m e ϕ dependem das condições iniciais. Após certo tempo transcorrido, esta parte da solução se torna desprezível, já que, como foi observado na Figura 1.24, a amplitude diminui exponencialmente com o decorrer do tempo, ficando assim só a parte estacionária, a qual não depende das condições iniciais e apresenta a seguinte forma:

$$x(t) = x_n \cos(\omega_e t - \varphi) \qquad (1.30)$$

Nessa expressão a amplitude x_n é dada por

$$x_n = \frac{F_o/M}{\sqrt{(\omega_o^2 - \omega_e^2)^2 + \left(\frac{b\omega_e}{M}\right)^2}} \quad (1.31)$$

e a constante de fase φ

$$\tan\varphi = \frac{b\omega_e}{M(\omega_o^2 - \omega_e^2)} \quad (1.32)$$

A Figura 1.26 mostra a curva da posição em função do tempo de um sistema em movimento oscilatório forçado. No início da oscilação é observada a fase transitória e, após certo tempo, a fase estacionária. O movimento estacionário é independente das condições iniciais, dependendo somente dos parâmetros do sistema e, obviamente, da força aplicada. Já o movimento transitório depende das condições iniciais.

Figura 1.26

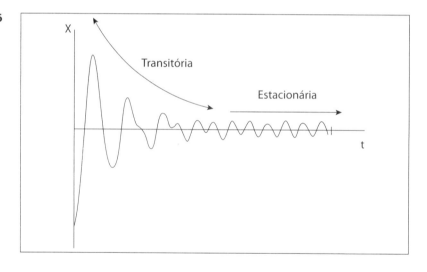

Das equações anteriores, pode-se concluir:

- O sistema oscila com a frequência ω_e da força externa e não com a sua frequência natural ω_o;
- O movimento não é amortecido, já que a amplitude x_n é constante no tempo;
- x_n depende da frequência da força externa e tem seu valor máximo quando $\omega_e^2 = \omega_o^2 - \dfrac{b^2}{2M^2}$.

Para valores pequenos de $\dfrac{b^2}{2M^2}$ a frequência ω_e é aproximadamente igual à frequência natural do oscilador. Então, se diz que a força exterior está em ressonância com o oscilador. Nessa situação, $\varphi = \pi/2$.

A Figura 1.27 mostra a representação gráfica da amplitude em função da frequência de um oscilador amortecido sob influência de uma força externa periódica. Quando a frequência da força externa é igual à frequência natural do sistema, acontece a ressonância. A forma da curva da ressonância depende do valor do coeficiente de amortecimento b.

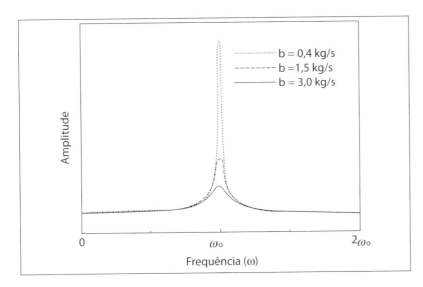

Figura 1.27

Em geral, quando um objeto é excitado por alguma influência externa em sua frequência natural, dá-se a ressonância. No caso, o objeto vibra nessa frequência com amplitude máxima, limitada só pelos amortecimentos.

Crianças brincando no balanço, apesar de nunca terem ouvido falar de ressonância, sabem muito bem como usá-la, isto é, durante o movimento de vai e vem, sabem qual é o momento certo de dobrar o corpo para aumentar a amplitude do movimento.

O corpo de um instrumento musical, um violão, por exemplo, é uma caixa de ressonância. As vibrações da corda entram em ressonância com a estrutura da caixa de madeira, que "amplifica" o som e acrescenta vários harmônicos, dando o timbre característico do instrumento.

EXERCÍCIOS RESOLVIDOS

ELASTICIDADE

1) Uma barra de aço, com 50 mm de diâmetro e 70 cm de comprimento, é tracionada por uma carga normal de 40 kN, como mostrado na Figura 1.28.

   Determinar a tensão, o alongamento e a deformação da barra.

Figura 1.28

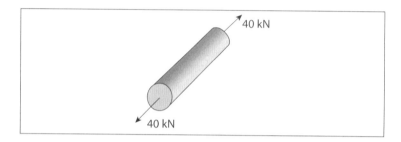

Solução:

a) A tensão por tração será

$$\sigma = \frac{F}{A} = \frac{F}{\pi R^2} = \frac{4 \cdot 10^4 \, N}{\pi (25 \cdot 10^{-3} \, m)^2} = 20,4 \cdot 10^6 \, N/m^2$$

b) Calculamos o alongamento segundo a fórmula

$$E = \frac{\sigma}{\varepsilon} = \frac{F/A}{\Delta L/L_o}$$

O módulo de Young do aço é de 200 GPa

$$\Delta L = \frac{\sigma L_o}{E} = \frac{(20,4 \cdot 10^6 \, N/m^2)(0,7 \, m)}{200 \cdot 10^9 \, Pa}$$

$$\Delta L = 0,07 \cdot 10^{-3} \, m = 0,07 \, mm$$

a) A deformação da barra será

$$\varepsilon = \frac{\Delta L}{L_o} = \frac{0,07 \cdot 10^{-3} \, m}{0,7 \, m} = 0,1 \cdot 10^{-3} = 0,01\%$$

2) Em uma barra de secção transversal quadrada é aplicada uma força de 500 N como mostrado na Figura 1.29. Determinar a tensão de tração e a tensão de cisalhamento que atuam no material (a) no plano da secção a–a e (b) no plano da secção b–b.

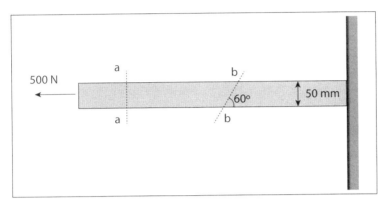

Figura 1.29

Solução:

a) No plano a–a

A tensão de tração será

$$\sigma = \frac{F}{A} = \frac{500\,\text{N}}{(0{,}05\,\text{m})^2} = 200.000\,\text{Pa} = 200\,\text{kPa}$$

A tensão de cisalhamento se deve às forças tangenciais atuando na superfície do plano. No caso do plano a–a todas as forças atuantes são de tração, não tendo nenhuma força tangencial, portanto $F_{//} = 0$

$$\tau = \frac{F_{//}}{A} = 0$$

b) No plano b–b

Se a barra for seccionada ao longo de b–b, o diagrama de corpo livre será como o mostrado na Figura 1.30. Nesse caso, tanto a força normal n como a força tangencial de cisalhamento V atuarão sobre a área seccionada.

Para calcular a tensão de tração e cisalhamento, calculamos primeiramente os valores das forças n e V, utilizando como referência os eixos de coordenadas x' e y'.

Figura 1.30

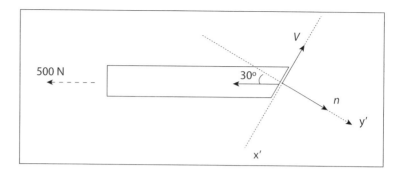

$$\sum F_{y'} = 0$$
$$n - 500\cos 30° = 0$$
$$n = 500\cos 30°$$
$$n = 433\,\text{N}$$

$$\sum F_{x'} = 0$$
$$V - 500\,\text{sen}\,30° = 0$$
$$V = 500\,\text{sen}\,30°$$
$$V = 250\,\text{N}$$

Para calcularmos as tensões de tração e de cisalhamento precisamos calcular a área do plano da secção b–b

Figura 1.31

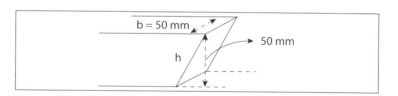

$$h = \frac{50\,\text{mm}}{\text{sen}\,60°} = 57{,}7\,\text{mm}$$
$$\text{Área} = A = h \cdot b = (0{,}0577\,\text{m})(0{,}05\,\text{m})$$
$$A = 2{,}89 \cdot 10^{-3}\,\text{m}^2$$

A tensão de tração será

$$\sigma = \frac{N}{A} = \frac{433\,\text{N}}{2{,}89 \cdot 10^{-3}\,\text{m}^2} = 150\,\text{kPa}$$

e a tensão de cisalhamento

$$\tau = \frac{V}{A} = \frac{250\,\text{N}}{2{,}89 \cdot 10^{-3}\,\text{m}^2} = 87\,\text{kPa}$$

3) Um quadro muito grande, com massa de 15 kg, está pendurado em uma parede por um fio de aço de 1,2 m de comprimento e 1,2 mm de diâmetro, como mostra a Figura 1.32. (Módulo de Young do aço $E = 200 \cdot 10^9$ Pa.)

   a) Qual é o alongamento do fio de aço?
   b) Se o comprimento do fio for duplicado, qual será o novo alongamento?

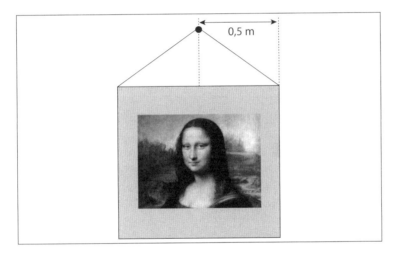

Figura 1.32

Solução:

a) Em virtude do peso do quadro, os fios AB e BC, mostrados na Figura 1.33, estão submetidos a uma força de tração, sofrendo assim, cada um deles, um determinado alongamento.

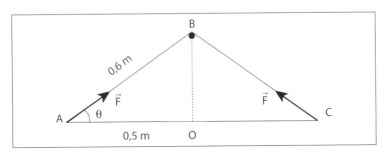

Figura 1.33

Calculamos θ usando o triângulo ABO

$$\theta = \cos^{-1}\left(\frac{0,5}{0,6}\right) = 33,6°$$

Para o cálculo do alongamento dos fios AB e BC é necessário conhecer a força de tração F. Usando o diagrama de equilíbrio do ponto B, calculamos F.

Figura 1.34

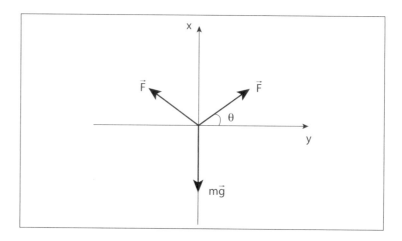

$\Sigma F_y = 0$

$2F\,\text{sen}\,\theta - mg = 0$

$$F = \frac{mg}{2\,\text{sen}\,\theta} = \frac{15\,\text{kg} \cdot 9,8\,\text{m/s}^2}{2 \cdot \text{sen}\,33,6°}$$

$F = 132,8\,\text{N}$

No cálculo do alongamento do fio AB, usamos a equação

$$\Delta L_{AB} = \frac{\sigma L_o}{E} = \frac{FL_o}{AE} = \frac{FL_o}{\pi R^2\,E}$$

$$\Delta L_{AB} = \frac{132,8\,\text{N} \cdot 0,6\,\text{m}}{\pi(0,6 \cdot 10^{-3}\,\text{m})^2 \left(200 \cdot 10^9\,\text{Pa}\right)}$$

$\Delta L_{AB} = 0,35 \cdot 10^{-3}\,\text{m}$

$\Delta L_{AB} = 0,35\,\text{mm}$

Assim, o alongamento total será

$\Delta L = \Delta L_{AB} + \Delta L_{BC} = 0,35 + 0,35$

$\Delta L = 0,70\,\text{mm}$

b) Se o comprimento total do fio for duplicado, o comprimento do fio AB será 1,2 m e, portanto,

$$\theta = \cos^{-1}\left(\frac{0,5}{1,2}\right) = 65,4°$$

$$F = \frac{mg}{2\,\text{sen}\theta} = \frac{(15\,\text{kg})(9,8\,\text{m/s}^2)}{2\cdot\text{sen}65,4} = 80,8\,\text{N}$$

$$\Delta L_{AB} = \frac{80,8\,\text{N}\cdot 1,2\,\text{m}}{\pi(0,6\cdot 10^{-3}\,\text{m})^2\left(200\cdot 10^9\,\text{Pa}\right)}$$

$$\Delta L_{AB} = 0,43\cdot 10^{-3}\,\text{m}$$
$$\Delta L_{AB} = 0,43\,\text{mm}$$

Neste caso, o alongamento total será

$$\Delta L = \Delta L_{AB} + \Delta L_{BC} = 0,43 + 0,43$$
$$\Delta L = 0,86\,\text{mm}$$

OSCILAÇÕES

4) Escrever a equação da curva mostrada na Figura 1.35.

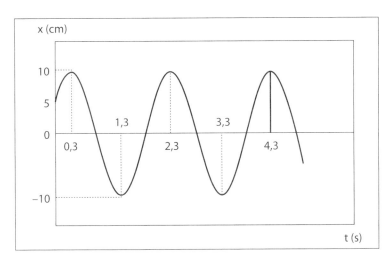

Figura 1.35

Solução:

Escrevemos a equação segundo a expressão

$$x(t) = x_m \cos(\omega t + \varphi)$$

Do gráfico, podemos identificar alguns termos da expressão

- Amplitude máxima $x_m = 10$ cm
- Período $T = 2,3 - 0,3 \rightarrow T = 2$ s
- Frequência angular $\omega = \dfrac{2\pi}{T} = \dfrac{2\pi}{2} \rightarrow \omega = \pi\,\text{rad}/\text{s}$
- Constante de fase φ

Para $t = 0$ s, $x = 5$ cm

$$x(t) = x_m \cos(\omega t + \varphi)$$
$$5 = 10\cos(\varphi)$$
$$\cos(\varphi) = \frac{5}{10}$$
$$\varphi = \frac{\pi}{3}$$

Assim a equação da curva será:

$$x(t) = 10\cos\left(\pi\,t + \frac{\pi}{3}\right)\text{cm}$$

---

5) Uma mola é esticada até que seu comprimento aumente 5 cm. Logo é liberada, podendo oscilar livremente, de maneira que ela realiza 30 oscilações a cada 5 segundos. Determinar:

a) a equação do movimento;

b) a posição após 10 segundos de iniciado o movimento e

c) o tempo que demora para atingir a posição de equilíbrio desde seu ponto de máximo afastamento.

Solução:

a) Como a posição inicial em $t = 0$ s coincide com o deslocamento máximo, a constante de fase será nula; portanto, a equação do movimento procurada será da forma

$$x(t) = x_m \cos(\omega t)$$
$$x_m = 5\,\text{cm}$$
$$\omega = \frac{2\pi}{T} = 2\pi f = 2\pi\frac{30\,\text{ciclos}}{5\,\text{s}}$$
$$\omega = 12\pi\,\text{rad}/\text{s}$$
$$x(t) = 5\cos(12\pi t)\text{cm}$$

Elasticidade e oscilações   49

b) A posição em $t = 10$ s

$$x(t = 10\ s) = 5\cos(12\pi \cdot 10)\text{cm}$$

$$x(t) = 5\,\text{cm}$$

c) Posição de equilíbrio $x = 0$

$$x(t) = 5\cos(12\pi t)$$

$$0 = 5\cos(12\pi t)$$

$$12\pi t = \frac{\pi}{2}$$

$$t = 0,042\,\text{s}$$

6) Determinar a velocidade e a aceleração em $t = 0$ s de um corpo ligado a uma mola cujo movimento é descrito pela equação $x(t) = 0,3\cos\left(2t + \dfrac{\pi}{6}\right)\text{cm}$.

Solução:

Obtemos a velocidade derivando a expressão da posição em relação ao tempo

$$v(t) = \frac{dx(t)}{dt} = -2 \cdot 0,3\,\text{sen}\left(2t + \frac{\pi}{6}\right)$$

$$v(t) = -0,6\,\text{sen}\left(2t + \frac{\pi}{6}\right)$$

em $t = 0$ s

$$v(t) = -0,6\,\text{sen}\left(2t + \frac{\pi}{6}\right)$$

$$v(t) = -0,6\,\text{sen}\left(\frac{\pi}{6}\right)$$

$$v(t) = -0,3\,\text{m}/\text{s}$$

Obtemos a aceleração derivando a velocidade em relação ao tempo

$$a(t) = \frac{dv(t)}{dt} = -2 \cdot 0,6\cos\left(2t + \frac{\pi}{6}\right)$$

$$a(t) = -1,2\cos\left(2t + \frac{\pi}{6}\right)$$

Em $t = 0$ s

$$a(t) = -1,2\cos\left(\frac{\pi}{6}\right)$$

$$a(t) = -1,04\,\text{m}/\text{s}^2$$

7) Uma partícula com massa m = 0,1 kg oscila com movimento harmônico segundo a expressão $x(t) = 0,2\cos(2\pi t)$ m.

   a) Calcular a energia mecânica da partícula.
   b) Representar graficamente a energia cinética e potencial da partícula.

Solução:

a) Calculamos a energia mecânica de um oscilador harmônico, usando a expressão:

$$E_M = \frac{kx_m^2}{2}$$

Onde

$$k = m\omega^2 = 0,1 \cdot (2\pi)^2 = 3,95 \, \text{N/m}$$

$$E_M = \frac{kx_m^2}{2} = \frac{3,95(0,2)^2}{2} = 0,079 \, \text{J}$$

b) Calculamos as energias cinética e potencial segundo as expressões:

$$E_C = \frac{mv^2}{2} \qquad E_P = \frac{kx^2}{2}$$

$$v = \frac{dx(t)}{dt} = -0,4\pi \operatorname{sen}(2\pi t) \qquad x(t) = 0,2\cos(2\pi t)$$

$$E_C = \frac{0,1 \cdot \left[-0,4\pi \operatorname{sen}(2\pi t)\right]^2}{2} \qquad E_P = \frac{3,95 \cdot \left[0,2\cos(2\pi t)\right]^2}{2}$$

$$E_C = 0,079\left[\operatorname{sen}(2\pi t)\right]^2 \, \text{J} \qquad E_P = 0,079\left[\cos(2\pi t)\right]^2 \, \text{J}$$

Figura 1.36

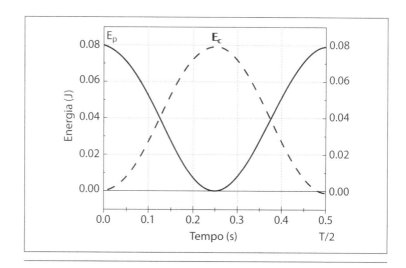

8) Uma lâmpada pendurada do teto de uma igreja se encontra a 2 m do chão. Observa-se que a lâmpada oscila levemente com uma frequência de 0,1 Hz. Qual é a altura do teto?

Solução:

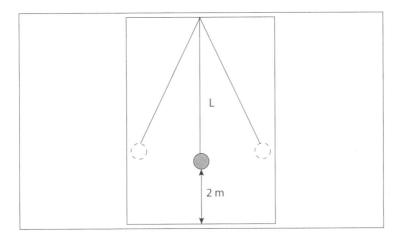

Figura 1.37

Para obter a altura do teto é necessário calcular o comprimento L por meio da relação

$$T = 2\pi\sqrt{\frac{L}{g}}$$

Calculamos o período:

$$T = \frac{1}{f} = \frac{1}{0,1}$$

$$T = 10\,\text{s}$$

Logo

$$L = g\frac{T^2}{4\pi^2} = \frac{9,8\,\text{m/s}^2 (10\,\text{s})^2}{4\pi^2}$$

$$L = 24,82\,\text{m}$$

A altura do teto será $h = 24,82 + 2$

$$h = 26,82\,\text{m}$$

---

9) Calcular o período de oscilação de um pêndulo simples de 50 cm de comprimento no planeta Marte, supondo que o

peso de um objeto nesse planeta é 0,4 vezes o seu peso na Terra.

Solução:

Como o peso em Marte é 0,4 vezes o peso na Terra, então

$$g_{\text{Marte}} = 0,4\, g_{\text{Terra}} = 0,4\left(9,8\,\text{m/s}^2\right)$$

$$g_{\text{Marte}} = 3,92\,\frac{\text{m}}{\text{s}^2}$$

Assim,

$$T = 2\pi\sqrt{\frac{L}{g_{\text{Marte}}}} = 2\pi\sqrt{\frac{0,5\,\text{m}}{3,92\,\text{m/s}^2}}$$

$$T = 2,24\,\text{s}$$

10) Um pêndulo físico é composto por um disco preso a uma haste uniforme, como mostrado na Figura 1.38. O disco uniforme possui um raio r_d = 10 cm e massa M_d = 300 g enquanto que a haste tem comprimento L_h = 30 cm e massa m_h = 200 g.

Qual é o período de oscilação desse pêndulo físico?

Figura 1.38

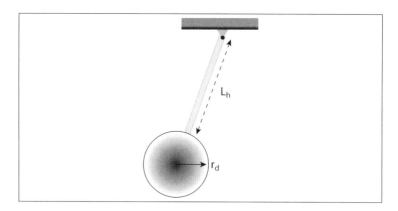

Solução:

Calculamos o período de oscilação de um pêndulo físico usando a relação

$$T = 2\pi\sqrt{\frac{I}{mgd}}$$

onde I é o momento de inércia do pêndulo em torno do eixo de rotação, m a massa total e d a distância do eixo de rotação ao centro de massa do sistema disco–haste.

O momento de inércia do disco com eixo de rotação no centro de massa é

$$I_{cm(\text{disco})} = \frac{M_d r_d^2}{2}$$

já o momento de inércia do disco em torno do eixo de rotação, localizado no extremo da haste, é calculado usando-se o teorema dos eixos paralelos

$$I = I_{cm} + Mh^2$$

$$I_{\text{disco}} = \frac{M_d r_d^2}{2} + M_d \left(r_d + L_h\right)^2$$

O momento de inércia da haste com eixo de rotação que passa pelo centro de massa é

$$I_{cm(\text{haste})} = \frac{m_h L_h^2}{12}$$

e o momento de inércia da haste em torno do eixo de rotação no extremo é, segundo o teorema dos eixos paralelos,

$$I = I_{cm} + Mh^2$$

$$I_{\text{haste}} = \frac{m_h L_h^2}{12} + m_h \left(\frac{L_h}{2}\right)^2$$

$$I_{\text{haste}} = \frac{m_h L_h^2}{3}$$

O momento de inércia total do pêndulo físico é a soma dos momentos de inércia do disco e da haste em torno do eixo de rotação

$$I = I_{\text{disco}} + I_{\text{haste}}$$

$$I = \frac{M_d r_d^2}{2} + M_d \left(r_d + L_h\right)^2 + \frac{m_h L_h^2}{3}$$

$$I = \frac{(0{,}3)(0{,}1)^2}{2} + (0{,}3)(0{,}1 + 0{,}3)^2 + \frac{(0{,}2)(0{,}3)^2}{3}$$

$$I = 0{,}056 \, \text{kg.m}^2$$

Agora, calculamos a distância entre o eixo de rotação e o centro de massa do sistema disco–haste, usando a relação

$$d = \frac{M_d l_d + m_h l_h}{M_d + m_h}$$

onde $l_d = (r_d + L_h) = 0,4\,\mathrm{m}$ e $l_h = \dfrac{L_h}{2} = 0,15\,\mathrm{m}$ são as distâncias entre o eixo de rotação e os centros de massa do disco e da haste, respectivamente.

$$d = \frac{(0,3)(0,4)+(0,2)(0,15)}{0,3+0,2}$$

$$d = 0,3\ \mathrm{m}$$

O período de oscilação do sistema disco–haste será

$$T = 2\pi\sqrt{\frac{I}{mgd}}$$

$$T = 2\pi\sqrt{\frac{I}{(M_d + m_h)gd}}$$

$$T = 2\pi\sqrt{\frac{0,056}{(0,5)(9,8)(0,3)}}$$

$$T = 1,23\ \mathrm{s}$$

---

11) Um pêndulo de 1 m de comprimento é solto desde um ângulo inicial de 15°. Após 1.000 s a amplitude do pêndulo se reduz a 5°, em decorrência do atrito com o ar. Calcular o valor de $b/2\,m$.

Solução:

Sabemos que a amplitude de uma oscilação amortecida varia segundo a relação

$$x'_m = x_m e^{-t/2\tau}$$

$$x'_m = x_m e^{-\frac{b}{2m}t}$$

Logo

$$\frac{b}{2m} = -\frac{1}{t}\ln\frac{x'_m}{x_m}$$

Dos dados do problema, temos $x_m = 15°$, $t = 1.000$ s e $x'_m = 5°$

Elasticidade e oscilações

$$\frac{b}{2m} = -\frac{1}{1.000}\ln\left(\frac{5}{15}\right)$$

$$\frac{b}{2m} = 1,1\cdot 10^{-3}\,\text{s}$$

12) Um bloco de 5 kg está preso em uma das extremidades de uma mola de constante elástica $k = 125$ N/m. O bloco é puxado da sua posição de equilíbrio em $x = 0$ m até $x = 0,687$ m e logo solto do repouso. O bloco se movimenta com oscilação amortecida ao longo do eixo x. A força de amortecimento é proporcional à velocidade. Quando o bloco volta para $x = 0$ m, a velocidade é -2 m/s e aceleração $5,6$ m/s^2.

a) Calcular o módulo da aceleração do bloco após ser liberado em $x = 0,687$ m.

b) Calcular o coeficiente de amortecimento b.

c) Determinar o trabalho realizado pela força amortecedora durante o trajeto $x = 0,687$m até $x = 0$.

Solução:

a) A equação diferencial do movimento harmônico simples amortecido é segundo a equação (1.25).

$$\frac{d^2x}{dt^2} + \frac{1}{\tau}\frac{dx}{dt} + \omega_0^2 x = 0$$

onde $\dfrac{b}{M} = \dfrac{1}{\tau}$

$$\frac{d^2x}{dt^2} + \frac{b}{M}\frac{dx}{dt} + \omega_0^2 x = 0$$

Sabemos que $\;a = \dfrac{d^2x}{dt^2}\;$ e $\;v = \dfrac{dx}{dt}\;$ logo

$$a + \frac{b}{M}v + \omega_0^2 x = 0$$

Quando $x = 0,687$ m a velocidade $v = 0$; assim, temos

$$a = -\omega_0^2 x$$

$$a = -\frac{k}{M}x$$

$$a = -\frac{125\,\text{N}}{5\,\text{kg}}0,687\,\text{m}$$

$$a = -17,18\,\frac{\text{m}}{\text{s}^2}$$

b) Dos dados do exercício sabemos que $x = 0$ m, $v = -2$ m/s e $a = 5,6$ m/s^2.

$$a + \frac{b}{M}v + w_0^2 x = 0$$

$$a + \frac{b}{M}v = 0$$

$$b = -\frac{M}{v}a$$

$$b = -\frac{5\,kg}{(-2\,\text{m/s})}5,6\,\text{m/s}^2$$

$$b = 14\,\text{kg/s}$$

c) Na posição $x = 0,687$ m temos

$$E_1 = E_c + E_p = 0 + \frac{kx_m^2}{2}$$

$$E_1 = \frac{125(0,687)^2}{2}$$

$$E_1 = 29,5\,\text{J}$$

e na posição $x = 0$ m

$$E_2 = E_c + E_p = \frac{mv^2}{2} + 0$$

$$E_2 = \frac{5(-2)^2}{2}$$

$$E_2 = 10\,\text{J}$$

O trabalho realizado será

$$\tau = E_2 - E_1 = 10 - 29,5$$

$$\tau = -19,5\,\text{J}$$

EXERCÍCIOS COM RESPOSTAS

ELASTICIDADE

1) Dois fios metálicos feitos de materiais A e B têm seus comprimentos e diâmetros relacionados por $L_A = 2 L_B$ e $D_A = 4 D_B$. Quando os fios estão submetidos a mesma força de tração, a relação entre os alongamentos é $\Delta L_A/\Delta L_B = 1/2$. Qual é a relação entre os módulos de Young de ambos E_A/E_B?

Resposta: 1/4.

2) Um cabo de aço com secção transversal de 5 cm² é utilizado para levantar um elevador de 800 kg. Qual é a aceleração máxima que pode ter o elevador, de tal maneira que a tensão σ não exceda 1/3 do limite elástico? (limite elástico = $2{,}4 \cdot 10^8$ N/m²).

Resposta: 40,2 m/s².

3) Duas barras cilíndricas feitas de um mesmo material, com módulo de Young $E = 2{,}6 \cdot 10^7$ N/cm², estão sob a ação de uma força $F = 7 \cdot 10^4$ N, como mostrado na Figura 1.38. Calcular o diâmetro d_2 da barra cilíndrica externa, de tal maneira que o alongamento total de ambas as barras seja 1,25 mm.

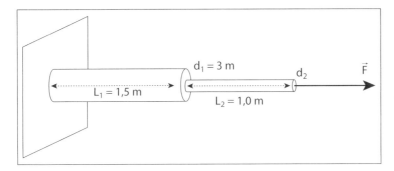

Figura 1.39

Resposta: $d_2 = 2{,}21$ cm.

4) Um fio de alumínio e outro de aço, ambos com diâmetros iguais, estão unidos por uma de suas extremidades, como mostrado na Figura 1.40. No fio composto é suspenso um peso P. Calcular:

a) a relação entre seus comprimentos, de maneira que ambos possuam a mesma elongação;

b) a tensão de tração σ que atua sobre cada fio se o fio de alumínio tiver 0,8 m de comprimento e o alongamento de cada um for 2 mm.

Figura 1.40

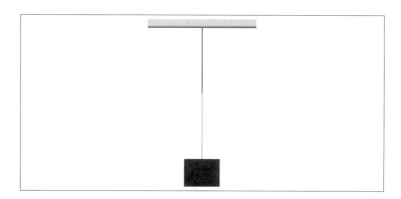

Respostas: a) $L_{al} = (7/20)\, L_{aço}$; b) $\sigma_{al} = 17,5 \cdot 10^7\ N/m^2$, $\sigma_{aço} = 17,5 \cdot 10^7\ N/m^2$.

5) Na Figura 1.41, o fio metálico A tem um comprimento inicial de 10 m, secção transversal 4 mm² e módulo de Young $E = 10^{10}$ N/m². O peso da esfera é 10^3 N e o sistema está em equilíbrio.

Figura 1.41

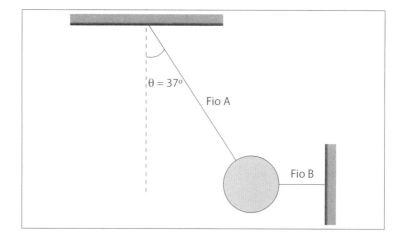

a) Calcular o alongamento do fio A.

b) Se o fio B for solto, qual será o alongamento do fio A quando o corpo estiver na posição mais baixa do seu movimento?

Respostas: a) 0,0313 m; b) 0,363 m.

---

6) Uma barra metálica uniforme de 80 kg de massa e 3,5 m de comprimento é suspensa por um cabo de aço, de acordo com a Figura 1.42. O sistema está em equilíbrio estático se θ = 60°. Calcular:

a) a força de tração no cabo e a força de atrito;

b) a secção transversal do cabo, de tal maneira que não ultrapasse o limite de linearidade ($3{,}6 \cdot 10^8$ Pa) e

c) o alongamento ΔL se o comprimento inicial do fio for $L = 5$ m e o módulo de Young for $E = 20 \cdot 10^{10}$ Pa.

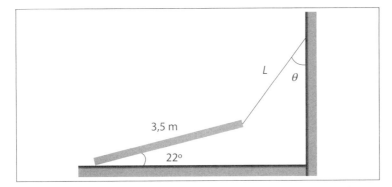

Figura 1.42

Respostas: a) $2{,}6 \cdot 10^3$ N; $2{,}3 \cdot 10^3$ N; b) 7,25 mm²; c) 9 mm.

OSCILAÇÕES

7) Um objeto com movimento harmônico simples tem um deslocamento máximo de

0,2 m em $t = 0$ s, e realiza oito oscilações em um segundo.

a) Encontrar os tempos para as posições 0,1 m; 0 m; – 0,1 m e – 0,2 m, com referência ao ponto de equilíbrio, no início do movimento.

b) Quais são as velocidades nesses pontos?

Respostas: a) 0,02 s, 0,031 s, 0,042 s, 0,0625 s;
b) −8,70 m/s, −10,05 m/s, −8,70 m/s, 0.

8) Um objeto realiza um movimento harmônico simples, com uma frequência de 10 Hz e velocidade máxima de 3 m/s. Qual é a amplitude do movimento?

Resposta: 0,048 m.

9) A frequência de uma partícula que oscila no extremo de uma mola é de 5 Hz. Qual é a aceleração da partícula quando o deslocamento é 0,15 m?

Resposta: −148 m/s^2.

10) Um objeto, unido à extremidade de uma mola, realiza um movimento harmônico simples. Sua velocidade máxima é de 3 m/s e sua amplitude de 0,4 m. Qual é o deslocamento quando a velocidade é 1,5 m/s?

Resposta: 0,35 m.

11) Uma partícula de 0,5 kg unida no extremo de uma mola tem um período de 0,3 s. A amplitude do movimento é de 0,1 m.

   a) Qual é a constante da mola?

   b) Qual é a energia potencial armazenada na mola no deslocamento máximo?

   c) Qual é a velocidade máxima da partícula?

Respostas: a) 219,10 N/m; b) 1,096 J; c) 2,09 m/s.

12) Um objeto com massa de 10 g realiza um movimento harmônico simples, com amplitude igual a 24 cm e período 4 s. Se o deslocamento em $t = 0$ s é 24 cm, calcular:

   a) a posição do objeto no instante $t = 0,5$ s;

   b) a intensidade e direção da força que atuam sob o objeto quando $t = 0,5$ s, e

Elasticidade e oscilações   61

c) o tempo necessário para que o objeto se desloque da posição inicial $x = 24$ cm até o ponto de elongação $x = -12$ cm.

Respostas: a) 0,17 m; b) $- 4,2 \cdot 10^{-3}$ N; c) 1,33 s.

---

13) Um objeto de 4 kg, no extremo de uma mola, em posição vertical, puxa a mola 16 cm a partir da posição de equilíbrio. Se no lugar do objeto de 4 kg for colocado outro de 0,5 kg e posto em movimento harmônico simples, qual será o período de oscilação desse sistema?

Resposta: 0,28 s.

---

14) Uma das extremidades de um diapasão executa um movimento harmônico simples com uma frequência de 1.000 oscilações por segundo e amplitude de 0,4 mm. Calcular:

a) a velocidade e a aceleração máxima do extremo do diapasão e

b) a velocidade e a aceleração do extremo do diapasão para um deslocamento de 0,2 mm.

Respostas: a) 2,51 m/s, $-15,8$ m/s^2; b) 2,17 m/s, $- 8.223$ m/s^2.

---

15) Um oscilador harmônico simples encontra-se em um determinado instante de tempo na posição igual à terceira parte da sua amplitude. Determinar, para esse instante, a relação entre a energia cinética e a energia potencial E_c/E_p.

Resposta: 8.

---

16) Depois de pousar em um planeta desconhecido, um astronauta constrói um pêndulo simples de 50 cm de comprimento. Ele verifica que o pêndulo simples executa 100 oscilações em um tempo de 136 s. Qual é o valor da aceleração da gravidade nesse planeta?

Resposta: 10,8 m/s^2.

---

17) Calcular o período de oscilação de um pêndulo simples de 100 cm de comprimento localizado em um planeta desco-

nhecido. O peso dos objetos nesse planeta é 0,6 vezes o peso da Terra.

Resposta: 2,59 s.

18) Supondo que a aceleração da gravidade na superfície da Lua seja 1,67 m/s^2, e que um relógio de pêndulo, ajustado para trabalhar na Terra, seja transportado até a Lua, que porcentagem de seu comprimento na Terra deverá ter o novo pêndulo na Lua para que o relógio mantenha seu funcionamento?

Resposta: 17%.

19) Para medir o tempo, construímos um relógio de pêndulo que é formado por uma bola metálica e uma corda. Fazemos o pêndulo oscilar de maneira que a bola metálica golpeie lâminas metálicas nos extremos de suas oscilações. Supondo que o pêndulo seja ideal,

    a)   Qual deve ser o comprimento da corda para que o intervalo entre os golpes nas lâminas metálicas seja de 1 s?

    b)   Com o passar do tempo é muito provável que a corda fique esticada. O relógio se movimenta mais lenta ou mais rapidamente?

Respostas: a) 0,993 m; b) lento.

20) Um pêndulo físico consiste em uma régua que oscila em torno de um eixo, que passa por uma de suas extremidades e é perpendicular ao plano de oscilação. A régua oscila com um período $T = 0,898$ s. Qual é o comprimento da régua?

Resposta: 0,3 m.

21) Uma haste de comprimento $L = 1$ m oscila em torno de um eixo que se encontra a uma distância $L/4$ da metade da haste. Qual é o período de oscilação desse pêndulo físico?

Resposta: 1,53 s.

22) Um pêndulo físico consiste de uma esfera sólida, com raio de $r_e = 5$ cm e massa

M_e = 200 g, presa a uma haste uniforme, com comprimento L_h = 50 cm e massa

m_h = 50 g, como mostrado na Figura 1.43.

a) Calcular o momento de inércia em torno da articulação (pivô);
b) calcular a distância entre o ponto de pivô e o centro de massa do pêndulo físico e
c) determinar o período de oscilação do pêndulo.

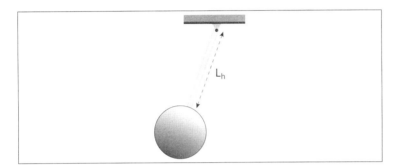

Figura 1.43

Respostas: a) 0,065 kg/m²; b) 0,49 m; c) 1,46 s.

23) Uma placa retangular possui lados de comprimento a = 30 cm e b = 40 cm. A placa é suspensa por um pivô que passa por um pequeno furo, a uma distância d = 15 cm do seu centro de massa, como mostrado na Figura 1.44. Se colocarmos a placa para oscilar em pequenos ângulos, qual será o período de oscilação?

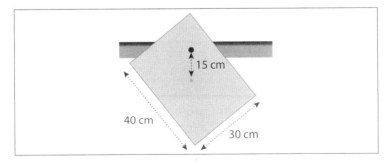

Figura 1.44

Resposta: 1,75 s.

24) Um aro suspenso numa haste, como ilustrado na Figura 1.45, oscila como um pêndulo em MHS de pequenos ângulos com um período $T = 1,55$ s. Calcular o raio do aro.

Figura 1.45

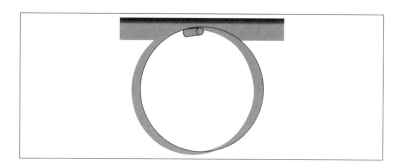

Resposta: 0,3 m.

25) Um pêndulo simples, ajustado para ter um período de 2,0 s, é colocado em movimento. Após 20 minutos, a amplitude do pêndulo diminui para ¼ do valor inicial. Se o movimento do pêndulo pode ser representado pela equação $\theta = \theta_o e^{-\frac{t}{2\tau}} cos(2\pi ft)$, qual é o valor de $1/2\tau$? (considere $e^{-1,386} = 1/4$).

Resposta: $1,2 \cdot 10^{-3}$ kg/s.

26) Um corpo de 50 g está preso na extremidade de uma mola de constante elástica 25 N/m. O deslocamento inicial é igual a 0,3 m. Uma força de amortecimento da forma $-bv$ atua sobre o corpo, e a amplitude do movimento diminui de 0,1 m em 5 s. Calcule o módulo da constante de amortecimento b.

Resposta: 0,022 kg/s.

27) Um oscilador harmônico amortecido consiste de um bloco de massa 1 kg, uma mola de constante elástica 5 N/m e uma força de amortecimento da forma $-bv$, em que $b = 200$ g/s. O bloco é puxado para baixo 5 cm da sua posição de equilíbrio, e depois liberado.

a) Qual é o tempo necessário para que a amplitude da oscilação diminua à metade do seu valor inicial?

b) Qual é o número de oscilações efetuadas pelo bloco nesse tempo?

Respostas: a) 6,93 s; b) 2,46 oscilações.

Eduardo Acedo Barbosa

2.1 INTRODUÇÃO

No capítulo anterior, foram analisados os fenômenos oscilatórios ou vibratórios.

Nos meios elásticos – e todos os meios materiais são elásticos em maior ou menor grau – uma oscilação pode dar início a uma onda que se propaga por um meio.

Os fenômenos ondulatórios estão muito presentes em nosso cotidiano: ouvimos os sons e vemos os objetos por interessantes mecanismos orgânicos de percepção da energia carregada pelas ondas.

O som é uma onda mecânica, que necessita de um meio de propagação; sua descrição envolve conceitos de mecânica, as leis de Newton. A luz é onda eletromagnética, que pode se propagar em certos meios, mas que se transmite mais eficientemente no espaço vazio, no vácuo; seu estudo envolve o eletromagnetismo, uma vez que essa onda é descrita por campos elétricos e campos magnéticos oscilantes.

Partículas elementares, como o elétron e o próton, sob certas condições, podem apresentar comportamento ondulatório. São as chamadas ondas de matéria, estudadas por meio das leis da mecânica quântica.

No presente capítulo, o foco será o estudo das ondas mecânicas e os conceitos que serão estudadas se aplicam a ondas de todos os tipos.

Considere a seguinte situação: uma pessoa segura uma das extremidades de uma corda esticada, que está presa pela outra extremidade. Ao movimentar sua mão para cima e para baixo várias vezes, o movimento vibratório que ela faz se transmite sucessivamente aos pontos da corda situados cada vez mais distantes de sua mão. Assim, uma onda transversal se propaga ao longo da corda. Ela recebe este nome porque os pontos da corda se movem perpendicularmente à direção de propagação da onda, como mostra a Figura 2.1.

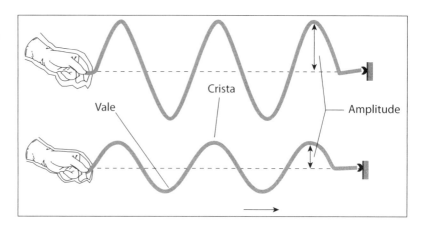

Figura 2.1
Onda transversal senoidal.

A luz, que se propaga no vácuo, é também uma onda transversal. No vácuo, todas as ondas eletromagnéticas têm a mesma velocidade, 299.792.458 m/s.

Portanto, em uma onda, há transporte de energia de um ponto a outro do meio, sem haver transporte de matéria entre esses pontos. A onda transporta energia e momento linear.

Quando a perturbação e a propagação da onda se dão na mesma direção, temos uma onda longitudinal. Esse é o caso de uma onda de compressão e distensão em uma mola, como mostra a Figura 2.2.

Outro exemplo de onda longitudinal é o da onda sonora, que exige um meio para a sua propagação, por exemplo, o ar.

Uma situação interessante é observada quando gotas de água caem de uma torneira situada acima de um reservatório com água. A colisão das gotas na água origina uma onda que tem a forma circular e se propaga, de forma radial e paralela, pela superfície da água, afastando-se do ponto em que as gotas caem.

Se colocarmos um pedaço de cortiça na água, ele irá oscilar para cima e para baixo, quando atingido pela onda mecânica, sem acompanhar a onda que se move na horizontal.

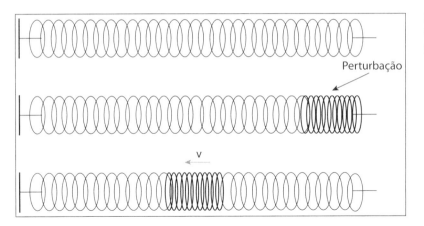

Figura 2.2
Onda longitudinal produzida numa mola.

Nota: A rigor, as ondas que se propagam nos líquidos combinam as características de onda transversal – as partículas da água sobem e descem – com as características de onda longitudinal – as partículas se deslocam para frente e para trás.

2.2 ONDAS EM UMA DIMENSÃO

2.2.1 ONDAS PROGRESSIVAS

Consideremos, como exemplo, um pulso único de onda que se propaga na corda. É o caso em que uma única perturbação é aplicada sobre ela ao longo da direção z, de forma a propagar-se progressivamente ao longo do eixo x do sistema de coordenadas Oxz com velocidade v, como mostra a Figura 2.3.

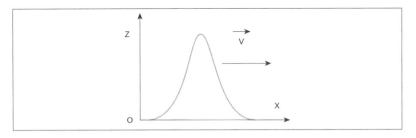

Figura 2.3

Como representar uma função neste sistema de coordenadas que expresse matematicamente o deslocamento desse pulso? A solução é engenhosa: escrevemos esta função em relação a outro referencial, $O'x'z'$, de modo a mantê-la imutável em relação a ele, e fazemos este novo referencial se mover em relação a Oxz com velocidade constante v. Desta forma, a função que representa o pulso de onda desloca-se com velocidade v em relação a Oxz. A Figura 2.4 ilustra o referencial Oxz, o pulso de onda em repouso em relação a $O'x'z'$, e o movimento deste em relação a Oxz.

No instante $t = 0$, ambos os referenciais são coincidentes. No referencial em movimento o perfil do pulso não muda sua forma, de modo que

$$z(x',t') = z(x',0) = f(x') \qquad (2.1)$$

Figura 2.4

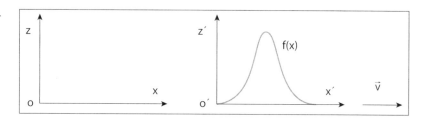

O fato de o perfil do pulso $f(x')$ ser uma função apenas de x' no referencial $O'x'z'$ indica que o pulso está em repouso em relação a ele. Como esse referencial se desloca com velocidade v constante, toda coordenada x relaciona-se com x' de acordo com $x = x' + vt$, e, obviamente, a coordenada x' pode ser escrita como

$$x' = x - vt \qquad (2.2)$$

A equação 2.2 acima expressa a transformação de Galileu, que relaciona coordenadas de sistemas que possuem movimento relativo. A partir desta relação e da equação 2.1, escreve-se o pulso de onda em relação ao referencial de repouso:

$$f(x') = f(x - vt) = z(x,t), \qquad (2.3)$$

A função $f(x - vt)$ descreve o pulso progressivo deslocando-se ao longo do eixo x, sentido positivo. Para um pulso $w(x,t)$ que se propaga no sentido inverso, faz-se a transformação $v \rightarrow -v$, de modo a valer a relação

$$w(x,t) = g(x + vt) \qquad (2.4)$$

Note que esta análise é válida para qualquer tipo de função $f(x - vt)$, não importando a sua forma.

Exemplo I

Considerar um pulso de onda em uma corda com forma parabólica dada por $z(x,0) = ax^2 + bx$, para $a = -1\text{m}^{-1}$ e $b = 2$. O pulso se desloca ao longo do eixo x positivo, com velocidade 2,5 m/s. Esboçar a forma da onda no sistema de coordenadas Oxz, para os instantes $t=0, t=1,0\,s, t=2,0\,s$ e $t=3,0\,s$.

Solução:

Embora não seja uma forma usual de pulso, a parábola é uma função convenientemente simples para este tipo de análise. Conforme a análise apresentada aqui, o perfil $z_P(x,t)$ do pulso será dado por

$$z_P(x,t) = f(x-vt) = a(x-vt)^2 + b(x-vt) \qquad (2.5)$$

Uma forma de esboçarmos o pulso para diferentes instantes é calcularmos as raízes e a coordenada do ponto máximo da parábola, e avaliar como esses valores evoluem em função do tempo. Fazendo a substituição $x' = x - vt$, a equação 2.5 toma a forma $f(x') = ax'^2 + bx'$, cujas raízes são dadas por $x'_< = 0$ e $x'_> = -b/a$. Escrevendo as raízes no referencial Oxz, obtém-se

$$x_< = vt \Rightarrow x_<(t) = 4t \qquad \text{(SI) e (2.6a)}$$

$$x_> = -b/a + vt \Rightarrow x_>(t) = 2 + 4t \qquad \text{(SI) (2.6b)}$$

O valor de x' para a qual a função parabólica é máxima é $x'_{máx} = -b/2a$. Este valor dependente do tempo em relação ao referencial Oxz será então

$$x_{máx} = -b/2a + vt \Rightarrow x_>(t) = 1 + 4t \qquad \text{(SI) (2.7)}$$

As equações 2.6a, 2.6b e 2.7 mostram que as raízes do perfil do pulso, bem como o valor para o qual ele é máximo, deslocam-se a uma taxa de 4 m/s no sentido de x positivo, de onde se conclui que a própria função $z_P(x,t)$ tem o mesmo comportamento. A Figura 2.5 mostra as posições do pulso de onda nos instantes $t = 0$, $t = 0,5$ s, $t = 1,0$ s e $t = 1,5$ s no referencial Oxz.

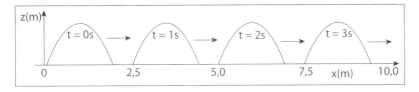

Figura 2.5

Note que o argumento $x - vt$ da função que descreve o perfil do pulso permanece constante enquanto o pulso se desloca: à medida que o tempo passa e a onda translada, o valor de x aumenta, na mesma proporção em que o termo $-vt$ torna-se cada vez mais negativo. Como exemplo, tomemos como referência a coordenada x_m do centro da parábola e analisemos a evolução do termo x_m com o passar do tempo, com o auxílio do gráfico da Figura 2.5.

Para $t = 0$, $x_m - vt = 1$ m;

para $t = 0{,}5$, $x_m - vt = 3 - 4.0{,}5 = 1$ m;

para $t = 1{,}0\,s$, $x_m - vt = 5 - 4.1{,}0 = 1$ m;

para $t = 1{,}5s$, $x_m - vt = 7 - 4.1{,}5 = 1$ m, e assim, sucessivamente.

Exemplo II

Proceder analogamente ao Exemplo I para estudar a propagação de um pulso, formado sobre a superfície da água, com perfil gaussiano, com largura 50 cm e propagando-se ao longo do eixo x com velocidade 1,5 m/s. Esboçar a onda em um sistema de coordenadas Oxz para os instantes $t = 0, t = 1{,}0\,s, t = 2{,}0\,s$ e $t = 3{,}0\,s$.

Solução:

A função gaussiana de amplitude A tem a forma $f(x') = Ae^{-x'^2/a^2}$ no referencial $O'x'z'$.

A largura da função gaussiana é dada por $\Delta x = 2a\sqrt{\ln 2}$. Se $\Delta x = 0{,}5\,m$, tem-se $a = 0{,}36$ m. Pulsos gaussianos são frequentemente encontrados em fenômenos ópticos, principalmente na emissão de lasers pulsados. Para caracterizarmos o movimento do pulso ao longo da direção x com velocidade $v = 1{,}5\,m/s$, devemos escrever seu perfil de acordo com a transformação expressa na equação 2.2:

$$z_G(x,t) = Ae^{-(x-vt)^2/a^2} = Ae^{-(x-1{,}5t)^2/0{,}36^2} \qquad (2.8)$$

A Figura 2.6 ilustra o pulso para os instantes $t = 0, t = 1{,}0\,s$, $t = 2{,}0\,s$ e $t = 3{,}0\,s$.

2.2.2 ONDAS HARMÔNICAS

Quando a perturbação aplicada no meio corresponde a uma oscilação harmônica simples (cada ponto realiza um MHS, movimento harmônico simples, estudado no capítulo anterior),

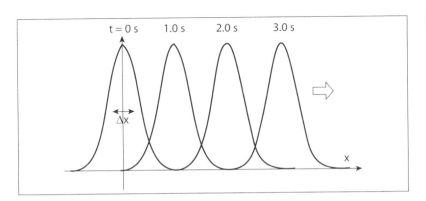

Figura 2.6

tem-se uma onda harmônica, cujo perfil senoidal no referencial $O'x'z$ é dado por

$$z(x') = A\cos(kx' + \varphi), \qquad (2.9)$$

onde A é a amplitude da onda e φ é a sua fase. De acordo com a transformação de Galileu da equação 2.2, o perfil da onda que se desloca com velocidade constante no referencial Oxz será

$$z(x,t) = A\cos\left[k(x - vt) + \varphi\right] = A\cos(kx - kvt + \varphi) \qquad (2.10)$$

Essa onda, mostrada na Figura 2.7, tem comprimento λ, expresso em metros no SI. Por ser um evento cíclico, tanto espacial quanto temporalmente, o perfil da onda senoidal deve ter o mesmo valor em intervalos múltiplos de λ ao longo do eixo x, como mostrado na Figura 2.5. Dessa forma, podemos escrever

$$z(x,t) = z(x + \lambda, t), \qquad (2.11)$$

que, de acordo com a equação 2.10, leva à relação

$$\cos(kx - kvt + \varphi) = \cos\left[k(x + \lambda) - kvt + \varphi\right] \qquad (2.12)$$
$$= \cos(kx - kvt + \varphi + k\lambda)$$

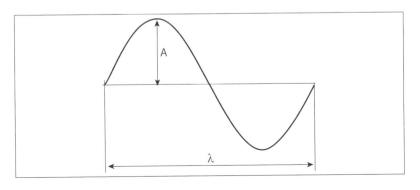

Figura 2.7

Da identidade $\cos\alpha = \cos(\alpha + 2\pi)$, chega-se, pela equação 2.12, à relação

$$k\lambda = 2\pi \qquad (2.13)$$

O parâmetro k é o chamado número de onda, de unidade m^{-1} no SI.

Assim como a onda harmônica é periódica no espaço, também o é no tempo. Como todo fenômeno cíclico, a onda se repete em intervalos iguais de tempo, o período T. Dessa forma, analogamente à equação 2.11, pode-se escrever $z(x,t) = z(x,t+T)$, resultando na relação

$$\cos(kx - kvt + \varphi) = \cos[kx - kv(t+T) + \varphi] \qquad (2.14)$$
$$= \cos(kx - kvt + \varphi - kvT)$$

Da equação acima, obtém-se a relação $kvT = 2\pi$. O termo kv, de unidade s^{-1} no SI, é a chamada frequência angular ω, que se relaciona com o período, de acordo com a equação

$$\omega = \frac{2\pi}{T} \qquad (2.15)$$

Sendo o período T o tempo de duração de um ciclo completo, e sendo a frequência o número de ciclos por unidade de tempo, nota-se que ambos por definição são recíprocos, de modo a se relacionar de acordo com

$$f = \frac{1}{T} \qquad (2.16)$$

Por meio das relações $k = 2\pi/\lambda$ e $kv = \omega$, e substituindo-se T da equação 2.16 na equação 2.15, chega-se à importante equação que relaciona a velocidade de fase, o comprimento da onda e a sua frequência:

$$v = \lambda f \qquad (2.17)$$

A equação 2.17 mostra que frequência e comprimento de onda são inversamente proporcionais. Para um dado meio homogêneo, no qual a velocidade é uma constante, a frequência e o comprimento de onda acabam por adquirir um caráter complementar, quase uma equivalência: quando um parâmetro é conhecido, automaticamente tem-se o outro. Essa relação pode ser obtida por meio de conceitos e argumentos extremamente simples. Durante um intervalo de tempo Δt igual ao período T, a onda sofre um deslocamento ΔS igual ao seu comprimento λ.

Dessa forma, a velocidade da onda $v = \Delta S/\Delta t$ pode ser dada como $v = \lambda/T$; substituindo-se o período T pelo recíproco da frequência na relação 2.16, chega-se, portanto, novamente ao resultado

$$v = \lambda f$$

Exemplo III

Uma onda transversal, em uma corda, é dada pela expressão

$$z(x,t) = 0{,}2 \, \mathrm{sen}(9x - 180t) \qquad \text{(SI)}$$

Determinar:

a – a direção e o sentido de propagação da onda;

b – a amplitude;

c – a frequência, o período e o comprimento da onda;

d – sua velocidade de propagação.

Solução:

a – A onda tem a forma $z(x,t) = A \, \mathrm{sen}(kx - \omega t)$, é progressiva e propaga-se ao longo da direção x. O sinal negativo da fase $-180t$ no argumento da função seno indica que a onda se propaga ao longo do sentido *positivo* de x.

b – A amplitude é $A = 0{,}2$ m;

c – Sendo $\omega = 180$ rad/s e $f = \omega/2\pi$, temos

$f = 28{,}6$ Hz;

O período é $T = 1/f = 0{,}035$ s.

O comprimento de onda pode ser calculado a partir do número de onda $k = 9 \, \mathrm{m^{-1}}$, por meio da expressão $k = 2\pi/\lambda$:

$\lambda = 2\pi/k = 0{,}70$ m

d – a velocidade de propagação da onda é obtida por

v $= \omega/k = 180/9 = 20$ m/s

Exemplo IV

Considere a onda do Exemplo III. Obter, para um ponto P da corda na posição $x = 2$ m,

a – O deslocamento transversal sofrido por P entre os instantes $t = 1$ s e $t = 4$ s;

b – A velocidade média de P ao longo da direção z entre os instantes $t = 0$ s e $t = 3$ s;

c – A aceleração transversal média de P, ao longo de z, entre os instantes $t = 1$ s e $t = 2$ s;

d – A sua aceleração transversal no instante $t = 2$ s.

Solução:

Quando observamos um ponto fixo num meio pelo qual uma onda harmônica se propaga, notamos que ele efetua um movimento harmônico simples. Desta maneira, a análise de uma onda progressiva, para um ponto fixo da corda, resume-se ao estudo do MHS efetuado por este ponto. A equação $z(x,t) = A\,\mathrm{sen}(kx - \omega t)$ passa a ter a forma $z(x_P,t) = A\,\mathrm{sen}(kx_P - \omega t)$, onde kx_p é uma fase constante, tanto espacial quanto temporalmente.

a) Assim, o deslocamento transversal Δz no intervalo de tempo entre $t = 1$ s e $t = 4$ s será aquele efetuado pela partícula em MHS, com amplitude 0,2 m:

$$\Delta z = z(2;4) - z(2;1) = 0,2\,\mathrm{sen}(9\cdot2 - 180\cdot4) - 0,2\,\mathrm{sen}(9\cdot2 - 180\cdot1)$$
$$= 0,2\cdot(0,989 - 0,978) = 0,0021 \text{ m}$$

b) A velocidade média será

$$v = \frac{\Delta z}{\Delta t} = \frac{z(2;3) - z(2;0)}{3 - 0} =$$
$$= \frac{0,2\,\mathrm{sen}(9\cdot2 - 180\cdot3) - 0,2\,\mathrm{sen}(9\cdot2 - 180\cdot0)}{3}$$
$$= \frac{0,095 - (-0,75)}{3} = 0,28 \text{ m/s}$$

c) A aceleração média, calculada para um intervalo de tempo não infinitesimal é dada por

$$a = \frac{\Delta v}{\Delta t} = \frac{v(2;3) - v(2;0)}{3 - 0}$$

onde $v(3)$ e $v(0)$ são acelerações instantâneas, obtidas da relação

$$v(x,t) = \frac{dz}{dt}(x,t) = -\omega A\cos(kx - \omega t),$$ de modo que a aceleração será

$$a = \frac{-180\cdot0,2\cos(9\cdot2 - 180\cdot3) - \left[-180\cdot0,2\cos(9\cdot2 - 180\cdot0)\right]}{3 - 0}$$

$$a = -2,63 \text{ m/s}^2$$

d) A aceleração neste caso é instantânea, determinada por

$$a(x,t) = \frac{dv}{dt}(x,t) = \frac{d}{dt}\left[-\omega A\cos(kx - \omega t)\right] = -\omega^2 A sen(kx - \omega t),$$

de modo que

$$a(2;5) = -180^2 0{,}2 sen(9\cdot 2 - 180\cdot 5) = -4{,}59\cdot 10^{-3} \text{ m/s}^2$$

2.2.3 INTERFERÊNCIA DE ONDAS

O Princípio da Superposição nos permite analisar o efeito da combinação de ondas, que chamaremos de *interferência*. Segundo esse princípio, o resultado da superposição de duas ou mais ondas é também uma onda. Dessa forma, se as funções $z_1(x,t)$, $z_2(x,t)$, $z_3(x,t),..., z_n(x,t)$ expressam ondas quaisquer, então a soma

$$z(x,t) = a_1 z_1(x,t) + a_2 z_2(x,t) + \qquad (2.18)$$
$$+a_3 z_3(x,t) + ... + a_n z_n(x,t)$$

também resulta em uma onda, onde a_1, a_2, $a_3,..., a_N$, são constantes. Por meio do fenômeno da interferência, sob determinadas condições, é possível determinarmos os parâmetros das ondas interagentes, como fase e comprimento de onda.

Considere, por exemplo, duas ondas $z_1(x,t)$, $z_2(x,t)$, de mesma amplitude e frequência, propagando-se ao longo da direção x. As ondas 1 e 2 têm, respectivamente, fases ϕ_1 e ϕ_2. Escrevendo as funções das ondas como

$$z_1(x,t) = A\cos(kx - \omega t + \varphi_1) \text{ e} \qquad (2.19)$$
$$z_2(x,t) = A\cos(kx - \omega t + \varphi_2)$$

a interferência entre ambas será dada por

$$z(x,t) = z_1(x,t) + z_2(x,t) = \qquad (2.20)$$
$$= A\cos(kx - \omega t + \varphi_1) + A\cos(kx - \omega t + \varphi_2)$$

Por meio da identidade

$$\cos p + \cos q = 2\cos\left(\frac{p+q}{2}\right)\cos\left(\frac{p-q}{2}\right) \qquad (2.21)$$

Comentário:

Pode parecer meio "exótica" a disparidade entre os resultados dos itens "c" e "d", mas devemos lembrar que a aceleração do item "c" é média, e como se trata de um movimento oscilatório, essa média toma valores positivos e negativos da aceleração, podendo, às vezes, ser zero, apesar de apresentar valores instantâneos eventualmente altos.

a equação 2.20 toma a forma

$$z(x,t) = 2A\cos\left(\frac{\Delta\varphi}{2}\right)\cos\left(kx - \omega t + \frac{\varphi_1 + \varphi_2}{2}\right) \quad (2.22)$$

onde $\Delta\varphi = \varphi_1 - \varphi_2$ é a diferença de fase entre as ondas. Examinando a equação 2.22, podemos chegar a algumas conclusões preliminares:

a) O resultado da interferência das ondas $z_1(x,t)$ e $z_2(x,t)$ é também uma onda, que se propaga ao longo de x positivo e com velocidade $v = k/\omega$, como as ondas 1 e 2, o que confirma o Princípio da Superposição;

b) A onda $z(x,t)$ tem amplitude $z(x,t) = 2A\cos(\Delta\varphi/2)$, de forma que a diferença de fase é o termo que define o tipo de interferência – construtiva ou destrutiva – entre as ondas:

- Quando $\Delta\varphi$ é um múltiplo par de π, ou seja, $\Delta\phi = 0, 2\pi, 4\pi, 6\pi,$ ... a interferência é *construtiva*, pois o módulo da amplitude de $z(x,t)$ é máximo, já que, neste caso, $\cos(\Delta\varphi/2) = 1$. Generalizando, a diferença de fase que produz interferência construtiva pode ser escrita como

$$\Delta\varphi = 2m\pi \quad (2.23)$$

onde $m = 0, 1, 2, 3, ...$

A Figura 2.8 ilustra um exemplo de interferência construtiva, para $\Delta\varphi = 2\pi$ rad.

Figura 2.8

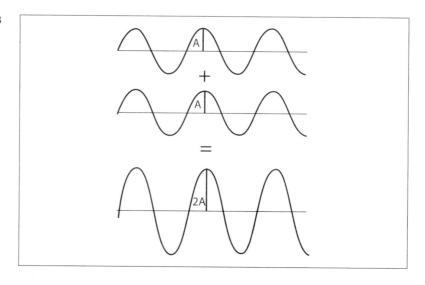

Podemos notar, nesse caso, que os picos e os vales das ondas se sobrepõem, de modo a resultar em uma onda cuja amplitude (2A) é a soma das amplitudes das ondas interagentes.

- Quando $\Delta\varphi$ é um múltiplo ímpar de π, as ondas estão em *contrafase*, e temos, portanto, interferência destrutiva, pois então $\cos(\Delta\varphi/2) = 0$. A condição para a diferença de fase gerar interferência destrutiva, nesse caso, é dada por

$$\Delta\varphi = (2m - 1)\pi \qquad (2.24)$$

A Figura 2.9 ilustra um caso de interferência destrutiva entre as ondas 1 e 2, de mesma frequência e amplitude, e defasadas de π rad.

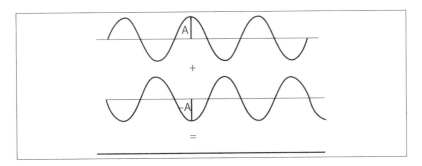

Figura 2.9

A interferência de ondas é o fenômeno por meio do qual fenômenos ondulatórios podem ser comprovados. Por exemplo, Thomas Young, em 1805, comprovou o caráter ondulatório da luz, ao demonstrar que ela era capaz de produzir interferência. Desde então, a interferência tem sido uma importante ferramenta para a óptica, permitindo o surgimento de um sem-número de técnicas de medida de alta precisão. Em acústica, a interferência se mostra extremamente útil na área de atenuação ativa de ruídos em ambientes. Este método consiste em gerar um sinal sonoro de mesma frequência e amplitude do sinal sonoro (ruído) original, mas em contrafase com este. Isso causa a interferência destrutiva das ondas sonoras e a atenuação do ruído. Isso pode ser feito em ambientes industriais, usando-se fones de ouvido, ou aplicando-se microfones em veículos de passeio ou ainda em aeronaves comerciais. Nesse caso, os microfones são instalados externamente na lataria do veículo ou na fuselagem dos jatos, gerando ondas sonoras que são direcionadas ao interior dos veículos e que, por interferência, atenuam o ruído original do motor ou das turbinas. O sistema está representado esquematicamente na Figura 2.10.

Figura 2.10

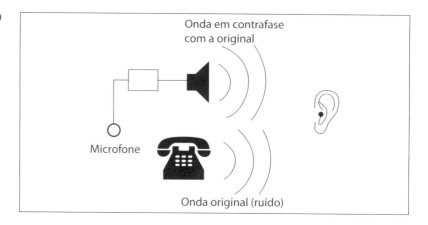

Exemplo V

Duas ondas $z_1(x,t)$ e $z_2(x,t)$ possuem a mesma frequência 30 Hz e se propagam ao longo de x positivo com velocidade 15 m/s, ambas com amplitude 10 cm. Calcule a interferência dessas ondas quando a diferença de fase entre ambas é:

a) $\pi/2$ rad;

b) π rad.

Solução:

Ambas as ondas podem ser escritas na forma $z(x,t) = A\cos(kx - t + \phi)$, e por meio das relações $\omega = 2\pi f = 188,5$ Hz e $k = \omega/v = 12,5$ m^{-1}, temos

a) $z_1(x,t) = 0,1\cos(12,5x - 118,5t)$ e

$$z_2(x,t) = 0,1\cos(12,5x - 118,5t + \pi/2) \quad \text{(SI)}$$

Sendo $\phi_1 = 0$ e $\phi_2 = \pi/2$, a interferência $z(x,t) = z_1(x,t) + z_2(x,t)$ será escrita por meio das equações (21), ou (22), como

$$z(x,t) = 0,2\cos(\pi/4)\cos(12,5x - 118,5t + \pi/4)$$

$$= 0,14\cos(12,5x - 118,5t + \pi/4) \text{ (SI)}$$

b) Neste caso, $\phi_1 = 0$ e $\phi_2 = \pi$, de modo que obtemos

$$z(x,t) = 0,2\cos(\pi/2)\cos(12,5x - 118,5t + \pi/2) \quad \text{(SI)}$$

Sendo $\cos(\pi/2) = 0$, temos $z(x,t) = 0$, ou seja, neste caso, a interferência entre as ondas é destrutiva.

Ondas 81

2.2.4 ONDAS DE DIFERENTES FREQUÊNCIAS/BATIMENTO

Consideremos agora o caso da interferência entre duas ondas de mesma amplitude A, propagando-se com igual velocidade v ao longo de x positivo, porém com diferentes frequências, e, portanto, com diferentes comprimentos de onda. Conforme visto na seção 2.2.2, os números de onda relacionam-se com as respectivas frequências de cada onda por

$$k_1 = \omega_1/v \text{ e } k_2 = \omega_2/v \tag{2.25}$$

Dessa forma, a interferência entre as ondas 1 e 2 é expressa pela soma

$$z(x,t) = z_1(x,t) + z_2(x,t)$$

$$= A\cos(k_1 x - \omega_1 t + \varphi_1) + A\cos(k_2 x - \omega_2 t + \varphi_2) \tag{2.26}$$

Usando novamente a identidade trigonométrica da equação 2.21, podemos escrever a equação 2.26 na forma

$$z(x,t) = 2A\cos[\,(k_1 + k_2)x/2 - (\omega_1 + \omega_2)\,t/2 + (\,\varphi_1 + \varphi_2)/2\,] \times$$

$$\cos[\,(k_1 - k_2)x/2 - (\omega_1 - \omega_2)\,t/2 + (\,\varphi_1 - \varphi_2)/2\,] \tag{2.27}$$

Da equação acima, chamaremos o termo $k \equiv (k_1 + k_2)/2$ de *número de onda médio*, que corresponde a um *comprimento de onda médio*, $\lambda \equiv 2\,\lambda_1\lambda_2/(\,\lambda_1 + \lambda_2)$. De forma correspondente, a *frequência angular média* é dada por $\omega \equiv (\omega_1 + \omega_2)/2$ e a fase média é dada pelo termo $\varphi \equiv (\varphi_1 + \varphi_2)/2$.

Na segunda função cosseno da equação 2.27, façamos:

$$\Delta k \equiv (k_1 - k_2)/2 \text{ e } \Delta\omega \equiv (\omega_1 - \omega_2)/2, \tag{2.28}$$

de modo que a equação 2.27 toma a forma

$$z(x,t) = 2A\cos(\,kx - \omega t + \varphi)\cos(\Delta k\,x - \Delta\omega t + \Delta\varphi/2\,) \tag{2.29}$$

Examinemos o resultado acima, assumindo a hipótese de que $k > \Delta k$, o que leva à condição $\omega > \Delta\omega$, pelo exemplo a seguir:

Exemplo VI

Esboce a interferência de duas ondas 1 e 2, propagando-se no mesmo meio com velocidade 20 m/s, ao longo de x, com frequências angulares $\omega_1 = 12,5$ rad/s e $\omega_2 = 10$ rad/s, e fases $\varphi_1 =$

$\varphi_2 = 0$. Obtenha a expressão da onda resultante dessa interferência, e esboce esta onda.

Solução:

Se $\omega_1 = 12,5$ rad/s e $\omega_2 = 10$ rad/s, temos $k_1 = 0,63$ m^{-1} e $k_2 = 0,50$ m^{-1}. Assim, os termos das equações 2.28 e 2.29 tomam a forma

$\omega = 11,25$ rad/s, $k = 0,56$ m^{-1}, $\Delta\omega = 1,25$ rad/s, $\Delta k = 0,063$ m^{-1}

o que nos fornece o resultado, a partir da equação 2.29,

$z(x,t) = 2A\cos(0,56x - 11,25\,t)\cos(0,063\,x - 1,25\,t)$ (SI)   (2.30)

A Figura 2.11a mostra a função $2A\cos(kx - \omega t + \varphi)$, enquanto que a Figura 2.11b mostra a função $\cos(\Delta k\,x - \Delta\omega t + \Delta\varphi/2)$, ambas para os valores relacionados nas equações (2.30). A Figura 2.11c mostra o resultado da interferência entre $z_1(x,t)$ e $z_2(x,t)$, ou seja, o produto das ondas mostradas em 2.11a e 2.11b.

Figura 2.11

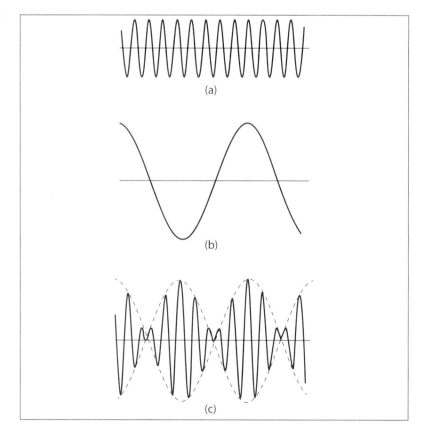

A linha pontilhada da Figura 2.11c é a envoltória, ou envelope, que possui o contorno da função de menor período temporal, no caso, o da função $\cos(\Delta k\, x - \Delta\omega t + \Delta\varphi/2)$. A Figura 2.12 nos auxilia a entender melhor o resultado da Figura 2.11. A parte superior da Figura 2.12 mostra as ondas $z_1(x,t)$ (linha cheia) e $z_2(x,t)$ (linha pontilhada) sobrepostas. Note que nos pontos A e B ambas as ondas têm máximo deslocamento, de modo que a interferência é construtiva nestas regiões. Entretanto, pelo fato de estas ondas terem comprimentos de onda e frequências diferentes, esta interferência construtiva é limitada a determinadas regiões do espaço ou, correspondentemente, a apenas determinados intervalos de tempo. Por este motivo, nota-se que nos pontos C e D a interferência torna-se destrutiva, já que as ondas, nestas regiões, têm deslocamentos iguais, mas de sinais opostos. O resultado desta alternância de interferências construtivas e destrutivas é visto na parte inferior da Figura 2.12, que repete a Figura 2.11c: nos pontos A e B a envoltória da onda decorrente da interferência têm máximo valor z, enquanto que o deslocamento z é nulo nos pontos C e D.

Mas afinal, qual o significado do resultado da equação 2.29 e das Figuras 2.11 e 2.12? A onda resultante desse processo de interferência possui frequência que é a média das frequências das ondas $z_1(x,t)$ e $z_2(x,t)$, e a sua amplitude é modulada, vindo a atingir valores que vão do máximo até zero em intervalos de tempo de $\pi/2\Delta\omega$. A frequência $\Delta\omega$ da envoltória é a chamada de *frequência de batimento*.

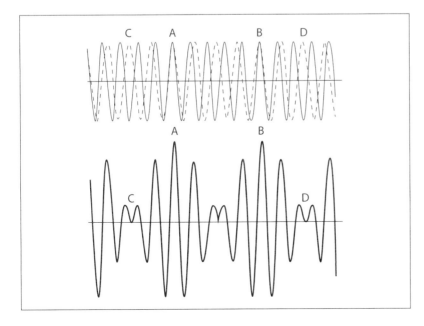

Figura 2.12

O efeito do batimento é típico da combinação de ondas de frequências distintas, mas próximas, ou seja, quando $\Delta\omega<<\omega$, e, no nosso cotidiano, ele é particularmente constatado quando ouvimos instrumentos desafinados: quando dois instrumentos de mesmo timbre (dois saxofones, duas guitarras, dois pianos etc.) que supostamente deveriam tocar a mesma nota (mesma frequência) estão desafinados, surge, da diferença de frequências, uma frequência de batimento, que se traduz naquela conhecida sensação auditiva desagradável. Em determinadas situações, quando as frequências são suficientemente próximas, a modulação da amplitude chega a ser inclusive audível.

Outro exemplo de interferência de ondas de mesma frequência, desta vez com ondas luminosas, observa-se na chamada *interferometria heterodina*. Nesse caso, sob condições específicas, geram-se duas ondas a partir de um mesmo laser com frequências ligeiramente diferentes. A medição do comprimento de onda da envoltória faz dessa técnica uma ferramenta poderosa na medição de micro e nano-deslocamentos.

2.2.5 ONDAS ESTACIONÁRIAS

Consideremos a interferência de duas ondas harmônicas contrapropagantes, em um mesmo meio, com mesma amplitude e mesma frequência. A onda 1, propagando-se ao longo de x positivo é dada por $z_1(x,t) = A\cos(kx - \omega t)$, enquanto a onda 2, deslocando-se no sentido oposto, é expressa por $z_1(x,t) = A\cos(k_2 x + \omega t)$. A soma das duas ondas é dada então por

$$z(x,t) = z_1(x,t) + z_2(x,t)$$

$$= A\cos(kx - \omega t) + A\cos(kx + \omega t) \qquad (2.31)$$

Recorrendo novamente à equação 2.21, podemos escrever a equação 2.31 como

$$z_E(x,t) = A\cos(kx)\cos(\omega t) \qquad (2.32)$$

A equação 2.32 contém uma característica que a distingue claramente das ondas que estudamos até aqui: apesar de a função z_E depender de x e de t, essa dependência *não* aparece na forma $z_E(x,t) = f(x-vt)$, ou seja, *a interferência de duas ondas contrapropagantes de mesma frequência não é uma onda viajante*, e, por esta razão, ela não transporta energia. Em vez disso, a equação 2.32 expressa uma *onda estacionária*. Este tipo de onda possui mínimos, chamados de nós, para os quais $\cos(kx) = 0$, o que resulta em $kx = \pm\left(n+\dfrac{1}{2}\right)\pi$, para $n = 0,1,2...$, e ventres ou antinodos, localizados a meio caminho dos nós, para os quais vale a relação $\cos(kx) = \pm 1$, resultando em $kx = \pm 2n\pi$. Tanto os nós quanto os ventres não se deslocam pelo meio, permanecendo fixos. A parte temporal $\cos(\omega t)$ da onda estacionária assume, com o passar do tempo, valores que variam continuamente de –1 a 1, sendo responsável pela alternância das elevações dos ventres. A Figura 2.13 mostra o comportamento dos nós e dos ventres de uma onda estacionária para diferentes instantes. A linha cheia mostra a máxima elevação dos ventres na corda para um dado instante t, tal que $\cos(\omega t) = 1$, enquanto a linha tracejada mostra os ventres da corda no instante $t + T/2$, onde T é o período da onda estacionária, de modo que $\cos[\omega(t + T/2)]=\cos(\omega t + \pi) = -\cos(\omega t)$. Os pontos A, B, C, D e E são os nós da onda estacionária.

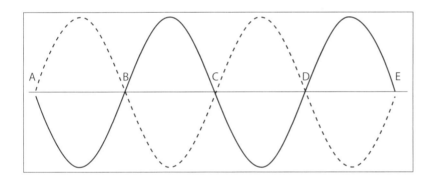

Figura 2.13

2.2.5.1 Reflexão de ondas

Para entendermos melhor as consequências e aplicações do fenômeno de ondas estacionárias, devemos analisar, antes, o processo de reflexão de ondas. Para isso, consideremos um pulso de onda propagando-se ao longo do eixo x, de encontro a uma superfície ou anteparo rígido. Como exemplo, estudaremos um pulso que se propaga ao longo de uma corda presa no ponto P, em uma de suas extremidades, como na Figura 2.14a. Quando o pulso atinge a extremidade fixa, o ponto P é submetido a uma força para cima, e em decorrência da 3ª lei de Newton, ele exerce sobre a corda uma força de igual intensidade, para baixo. Dessa forma, da mesma maneira que o pulso de onda original foi gerado por uma força para cima aplicada sobre a corda, a onda refletida pela extremidade fixa da corda é produzida pela força para baixo, exercida pelo ponto P. Consequentemente, a onda refletida será defasada de π em relação à onda incidente quando a extremidade da corda (ou qualquer outro meio) é fixa, como mostra a Figura 2.14b.

Figura 2.14

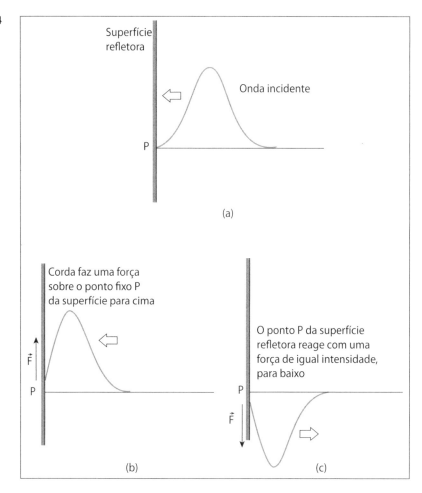

A Figura 2.15 explica esse fenômeno de outra maneira: a reflexão por um ponto fixo equivale à interferência entre dois pulsos de onda contrapropagantes, $f(x-vt)$ e $g(x+vt)$, defasados de π no ponto $x = x_P$. A onda na região $x > x_P$ é o resultado da interferência entre as ondas incidente e refletida. As Figuras 2.15 a, b, c e d mostram, à esquerda, as ondas contrapropagantes, e à direita, a soma das ondas $f(x-vt)$ e $g(x+vt)$ em diferentes instantes. O fato de a onda ser fixa em P implica que seu deslocamento transversal nesse ponto é nulo, ou seja, $f(x_P - vt) + g(vt - x_P) = 0$, de modo que a onda para $x > x_P$ é a combinação das ondas incidente e refletida, dada por

$$z_{x>x_p} = f(x-vt) - g(vt-x) = 0 \qquad (2.33)$$

Ondas

Figura 2.15

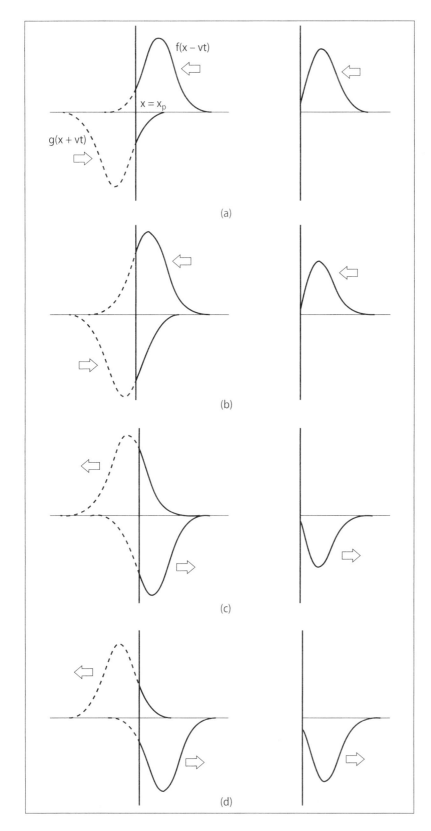

Suponhamos agora que a reflexão de onda ocorra com a extremidade da corda livre, colocando-se, por exemplo, um anel de massa desprezível que deslize sem atrito por uma haste vertical. Em uma situação mais realista, o processo de reflexão com a extremidade do meio livre pode ocorrer quando ondas se propagam sobre a superfície da água e são refletidas pela parede de um reservatório. Um ponto na superfíce da água em contato com a parede efetua um movimento harmônico simples (MHS), se desprezarmos a viscosidade do líquido. Nesse caso, a onda é refletida sem que haja mudança de fase, como mostra a Figura 2.16a. Esse fenômeno pode ser descrito de forma alternativa, usando o mesmo raciocínio do parágrafo anterior, encarando-se a reflexão como a interferência de dois pulsos de onda contrapropagantes. Mas, nesse caso, os pulsos em $x = x_Q$, região do anteparo, estão em fase. A Figura 2.16b mostra dois pulsos de onda movendo-se em sentidos contrários e encontrando-se, em fase, em $x = x_Q$. A onda vindo da esquerda é, na verdade, uma projeção da onda refletida.

Figura 2.16

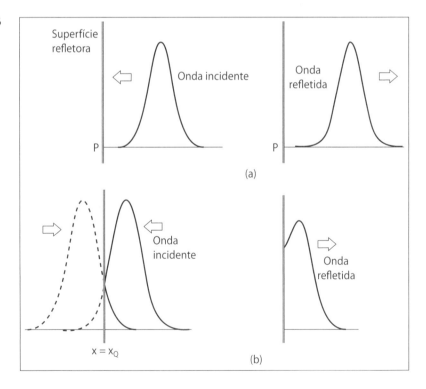

2.2.6 EQUAÇÃO DE ONDA UNIDIMENSIONAL

Analisemos o comportamento de uma corda submetida a uma força transversal que executa um movimento harmônico simples, aplicada ao longo da direção z. A onda na corda se propaga ao longo do eixo x.

Analisemos a força sobre um elemento de massa dm, representado na Figura 2.17. Esse elemento de massa está sujeito a uma força resultante responsável pelo seu movimento de MHS. Como a Figura 2.17 mostra, o termo $Fsen\theta_1$ eleva a massa infinitesimal, enquanto o termo $Fsen\theta_2$ a puxa para baixo. Quando a inclinação da corda se inverte, $Fsen\theta_1$ e $Fsen\theta_2$ invertem seus sentidos. A força resultante F_R sobre o elemento de massa é dada por $Fsen\theta_1 - Fsen\theta_2$. Admitindo-se que a amplitude da onda é muito menor que o seu comprimento, podemos escrever $sen\theta_1 \approx \theta_1$ e $sen\theta_2 \approx \theta_2$, de forma que F_R seja dada por

$$F_R = F(\theta_1 - \theta_2) \qquad (2.34)$$

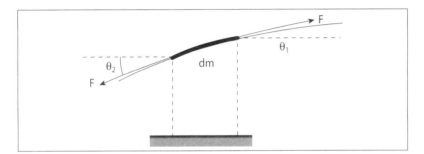

Figura 2.17

O ângulo $\theta_1 - \theta_2$ pode ser expresso como a medida da inclinação da corda na região do elemento de massa dm:

$$tg(\theta_1 - \theta_2) \cong \theta_1 - \theta_2 = \frac{dz}{dx} \qquad (2.35)$$

Para uma inclinação infinitesimal, podemos escrever $\theta_1 - \theta_2 \to d\theta$, o que corresponde a uma força resultante infinitesimal dF_R. Assim, a equação 2.34, combinada à equação 2.35, toma a forma

$$dF_R = Fd\theta = Fd\left(\frac{dz}{dx}\right) \qquad (2.36)$$

Pela 2ª lei de Newton, podemos relacionar a força sobre o elemento de massa à aceleração:

$$dF_R = adm = \frac{d^2z}{dt^2}dm \qquad (2.37)$$

A massa infinitesimal dm pode ser mais convenientemente expressa em termos da densidade linear μ da corda:

$$dm = \mu dx \qquad (2.38)$$

Substituindo dm da equação 2.38 no segundo membro da equação 2.37, obtemos a força transversal infinitesimal dF_R como

$$dF_R = \frac{d^2z}{dt^2}\mu dx \qquad (2.39)$$

Combinando as equações 2.36 e 2.39, temos

$F\dfrac{d}{dx}\left(\dfrac{dz}{dx}\right) = \mu\dfrac{d^2z}{dt^2}$, o que nos leva finalmente a

$$\frac{d^2z}{dx^2} = \frac{\mu}{F}\frac{d^2z}{dt^2} \qquad (2.40)$$

Esta equação diferencial descreve a propagação de uma onda transversal em uma corda ao longo da direção x. Como toda equação diferencial, ela é *funcional*, ou seja, sua solução é uma função. Existem inúmeros tipos de equações diferenciais e, correspondentemente, inúmeros métodos para resolvê-las. Algumas abordagens levam em conta critérios quase intuitivos, combinados a processos do tipo tentativa-e-erro. A equação 2.40, por relacionar a derivada segunda do espaço com a derivada segunda no tempo, sugere uma solução do tipo seno ou cosseno em função de x e t. Testemos a função a seguir como solução para a equação 2.40:

$$z(x,t) = A\cos\left(kx - \omega t\right) \qquad (2.41)$$

Testar esta função consiste em substituí-la na equação diferencial e verificar se ela se resume a uma relação entre constantes. Se isso é alcançado, a função proposta satisfaz a equação diferencial.

A primeira e a segunda derivadas de $z(x,t)$ em relação a x são dadas por

$$\frac{dz}{dx} = -kA\,\mathrm{sen}\left(kx - \omega t\right) \text{ e } \frac{d^2z}{dx^2} = -k^2 A\cos\left(kx - \omega t\right) \qquad (2.42)$$

Analogamente, obtém-se a primeira e a segunda derivadas temporais:

$$\frac{dz}{dt} = -\omega A\,\mathrm{sen}\left(kx - \omega t\right) \text{ e } \frac{d^2z}{dt^2} = -\omega^2 A\cos\left(kx - \omega t\right) \qquad (2.43)$$

Substituindo-se $\dfrac{d^2z}{dx^2}$ e $\dfrac{d^2z}{dt^2}$ obtidos acima na equação 2.40, chega-se a

$$\left(-k^2 + \frac{\mu}{F}\omega^2\right)A\cos(kx - \omega t) = 0 \qquad (2.44)$$

Para que a solução 2.41 satisfaça a equação 2.40, a equação 2.44 deve ser válida em todo espaço, e a qualquer tempo. Isso obriga que o termo entre parênteses $-k^2 + \mu\omega^2/F$ seja nulo, o que leva à relação

$$k = \sqrt{\frac{\mu}{F}}\,\omega \qquad (2.45)$$

Escrevendo a frequência angular como $\omega = kv$, obtemos, então, da equação 2.45, a expressão para a velocidade de propagação da onda na corda de densidade linear μ, submetida a uma força de tração F:

$$v = \sqrt{\frac{F}{\mu}} \qquad (2.46)$$

Substituindo $\mu/F = v^2$, a partir da equação 2.46, na equação 2.40, obtemos a equação diferencial que descreve uma onda deslocando-se ao longo da direção x em um meio mecânico elástico:

$$\frac{d^2z}{dx^2} = \frac{1}{v^2}\frac{d^2z}{dt^2} \qquad (2.47)$$

A equação diferencial 2.47 é mais geral que a 2.40, por relacionar as segundas derivadas no espaço e no tempo por meio de uma grandeza comum a qualquer onda – a velocidade de propagação. Com efeito, a equação 2.47 surge na descrição de inúmeros fenômenos envolvendo propagação de ondas planas, incluindo ondas mecânicas transversais em meios elásticos, ondas sonoras e ondas eletromagnéticas em meios materiais e também no vácuo.

Exemplo VII

Mostre que a função $z(x,t) = A\,\mathrm{sen}(kx - \omega t + \varphi)$ também satisfaz a equação 2.47.

Solução:

Como já foi mencionado, as segundas derivadas temporal e espacial de $z(x,t)$, inseridas na equação 2.40, devem resumi-la a uma relação entre constantes do movimento. Dessa forma, temos

$$\frac{d^2z}{dx^2} = -k^2 A\,\mathrm{sen}\left(kx - \omega t + \varphi\right) \text{ e } \frac{d^2y}{dt^2} = \qquad (2.48)$$

$$-\omega^2 A\,\mathrm{sen}\left(kx - \omega t + \varphi\right)$$

Fazendo a substituição das relações 2.48 na equação 2.47, chegamos à equação a seguir

$$\left(-k^2 + \frac{\omega^2}{v^2}\right) A\,\mathrm{sen}\left(kx - \omega t\right) = 0 \qquad (2.49)$$

da qual chegamos novamente à relação $\omega = kv$, confirmando que $A\,\mathrm{sen}\left(kx - \omega t + \varphi\right)$ é solução da equação de onda.

Exemplo VIII – Princípio de superposição

Agora temos material conceitual e matemático para entendermos melhor este princípio: vamos mostrar que, se as funções $z_1(x,t) = A\,\mathrm{sen}\left(kx - \omega t + \varphi\right)$ e $z_2(x,t) = B\cos\left(kx - \omega t + \varphi\right)$ são soluções da equação 2.47, então a combinação linear de ambas, $z(x,t) = az_1(x,t) + bz_2(x,t)$, também é solução da equação 2.47, para quaisquer a e b.

Solução:

As derivadas segundas de $z_1(x,t)$ e $z_2(x,t)$ em relação a x são dadas por

$$\frac{d^2z_1}{dx^2} = -k^2 A\,\mathrm{sen}\left(kx - \omega t\right) = -k^2 z_1\left(x,t\right) \text{ e} \qquad (2.50a)$$

$$\frac{d^2z_2}{dx^2} = -k^2 A\cos\left(kx - \omega t\right) = -k^2 z_2\left(x,t\right) \qquad (2.50b)$$

E em relação ao tempo, são

$$\frac{d^2z_1}{dt^2} = -\omega^2 A\,\mathrm{sen}\left(kx - \omega t\right) = -\omega^2 z_1\left(x,t\right) \qquad (2.50c)$$

$$\frac{d^2z_2}{dt^2} = -\omega^2 A\cos\left(kx - \omega t\right) = -\omega^2 z_2\left(x,t\right) \qquad (2.50d)$$

Dessa forma, se $z(x,t) = az_1(x,t) + bz_2(x,t)$, e fazendo uso das equações 2.50, temos as seguintes derivadas espaciais e temporais:

$$\frac{d^2z}{dx^2} = a\frac{d^2z_1}{dx^2} + b\frac{d^2z_2}{dx^2} =$$
$$= -k^2\left[az_1(x,t) + bz_{21}(x,t)\right] = -k^2z(x,t) \qquad (2.51a)$$

$$\frac{d^2z}{dt^2} = a\frac{d^2z_1}{dt^2} + b\frac{d^2z_2}{dt^2} =$$
$$= -\omega^2\left[az_1(x,t) + bz_{21}(x,t)\right] = -\omega^2z(x,t) \qquad (2.51b)$$

Substituindo as derivadas acima na equação 2.47, temos

$$\frac{d^2z}{dx^2} = \frac{1}{v^2}\frac{d^2z}{dt^2} \Rightarrow -k^2z(x,t) = -\frac{1}{v^2}\omega^2z(x,t) \qquad (2.52)$$

Da equação 2.52, obtemos novamente a conhecida relação $\omega = kv$, o que demonstra que uma combinação linear de duas soluções da equação de onda também satisfaz a essa equação.

2.2.7 MODOS NORMAIS DE VIBRAÇÃO EM UMA CORDA

Considere uma corda de comprimento L, presa em ambas as extremidades, em $x = 0$ e $x = L$, e submetida a uma força do tipo $F = F_0\cos(\omega t)$ em uma delas. Por meio de processos sucessivos de reflexão pelas duas extremidades fixas, surgirão ondas estacionárias na corda, que, nesse caso, constituirão os seus *modos normais de vibração*. Quando um meio é perturbado de forma que todos os seus pontos oscilem com a mesma frequência e com mesma fase, atingiu-se um modo de vibração do meio. Para estudar esses modos de vibração, devemos considerar que a onda $z(x,t)$ deve obedecer às condições de contorno na corda. Como a corda é fixa nas suas extremidades, essas condições são expressas por

$$z(0,t) = z(L,t) = 0 \qquad (2.53)$$

Como solução da equação 2.47, para este caso, escolhemos uma solução do tipo estacionário, já que a corda é limitada em suas extremidades; consideremos a forma mais conveniente de solução $z(x,t) = A\,\text{sen}(kx)\cos(\omega t)$. Aplicando as condições de contorno (equação 2.53), podemos escrever

$$A\,\text{sen}(k0)\cos(\omega t) = A\,\text{sen}(kL)\cos(\omega t) = 0,$$

o que nos leva a $\text{sen}(kL) = 0$.

Essa condição é satisfeita se $kL = n\pi$, onde $n = 1, 2, 3...$ Por meio desta relação e da equação $\omega = kv$, obtemos as frequências angulares de excitação dos modos normais:

$$\omega_n = n\frac{\pi v}{L} \quad (2.54)$$

E, pela equação $k = 2\pi/\lambda$, obtemos a relação entre os comprimentos de onda λ_n do modo e o comprimento L da corda:

$$L = n\frac{\lambda_n}{2} \quad (2.55)$$

A equação 2.55 mostra que o comprimento da corda é um múltiplo inteiro da metade dos comprimentos de onda dos modos que a excitam. Para $n = 1$, temos o modo fundamental, para $n = 2$, o segundo modo de vibração, para $n = 3$, o terceiro modo, e assim por diante. A Figura 2.18 mostra os três primeiros modos de vibração de uma corda de comprimento $L = 1$ m. Para cada modo, mostra-se o respectivo comprimento de onda.

Figura 2.18

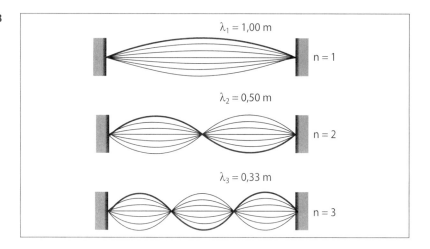

A análise apresentada aqui limitou-se ao surgimento de modos de vibração em um caso unidimensional. Em duas dimensões, esta análise pode consideravelmente tornar-se mais difícil. Por serem associados a fenômenos de ressonância, a análise de modos normais de vibração tem grande importância em várias áreas da tecnologia. Na construção civil, o surgimento de modos normais de vibração é algo a ser evitado em vários tipos de edificações, como pontes e vãos livres, uma vez que a região dos ventres é solicitada de forma mais acentuada nesses casos, levando ao risco de danos e desabamentos. A eliminação de ruídos, principalmente em veículos de passeio, é um item de suma importância na indústria automobilística, e requer o conhecimento dos modos de vibração de elementos como portas e teto do veículo. Na construção de transdutores como alto-falantes e componentes piezoelétricos, o conhecimento dos modos de vibração desses componentes determina as suas frequências ótimas de trabalho. A radiação eletromagnética que oscila em cavidades ressonantes, como, por exemplo, o laser, é também descrita em termos de modos de vibração. Em determinados tipos de laser, os modos da radiação que oscilam na cavidade e que possuem ganho suficiente para serem amplificados têm seus comprimentos de onda determinados pela equação 2.55.

Exemplo IX – Cordas vibrantes

Estudemos os modos de vibração num fio de nylon de 120 cm de comprimento, 0,5 mm de diâmetro, e 0,235 g/m de densidade linear, mostrado na Figura 2.19. Na sua extremidade direita, o fio é tracionado por um bloco B de massa 400 g, por meio de uma polia com atrito desprezível; na extremidade esquerda, o fio na horizontal é submetido a uma força transversal devida à oscilação em MHS de um alto-falante. Neste exemplo, vamos determinar as frequências do alto-falante que excitam os modos normais e os comprimentos de onda do modo fundamental, e dos modos 2, 3 e 4.

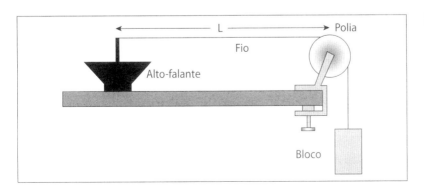

Figura 2.19

Solução:

De acordo com a equação 2.58, a frequência angular do m-ésimo modo de vibração é dada por $\omega_n = n\,\pi v/L$. A frequência f_n destes modos, segundo a relação $\omega_n = 2\pi f_n$, será

$$f_n = n\frac{v}{2L} \tag{2.56}$$

A velocidade v de propagação da onda no fio de nylon é dada em função da sua densidade linear μ e da tração T sobre ele de acordo com a equação 2.46:

$$v = \sqrt{\frac{T}{\mu}} \tag{2.57}$$

Dessa forma, as frequências dos modos de vibração da corda serão dadas por

$$f_n = \frac{n}{2L}\sqrt{\frac{T}{\mu}} \tag{2.58}$$

Pela equação 2.55, os comprimentos de onda dos modos normais de vibração, serão

$$\lambda_n = \frac{2L}{n} \tag{2.59}$$

Se não há atrito na polia, a força no fio de tração tem o mesmo valor do peso do bloco pendurado por ele, ou seja, $T = 4$ N. Para $L = 1{,}2$ m, $\mu = 2{,}35 \times 10^{-4}$ kg/m, a Tabela 2.1 lista os valores de f_n e λ_n para os quatro primeiros modos, tomados a partir das equações 2.58 e 2.59.

Tabela 2.1

f_n (Hz)	λ_n (m)
54,4	1,2
108,8	0,6
163,1	0,4
217,6	0,3

Os resultados da tabela indicam que, quando o alto-falante oscila nas frequências indicadas e obtidas pela equação 2.58, surgem, na corda, os modos normais de vibração.

2.2.8 O PRINCÍPIO DE HUYGENS

Este princípio, proposto pelo físico holandês Christiaan Huygens no século XVII, permitiu novas interpretações de efeitos ópticos, como a refração e a reflexão, além de abrir caminho para posteriores estudos sobre a difração da luz. À época, foi o mais importante desenvolvimento em favor da teoria ondulatória da luz, em contrapartida à teoria corpuscular, proposta por Newton. Publicado em seu *Traité de la lumière*, de 1690, o princípio de Huygens mostrou-se, ao longo dos anos, extremamente útil para a explicação de fenômenos ondulatórios de qualquer natureza, com aplicações em óptica, acústica e sismologia, entre outras áreas. O princípio pode ser enunciado da seguinte forma:

Toda frente de onda é composta por infinitos emissores pontuais de frentes de onda esféricas.

Para a adequada compreensão dos conceitos acerca deste enunciado, devemos, primeiro, definir e compreender o conceito de frente de onda. Para isso, podemos recorrer ao exemplo utilizado no começo deste capítulo, descrevendo as ondas formadas na superfície plácida da água, como mostrado esquematicamente na Figura 2.20. A forma circular da onda produzida – ou a maneira radial com que ela se propaga a partir da fonte pontual F – define a frente de onda. Escolhamos, por exemplo, a circunferência 1 mostrada na figura. Em todos os seus pontos, a fase de onda é a mesma. Dessa forma, se, por exemplo, a fase da onda no ponto P é π, a fase nos pontos Q, R e S, pertencentes a esta mesma circunferência, terá o mesmo valor.

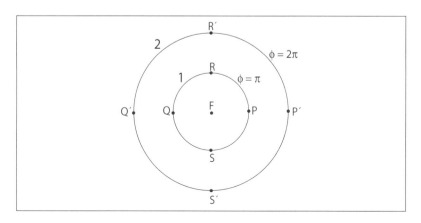

Figura 2.20

De forma análoga, os pontos P', Q', R' e S', pertencentes à circunferência 2, cujo raio é o dobro do raio da circunferência 1, terão a mesma fase 2π.

Uma fonte pontual gera frentes de onda circulares quando a onda tem caráter bidimensional; uma fonte puntiforme, seja ela luminosa ou sonora, produz ondas esféricas no espaço livre tridimensional. A geometria de uma frente de onda está intimamente ligada à forma de sua fonte, principalmente nas suas imediações. Uma tábua comprida de madeira que perturba a superfície da água de forma periódica produz frentes de onda retas e paralelas a distâncias relativamente pequenas da tábua. Para um observador a distâncias maiores do que o comprimento L da tábua, a forma da frente de onda passa a ser influenciada pelo fato de que esta tem comprimento finito. Nesse caso, as frentes de onda observadas num ponto P, a uma distância X, não são mais retas. A frente de onda que atinge um ponto Q situado a uma distância $X >> L$ tende à forma circular. Como as dimensões da fonte tornam-se desprezíveis se comparadas à distância fonte–observador, essa fonte passa a aproximar-se cada vez mais de uma fonte pontual.

Figura 2.21

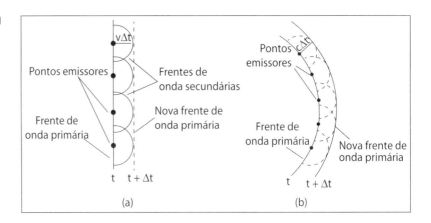

Segundo o princípio de Huygens, toda frente de onda, chamada de *primária*, pode ser composta por um número infinito de emissores pontuais de frentes de onda. Justamente por serem pontuais, esses emissores geram frentes de onda esféricas, chamadas de *secundárias*. A combinação de todas as ondas secundárias produzirá a próxima frente de onda primária. O processo está esquematizado na Figura 2.21a, com uma frente de onda primária plana, composta por pontos emissores de frente de onda esféricas (obviamente, a figura mostra um número limitado de emissores pontuais) em um dado instante t. A onda se propaga com velocidade v. Note que a frente de onda primária é a superfície que tangencia todas as frentes de onda secundárias, para um mesmo instante t. Após um intervalo de tempo Δt arbitrário, a combinação das infinitas ondas esféricas produz a nova frente de onda primária, distante $v\Delta t$ da frente de onda primária original. Nos instantes subsequentes $t + 2\Delta t$, $t + 3\Delta t$, $t + 4\Delta t$, ... o processo se repete, e as ondas secundárias esféricas continuam a se combinar para constituir a frente de onda primária, garantindo a sua propagação. A Figura 2.21b mostra um fenômeno semelhante, no qual a onda primária é circular.

Lei da Reflexão

A formulação de Huygens permite explicar a lei da Reflexão, que descreve como uma onda é refletida por uma superfície. Entenda-se como superfície uma interface, uma fronteira bem definida entre dois meios materiais diferentes. Na propagação de ondas mecânicas, a interface é caracterizada pela fronteira entre dois meios de densidades distintas. No caso de ondas eletromagnéticas, a interface separa dois meios de diferentes índices de refração. Em qualquer um dos casos, a velocidade de propagação da onda em cada um dos meios é diferente.

Consideremos uma onda plana que se propaga com velocidade v em um meio homogêneo e encontra uma superfície plana e rígida, perpendicular à sua direção de propagação, como mostra a onda incidente na Figura 2.22a. A onda se propaga no plano xy, e a superfície refletora é paralela ao plano yz. Das infinitas fontes pontuais de frentes de onda esféricas que compõem a frente de onda primária plana, observemos o comportamento de duas delas, representadas pelos pontos A e B, em um instante t. A observação desses dois pontos é suficiente para analisarmos o comportamento da frente de onda, já que ela é plana.

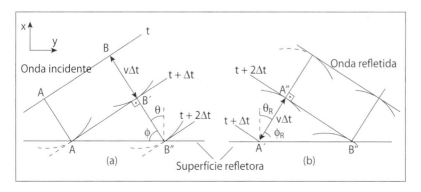

Figura 2.22

A linha que une A e B define a própria frente de onda primária. Cada fonte emite uma onda esférica, tal que, após um intervalo de tempo Δt, o raio de cada frente de onda será $v\Delta t$. No instante $t + \Delta t$ a onda esférica gerada pela fonte A toca a superfície no ponto A'. Pelo desenho da Figura 2.22a, vê-se que AA' = BB' = $v\Delta t$, e que a reta unindo A' e B' define a nova frente de onda primária. Note que, a todo momento, a frente de onda é perpendicular à direção de propagação da onda (isto é válido para frentes de onda de *qualquer* geometria). Dessa forma, a onda se propaga paralelamente à reta que une A a A'.

A Figura 22b mostra a onda sendo refletida. O ponto A', como se vê pela figura, pertence à superfície refletora, de modo que as ondas esféricas por ele emitidas são resultado da reflexão na interface. Após mais um intervalo de tempo Δt, ou seja, no instante $t + 2\Delta t$, as frentes de onda esféricas emitidas pelas fontes pontuais A' e B' terão raios iguais $v\Delta t$. O segmento de reta A"B" define, então, a nova frente de onda primária, e como tal, deve ser perpendicular a A' A". Examinando-se as Figuras 2.22a e 2.22b cuidadosamente, nota-se que o triângulo formado pelos pontos A', B' e B" é semelhante ao formado pelos pontos A', A" e B", porque ambos são triângulos retângulos, têm a hipotenusa A'B" em comum e porque A'A" = B'B". Dessa forma, tem-se $\phi = \phi_R$, ou seja, os ângulos que a onda incidente e a refletida fazem com a superfície refletora são iguais, como se vê pela Figura 2.22, o que indica que a reflexão obedece uma simetria em relação à superfície refletora. Essa simetria é mais comumente expressa em relação à reta normal à superfície refletora, expressa pela igualdade entre o ângulo de incidência θ e o ângulo de reflexão θ_R, mostrados na Figura 2.23:

$$\theta = \theta_R \qquad (2.60)$$

Esta é a lei da Reflexão, facilmente observada ao incidir-se um feixe de luz paralelo (também chamado de feixe *colimado* de luz) sobre um espelho plano.

Figura 2.23

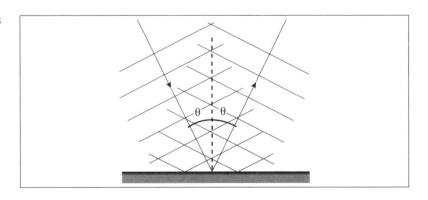

Em determinadas situações do cotidiano, estamos literalmente rodeados de processos de reflexão de ondas, acústicas ou luminosas. Por exemplo, no interior de recintos com pouca ou sem mobília, e com paredes lisas, sem cortinas ou revestimentos, qualquer som emitido nesses lugares sofre múltiplos processos de reflexão pelas paredes, processo conhecido como *reverberação*. Em estúdios de gravação ou em salas de concerto de boa qualidade acústica, a reverberação é um efeito e ser evitado, para que os instrumentos possam ser ouvidos com melhor clareza. Isso é, geralmente, obtido construindo-se recintos com paredes não paralelas, e usando-se revestimento de feltro ou materiais similares nas paredes, com o intuito de se inibir a reflexão por meio da absorção parcial das ondas sonoras.

Lei de Refração

Por meio do princípio de Huygens, a passagem de uma onda de um meio para outro pode ser descrita. Considere uma onda plana propagando-se pelo meio 1, com velocidade v_1, que incide obliquamente sobre uma interface plana. Essa interface separa o meio 1 do meio 2, no qual a onda se propaga com velocidade v_2, tal que $v_2 < v_1$. Em um raciocínio análogo ao do caso anterior, suponha que, no instante t, os pontos A e B da frente de onda primária mostrada na Figura 2.24 emitem ondas esféricas secundárias. No instante seguinte $t + \Delta t$, o raio da frente de onda esférica será $v_1 \Delta t$, bem como o raio da frente de onda oriunda de B.

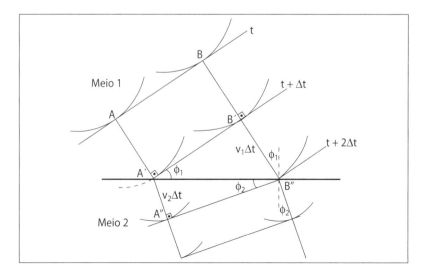

Figura 2.24

A nova frente de onda plana primária será definida pela linha que une os pontos A' e B', distante $v_1 \Delta t$ da linha AB. Como o ponto A' está na fronteira entre os meios 1 e 2, a frente de onda esférica por ele emitida no instante $t + \Delta t$ se propaga pelo meio 2 com velocidade v_2, enquanto a frente de onda emitida por B´ ainda se propaga no meio 1, com velocidade v_1. Assim, no instante $t + 2\Delta t$ o raio da frente de onda esférica gerada por A' é $v_2\Delta t$, e o raio da frente de onda produzida por B' é $v_1\Delta t$, como mostrado na Figura 2.12. No instante $t + 2\Delta t$ a frente de onda primária é definida pelo segmento A"B". O ponto B" se encontra no plano da interface.

Como já foi mencionado, a frente de onda primária deve ser perpendicular à direção de propagação, que no meio 2 é paralela ao segmento A'A". Dessa forma, observando a Figura 2.24, temos dois triângulos retângulos, cada um de um lado da interface: o triângulo formado por A', B' e B", com ângulo reto em B', e o triângulo formado pelos pontos A', A" e B", com ângulo reto em A". Chamemos o ângulo entre a frente de onda primária e a interface no meio 1 de ϕ_1, e o do meio 2, de ϕ_2. Observando o triângulo no meio 1 da Figura 2.24, podemos escrever

$$sen\varphi_1 = \frac{B'B"}{A"B"} = \frac{v_1\Delta t}{A"B"} \tag{2.61}$$

e, por intermédio do triângulo do meio 2, temos

$$sen\varphi_2 = \frac{A'A"}{A"B"} = \frac{v_2\Delta t}{A"B"} \tag{2.62}$$

Se isolarmos Δt na equação 2.61 e o substituirmos na equação 2.62, chegamos à relação

$$\frac{sen\varphi_1}{v_1} = \frac{sen\varphi_2}{v_2} \tag{2.63}$$

Observando a Figura 2.24, podemos chegar à conclusão de que o ângulo ϕ_1 é também o ângulo entre a direção de propagação da onda no meio 1 e a reta normal; o mesmo vale para ϕ_2 e a onda que se propaga nesse meio. ϕ_1 é chamado, portanto, de ângulo de incidência, enquanto ϕ_2 é o ângulo de refração. A lei da Refração expressa pela equação 2.63 e ilustrada na Figura 2.24 mostra que, quando uma onda incide obliquamente sobre uma interface que separa dois meios distintos, não somente sua velocidade de propagação muda, como também a sua direção de propagação. No caso em que $v_2 < v_1$, a onda, ao passar para o meio 2, tem sua direção de propagação aproximando-se da reta normal. Quando $v_2 > v_1$, a onda se propaga pelo meio 2 de maneira a distanciar-se da normal, como mostra a Figura 2.25.

Figura 2.25

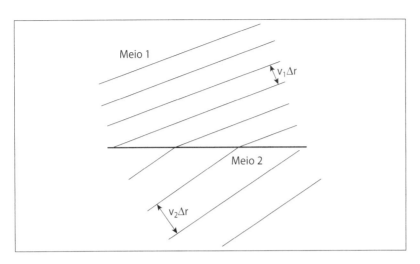

Em óptica, a constante de um meio que caracteriza a velocidade da luz é o índice de refração, dado por $n = c/v$, onde c é a velocidade da luz no vácuo. Dessa forma, se escrevermos $v_1 = c/n_1$ e $v_2 = c/n_2$ na equação 2.63, chegamos à *lei de Snell*, que descreve o desvio sofrido pela luz ao propagar-se por meios de diferentes índices de refração:

$$n_1 sen\phi_1 = n_2 sen\phi_2 \qquad (2.64)$$

O desvio sofrido por uma onda sísmica ao propagar-se por meios de diferentes densidades é um fenômeno bem conhecido pela sismologia e descrito pela lei de Snell. Frequentemente, deparamo-nos com efeitos decorrentes da lei de Snell, quando observamos a aparente deformação sofrida por corpos parcialmente submersos na água, como mostrado na Figura 2.26a, ou quando observamos um peixe num aquário em forma de paralelepípedo sob um determinado ângulo, próximo a um dos cantos do aquário, como esquematizado na Figura 2.26b.

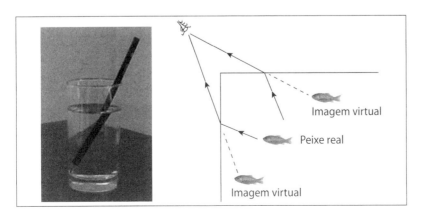
Figura 2.26

2.2.9 ONDAS ACÚSTICAS

As ondas acústicas são perturbações periódicas longitudinais que se propagam em meio material e compreendem, grosso modo, o som, o infrassom e o ultrassom. Esses grupos diferem entre si apenas quanto à sensibilidade humana em identificar esse tipo de onda: o som, a onda acústica audível, tem frequências entre 20 Hz e 20 kHz; o infrassom tem frequências abaixo de 20 Hz, e o ultrassom, frequências acima de 20 kHz.

A onda acústica tem origem na vibração de qualquer superfície. Suponhamos uma superfície de um corpo em contato com o ar, por exemplo, a pele de um tambor. Quando essa superfície se desloca de forma a comprimir a camada de ar adjacente, é gerado um aumento de pressão nessa região. Essa camada de ar comprime a camada de ar vizinha, que comprime a próxima, e assim sucessivamente. Quando a pele do tambor retrocede, a camada do ar que a rodeia sofre rarefação, que é transmitida para as camadas de ar vizinhas, assim como ocorrera com a camada de ar comprimido. Assim, a onda sonora consiste na propagação de eventos alternados de compressão e rarefação do ar, longitudinalmente à sua direção de propagação. Ondas acústicas se propagam necessariamente em meio material: da mesma forma como ocorre em gases, o som pode ser produzido em líquidos e também na matéria condensada.

Suponhamos que essa membrana de tambor se mova segundo um movimento harmônico simples (MHS), e que todos os pontos da membrana oscilem solidariamente, ou seja, com a mesma fase, ao longo da direção x. A posição L desses pontos será dada, então, por

$$L(t) = L_0 \cos(\omega t) \qquad (2.65)$$

onde ω é a frequência angular de oscilação da membrana, e A é a amplitude de oscilação. Quando $L = L_0$, a região de ar imediatamente vizinha à membrana sofre uma compressão, transmitida ao longo de x positivo com velocidade v.

A compressão gerada pela membrana atingirá um ponto P, a uma distância x da membrana, depois de um tempo $t' = x/v$, de modo que a onda de choque longitudinal para a posição x será

$$L(x,t) = L_0 \cos\left[\omega(t - t')\right] = L_0 \cos\left(\omega t - \omega \frac{x}{v}\right) \quad (2.66)$$

Sendo $\omega/v = k$, e como a função cosseno é par, a equação 2.66 toma a forma

$$L(x,t) = L_0 \cos(kx - \omega t) \quad (2.67)$$

A equação 2.67 expressa uma perturbação que, iniciada pela membrana em movimento harmônico simples, propaga-se ao longo de x positivo com velocidade v.

É conveniente e útil escrever a onda plana longitudinal em termos da variação de pressão produzida por ela ao longo do meio. Para simplificar nossa análise, consideremos que a membrana, além de oscilar integralmente em fase, esteja envolvida por um tubo rígido de seção transversal com área A, como na Figura 2.27, de modo que as variações de pressão sejam apenas longitudinais. Nesta figura, as linhas verticais indicam o nível de compressão do gás, de forma que nas regiões mostradas com a letra R, com linhas mais próximas, a pressão do ar é maior que a atmosférica, nas regiões com a letra P o ar é mais rarefeito que na atmosfera, e nas regiões com a letra Q a pressão é igual à pressão atmosférica.

Consideremos uma placa de ar, inicialmente à pressão atmosférica p_{atm}, de espessura Δx. O volume da placa de ar nessas condições será $V_0 = A\,\Delta x$.

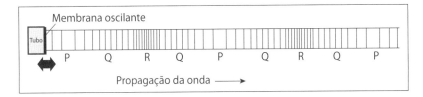

Figura 2.27

Após a passagem da região de compressão, segue-se uma região de rarefação, associada a um aumento de volume. A variação ΔV de volume, devida à passagem da onda, será

$$\Delta V = A[\,L(x + \Delta x, t) - L(x,t)\,] = \\ = A\Delta x[\,L(x + \Delta x, t) - L(x,t)\,]/\Delta x \quad (2.68)$$

Tomando a espessura Δx da camada de ar como infinitesimal, temos

$$[\,L(x + \Delta x, t) - L(x,t)\,]/\Delta x = \partial L/\partial x$$

de modo que a variação relativa do volume, devida à passagem da onda, a partir da equação 2.68, será

$$\Delta V/V_0 = \partial L/\partial x \qquad (2.69)$$

A uma variação de volume ΔV corresponde uma alteração de pressão Δp. Para determinarmos Δp, devemos supor que os processos de compressão e rarefação do gás ocorram rapidamente, a ponto de não haver tempo para troca de calor da camada de ar com o ambiente que a cerca. Este tipo de processo recebe o nome de *adiabático*. Como será visto com mais profundidade no Capítulo 6, processos adiabáticos ocorrem basicamente em duas situações: quando a transformação do gás se passa em um recipiente termicamente isolado do ambiente, ou quando o processo ocorre em um tempo muito menor do que o tempo necessário para haver troca de calor entre o gás e o ambiente ao seu redor.

Se em uma transformação adiabática a pressão e o volume de um gás passam dos valores p_0 e V_0 para os valores p e V, estes relacionam-se de acordo com a expressão

$$p_0 V_0^{\gamma} = p V^{\gamma} \qquad (2.70)$$

onde o parâmetro γ é a razão entre o calor específico molar a pressão constante e o calor específico molar a volume constante do gás. Se o processo adiabático dado pela equação 2.70 vale para qualquer par pressão e volume, podemos estabelecer que o produto pV^{γ} é uma constante, ou seja, $pV^{\gamma} = C$. Diferenciando-se esta expressão com respeito a p e V, temos $dp = \gamma\, CV^{\gamma-1}dV$. Escrevendo esta expressão como

$$\Delta p = \gamma\, CV^{\gamma-1}\Delta V \qquad (2.71)$$

e substituindo C na equação 2.71 acima, temos

$$\Delta p = -p\gamma\Delta V/V_0 \qquad (2.72)$$

O sinal negativo da equação 2.72 indica que um aumento de volume corresponde a uma diminuição de pressão, e vice-versa.

Substituímos a expressão para $\Delta V/V_0$ da equação 2.69 na equação 2.72 para obter

$$\Delta p = -p\gamma\, \partial L/\partial x \qquad (2.73)$$

Da equação 2.67, escrevemos $\partial L/\partial x = -k\, L_0 \text{sen}(kx - \omega t)$. Substituindo este resultado na equação 2.73, obtemos a variação de pressão propagando-se pelas camadas de ar devido à oscilação da membrana:

$$\Delta p(x,t) = p\gamma k\, L_0\, \text{sen}(kx - \omega t) \qquad (2.74)$$

Por meio da identidade trigonométrica senα = cos($\alpha - \pi/2$), a equação 2.74 nos leva à conclusão de que variação de pressão se propaga com as mesmas velocidade e frequência do deslocamento $L(x,t)$, mas em *quadratura* com esta, ou seja, defasada de $\pi/2$. As ondas de deslocamento $L(x,t)$ e de pressão $\Delta p(x,t)$ estão mostradas na Figura 2.28. A relação de quadratura entre as ondas pode ser atribuída ao fato de que uma região de máxima compressão ($\Delta p = p\gamma k L_0$, ponto R na Figura 2.28) é cercada em seus dois lados por deslocamentos em sentidos opostos: ao lado esquerdo de R o deslocamento é para a direita, e ao lado direito de R, o deslocamento é para a esquerda, de modo a comprimir o gás e aumentar sua pressão em torno de $x = x_R$. Na região de mínima compressão ($\Delta p = -p\gamma k L_0$), no ponto P, os deslocamentos ocorrem para a esquerda para $x < x_P$, e para a direita, para $x > x_P$.

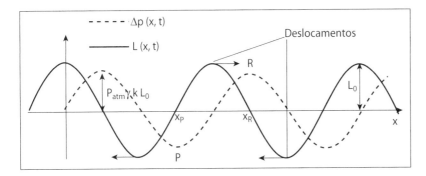

Figura 2.28

Velocidade de propagação da onda/equação de onda – pela 2ª lei de Newton, a força sobre a camada de ar de massa m será dada por $F = ma = m d^2L/dt^2$. A força sobre a camada de ar, de área A, submetida à variação de pressão Δp, será $F = (\partial p/\partial x) A\Delta x = \partial p/\partial x\, V_0$. Derivando a equação 2.73 em relação a x, temos

$$\frac{\partial p}{\partial x} = -p\gamma \frac{\partial^2 L}{\partial x^2} \qquad (2.75)$$

Igualando as duas expressões para a força, temos

$$F = ma = m\frac{d^2 L}{dt^2} = \frac{\partial p}{\partial x} V_0 = p\gamma V_0 \frac{\partial^2 L}{\partial x^2} \qquad (2.76)$$

A equação 2.76 pode ser rearranjada para adquirir a forma

$$\frac{\partial^2 L}{\partial x^2} = \frac{m}{p\gamma V_0} \frac{\partial^2 L}{\partial x^2} \qquad (2.77)$$

Examinando a equação 2.77, e comparando-a com a equação 2.47, concluímos que esta equação diferencial descreve a propagação, ao longo de x, de uma onda longitudinal, com velocidade

$$v_{som} = \left(\frac{p\gamma}{\rho_0} \right)^{1/2} \tag{2.78}$$

onde $\rho_0 = m/V_0$ é a densidade do gás com pressão p onde o meio se propaga. A equação 2.78 nos dá condições de calcular a velocidade do som no ar à pressão atmosférica, ou em um gás, a uma dada pressão p_g.

Exemplo X

Calcule a velocidade do som no nível do mar, a 20 ºC, se a densidade do ar a essa temperatura é $\rho_0 = 1,2$ kg/m^3.

Solução:

Sendo o ar atmosférico basicamente um gás diatômico, temos $\gamma = 1,4$; a pressão atmosférica é $p_{atm} = 1,013 \cdot 10^5$ Pa, de modo que obtemos, por meio da equação o valor

$$v_{som} = \left(\frac{1,013 \cdot 10^5 \cdot 1,4}{1,2} \right)^{1/2} = 343,8 \, m/s,$$

que é um resultado muito próximo do valor que atribuímos à velocidade do som usualmente, 340 m/s.

2.2.9.1 *Potência e intensidade sonora*

Como foi mencionado no começo deste capítulo, a onda é capaz de transportar energia, sem transportar massa. A potência dessa onda mede a quantidade de energia transportada por unidade de tempo. Com estes conceitos, obteremos nesta seção a potência e a intensidade da onda sonora.

Se uma onda mecânica se propaga em um meio elástico, é natural pensarmos que sua energia mecânica seja a soma da energia cinética com a energia potencial elástica. A energia cinética da camada de ar de massa infinitesimal dm é dada por

$$dE_c = \frac{v^2}{2} dm \tag{2.79}$$

O elemento de massa é escrito em função da densidade do gás como $dm = \rho_o dV = \rho_o A dx$, enquanto sua velocidade v, por sua vez, é escrita com o auxílio da equação 2.67: $v = dL/dt = -\omega L_0 \operatorname{sen}(kx - \omega t)$. Substituindo ambas as expressões na equação 2.79, temos

$$dE_c = \frac{\omega^2 L_0^2}{2}\operatorname{sen}^2(kx - \omega t)\rho_o A dx \qquad (2.80)$$

Derivando ambos os membros da equação 2.80 em relação ao tempo, temos a potência instantânea relacionada à energia cinética da onda:

$$\begin{aligned} P_C(x,t) &= \frac{dE_c}{dt} = \frac{\omega^2 L_0^2}{2}\operatorname{sen}^2(kx - \omega t)\rho_o A\frac{dx}{dt} = \\ &= \frac{\omega^2 L_0^2}{2}\operatorname{sen}^2(kx - \omega t)\rho_o A v \end{aligned} \qquad (2.81)$$

onde $v = \dfrac{dx}{dt}$.

A potência média é obtida considerando-se a média temporal da função $\operatorname{sen}^2(kx - \omega t)$, tomada em um período:

$$< \operatorname{sen}^2(kx - \omega t) > \; = \frac{1}{2\pi}\int_0^T \operatorname{sen}^2(kx - \omega t)dt = \frac{1}{2} \quad (2.82)$$

Desta forma, a potência da onda relacionada à energia cinética do elemento de massa será

$$P_C(x,t) = \frac{1}{4}\omega^2 L_0^2 \rho_o A v \qquad (2.83)$$

A energia potencial da camada de ar pode ser escrita como $dE_P = \dfrac{1}{2}\omega L^2 dm$. Esta expressão foi obtida considerando-se o comportamento tipo massa–mola da camada de ar ao efetuar um movimento harmônico simples, no qual a constante elástica K do sistema e a sua massa relacionam-se com a frequência angular segundo a expressão $K = m\omega^2$. A potência relacionada a esta energia é obtida de forma análoga à da equação 2.81:

$$\begin{aligned} P_P(x,t) &= \frac{dE_P}{dt} = \frac{1}{2}\omega L^2 \rho_0 A\frac{dx}{dt} = \\ &= \frac{1}{2}\omega L^2 \rho_0 A v \operatorname{sen}^2(kx - \omega t) \end{aligned} \qquad (2.84)$$

Usando novamente a relação 2.82, temos a potência média em virtude da energia potencial elástica:

$$P_P(x,t) = \frac{1}{4}\omega^2 L_0^2 \rho_o A v \qquad (2.85)$$

A potência transmitida pela onda será, dessa forma, a soma das potências obtidas nas equações 2.83 e 2.85:

$$P = P_C + P_P = \frac{1}{2}\omega^2 L_0^2 \rho_o A v \qquad (2.86)$$

A *intensidade* I da onda é a potência por unidade de área, de modo que

$$I = \frac{P}{A} = \frac{1}{2}\rho_o v \omega^2 L_0^2 \qquad (2.87)$$

É a intensidade da onda sonora, expressa em unidades de W/m^2, que nos dá a sensação de som forte ou fraco.

Usualmente, usa-se o bel ou o decibel (1db = 0,1 bel) para quantificar o *nível de intensidade sonora* α frente à sensibilidade humana em perceber o som. Sendo $I_0 = 10^{-12}$ W/m^2 a mínima intensidade audível por um ser humano, o nível de intensidade de uma onda sonora de intensidade I será, em db,

$$\alpha = 10\log_{10}\left(\frac{I}{I_0}\right) \qquad (2.88)$$

Exemplo XI

Calcule, em decibéis, o nível de intensidade de uma onda com intensidade de 0,2 W/m^2 .

O nível de intensidade é dado pela equação 2.88:

$$\alpha = 10\log_{10}\left(\frac{2\cdot 10^{-1}}{10^{-12}}\right) = 113db$$

A Tabela 2.2 mostra alguns níveis de intensidade de determinados eventos ou fenômenos sonoros.

Tabela 2.2

Fenômeno	α (db)
Limite audível mínimo	0
Aparelho de TV doméstico com som moderado	60
Liquidificador	65
Veículo de passeio a 10 m de distância	70
Tráfego de uma rua movimentada	80
Avião a jato a 100 m de distância	120
Limiar de dor	130
Avião a jato a 30 m de distância	150

Exemplo XII

O som gerado por uma serra elétrica portátil causa, a uma pessoa que está a 20 m de distância, um nível de intensidade de 90 db. Calcule: a) A intensidade sonora para essa distância, em W/m^2; b) o nível de intensidade a uma distância de 100 m.

Solução:

a) a intensidade I da fonte sonora pode ser obtida por meio da equação 2.88, usando uma propriedade conhecida dos logaritmos, por meio da qual se escreve $\log (a/b) = \log a - \log b$. A equação 2.88 toma, então, a forma $\log I = \log I_0 - \alpha/10$. Fazendo

$$\beta = \log I_0 + \alpha/10 = -12 + 9 = -3, \text{ temos}$$
$$\log I = -3 \Rightarrow I = 10^{-3} \text{ W/m}^2$$

b) Com os dados de que dispomos, convém determinar a potência P da fonte sonora, e para isso, devemos supor uma hipótese simplificadora. Por ter dimensões muito menores do que 20 m, podemos aproximar a serra elétrica a uma fonte aproximadamente pontual que emite frentes de onda esférica. Como indicam as setas da Figura 2.29, a potência da fonte sonora F é transmitida de forma radial, em uma simetria esférica. Dessa forma, em qualquer ponto de uma casca esférica de raio r, a intensidade da onda é a mesma. A intensidade nesse caso se relaciona com a potência de acordo com

$$I = P/A = P/4\pi r^2$$

onde $r = 20$ m e $4\pi r^2$ é a área da casca esférica. A potência da fonte é dada por $P = I 4\pi r^2 = 10^{-3} \cdot 4\pi \cdot 20^2 = 5{,}03$ W.

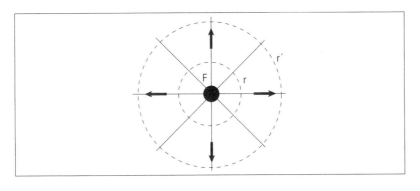

Figura 2.29

A intensidade I′, a uma distância $r′ = 100$ m, será então

$$I′ = P/4\pi r′^2 = 5{,}03/(4\pi \cdot 100^2) = 4 \cdot 10^{-5}\,\text{W/m}^2$$

Para esta intensidade $I′$ a uma distância de 100 m, o nível de intensidade será

$$\alpha′ = 10\,\log_{10}(I′/I_0) = 10\,\log_{10}(4 \cdot 10^{-5}/10^{-12}) = 76\ \text{db}$$

EXERCÍCIOS RESOLVIDOS

1) A função que descreve uma onda transversal em uma corda é dada por $z(x,t) = 0{,}2\,sen(4x - 50t)$ (SI). Calcule a amplitude, o comprimento, a frequência, a frequência angular e o período da onda. Qual a sua direção e seu sentido de propagação?

   Solução:

   A onda tem a forma $z(x,t) = A\,sen(kx - \omega t)$, de modo que:

   A amplitude é $A = 0{,}2$ m;

   Sendo $k = 2\pi/\lambda = 4\,m^{-1}$, tem-se $\lambda = 1{,}57\,m$;

   A frequência angular da onda é $\omega = 50$ rad/s e a frequência será então $f = \omega/2\pi = 7{,}96\,Hz$;

   O período é dado por $T = 1/f = 0{,}126\,s$

   A onda se propaga ao longo do eixo x, sentido positivo, em razão do termo $-50t$ na fase.

2) Uma onda transversal se propaga ao longo da direção x, sentido positivo, com velocidade 2 m/s. Sua amplitude é 0,15 m, e ela efetua dois ciclos a cada 4 s. Determinar:

   a) A função $z(x,t)$ que descreve a onda;

   b) O deslocamento transversal que um ponto P na posição $x = 8$ m efetua entre os instantes $t = 1{,}5$ s e $t = 3{,}2$ s;

   c) A velocidade média transversal do ponto P entre $t = 2{,}5$ s e $t = 3{,}2$ s;

   d) A velocidade média transversal do ponto P entre $t = 5$ s e $t = 9$ s. Justifique conceitualmente este resultado.

Solução:

a) Escrevendo a onda na forma $z(x,t) = A \operatorname{sen}(kx - \omega t)$, devemos, antes, determinar o número de onda k e a frequência angular ω. Este pode ser calculado a partir da informação de que a onda completa dois ciclos a cada 4 s, o que leva a um ciclo a cada 2 s, ou seja,

$$T = 2s, \text{ de modo que } \omega = 2\pi/T = \pi \ rad/s.$$

O número de onda k, por sua vez, pode ser calculado por meio da expressão

$$k = \omega/v = \pi/2\,m^{-1}$$

Sendo a amplitude 0,15 m, temos então

$$z(x,t) = 0,15 \operatorname{sen}\left(\frac{\pi}{2}x - \pi t\right) SI$$

b) Um ponto fixo em uma corda ou outro meio qualquer pelo qual uma onda se propaga realiza um movimento harmônico simples. Desta forma, a posição de um ponto fixo P da corda é descrita pela equação

$$z(x_P, t) = A \operatorname{sen}(kx_P - \omega t)$$

onde o termo kx_P se torna uma fase constante ϕ_P. Desta forma, calcular o deslocamento transversal de um dado ponto equivale a calcular o deslocamento de uma partícula em MHS com fase $\varphi_P = kx_P$.

$$\Delta z = z(8;3) - z(8;1,5)$$
$$= 0,15 \operatorname{sen}\left(\frac{\pi}{2}8 - \pi 3,2\right) - 0,15 \operatorname{sen}\left(\frac{\pi}{2}8 - \pi 1,5\right) =$$
$$= 0,15 \operatorname{sen}(0,8\pi) - 0,15 \operatorname{sen}(2,5\pi) = -0,062 \text{ m}$$

c) A velocidade média será

$$v = \frac{\Delta z}{\Delta t} = \frac{z(x_P;t_2) - z(x_P;t_1)}{t_2 - t_1} = \frac{z(8;3,2) - z(8;2,5)}{3,2 - 2,5} =$$
$$= \frac{-0,088}{0,7} = -0,126 \,\text{m/s}$$

d) Neste caso, temos

$$v = \frac{\Delta z}{\Delta t} = \frac{z(x_P;t_2) - z(x_P;t_1)}{9-5} =$$

$$= \frac{1}{4} 0{,}15 \left[\operatorname{sen}\left(\frac{\pi}{2}8 - \pi 9\right) - \operatorname{sen}\left(\frac{\pi}{2}8 - \pi 5\right) \right] =$$

$$= \frac{1}{4} 0{,}15 \left[\operatorname{sen}(-5\pi) - \operatorname{sen}(-\pi) \right] = 0$$

A velocidade média é nula, pois o intervalo de tempo no qual ela foi calculada $\Delta t = 4s$ é um múltiplo inteiro do período da onda, que é de 2 s. Desta maneira, entre os instantes 5 s e 9 s a onda efetuou dois ciclos completos, o que resulta em deslocamento nulo, e, consequentemente, em velocidade média nula.

3) A Figura 2.30 mostra uma onda progressiva transversal de frequência 10 Hz e comprimento 0,8 m em uma corda. Os pontos P e Q da figura têm coordenadas $x_P = 30$ cm e $x_Q = 70$ cm. Em um determinado instante t o deslocamento transversal do ponto P é z_P. Calcular o mínimo intervalo de tempo no qual o ponto Q terá a mesma posição z_P.

Figura 2.30

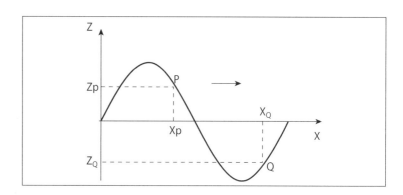

Solução:

Antes de tudo, devemos definir a função que descreve a onda. Ela deve ter a forma $z(x,t) = A \operatorname{sen}(kx - \omega t)$. O número de onda k é dado por

$k = 2\pi/\lambda = 2\pi/0{,}8 = 2{,}5\ \pi\ \mathrm{m}^{-1}$

enquanto a frequência angular será

$\omega = 2\pi f = 2\pi \cdot 10 = 20\pi$ rad/s

Ondas 115

de modo que a onda 20π transversal será

$z(x,t) = A \operatorname{sen}(2{,}5\pi x - 20\pi t)$ (SI)

No instante t, o ponto P terá posição dada por

$z_P(x,t) = A \operatorname{sen}(2{,}5\pi x_P - 20\pi t)$ (SI)

Após um intervalo de tempo $\Delta t < T$, onde T é o período da onda, o ponto Q terá a mesma posição z_P:

$z_Q(x,t + \Delta t) = A \operatorname{sen}[2{,}5\pi x_Q - 20\pi(t + \Delta t)]$ (SI)

Para que $z_P(x,t) = z_Q(x,t_- + \Delta t)$, devemos ter

$2{,}5\pi x_P - 20\pi t = 2{,}5\pi x_Q - 20\pi(t_- + \Delta t)$, o que resulta em

$\Delta t = 2{,}5(x_Q - x_P)/20 = 0{,}05$ s

Outra forma de se obter este resultado leva em conta o fato de que o tempo necessário para que a posição do ponto Q seja igual à posição z_P é igual ao tempo que a onda leva para avançar uma distância ao longo do eixo x igual à distância entre os pontos P e Q. A velocidade v da onda se relaciona com o intervalo Δt e com a distância $x_Q - x_P$ de acordo com

$v = (x_Q - x_P)/\Delta t$

A velocidade é obtida por meio da relação $v = \lambda f = 0{,}8 \cdot 10 = 8$ m/s. Desta forma, temos

$\Delta t = (x_Q - x_P)/v = 0{,}40/8 = 0{,}05$ s

EXERCÍCIOS COM RESPOSTAS

1) Dada uma onda transversal numa corda por meio da expressão $z(y,t) = 0{,}4 \cos(5y + 100t)$ (SI), determinar os seguintes parâmetros:

   a) A direção e o sentido de propagação;

   b) A amplitude;

   c) O comprimento;

   d) A frequência, a frequência angular e o período.

   Respostas: a) eixo y, sentido negativo; b) 0,4 m; c) 1,26 m; d) 15,9 Hz; 100 rad/s; 0 ,063 s.

2) Uma onda transversal tem amplitude 25 cm, propaga-se com velocidade 2 m/s e efetua três ciclos em 1,5 s. Saben-

do-se que ela se propaga ao longo da direção x, sentido positivo, obter:

a) A função $z(x,t)$ que descreve a onda;

b) O deslocamento transversal que um ponto P na posição $x = 8$ m efetua entre os instantes $t = 2$ s e $t = 4$ s;

c) A velocidade média transversal do ponto P entre $t = 3{,}7$ s e $t = 3{,}9$ s;

d) A velocidade média transversal do ponto P entre $t = 5$ s e $t = 6$ s. Comente este resultado.

Respostas: a) z (x, t) = 0,25 cos (2πx − 4πt) (SI);
b) 0; c) 5,6 m/s; d) 0. A velocidade é nula pois no intervalo de tempo de 1 s a onda completa 2 ciclos.

3) Uma onda progressiva transversal em uma corda, propagando-se no sentido negativo de x tem frequência 20 Hz e comprimento de onda 0,5 m. Os pontos P e Q da Figura 2.31 têm coordenadas $x_P = 8$ cm e $x_Q = 37$ cm. Se em um instante t a posição transversal do ponto P é z_P, determinar o mínimo intervalo de tempo no qual o ponto Q terá esta mesma posição.

Figura 2.31

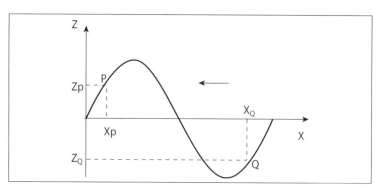

Resposta: 0,021 s.

4) Ainda referente à onda do exercício 3, calcular o mínimo intervalo de tempo após o qual sua coordenada transversal z_Q será nula.

Resposta: 0,013 s.

5) Uma onda transversal em um meio elástico é dada pela função $z(x,t) = A\cos(kx - \omega t + \varphi)$, onde $\varphi = 2\pi/3$. O comprimento dessa onda é 8 cm e sua frequência, 40 Hz. Calcular:

a) o número de onda k e a frequência angular ω da onda;

b) a sua amplitude, se no instante $t = 2$ s um ponto P tem coordenadas $x_P = 10$ cm e $z_P = 5$ cm.

Respostas: a) 25π rad/m e 80π rad/s; b) 0,58 m.

6) Uma onda 1 tem amplitude 10 cm, velocidade de propagação 150 m/s e frequência 100 Hz.

a) Escrever função horária da coordenada transversal z da onda, na forma $z_1(y,t) = A_1\cos(ky - \omega t)$, explicitando os valores de A, k e ω em unidades do SI.

b) Uma onda 2 tem o dobro da amplitude, mesma frequência e mesma velocidade da onda 1, e atinge o ponto P da Figura 2.32 0,005 s antes que a onda 2. Escrever a função horária da onda na forma $z_2(y,t) = A_2\cos(kx - \omega t + \varphi)$.

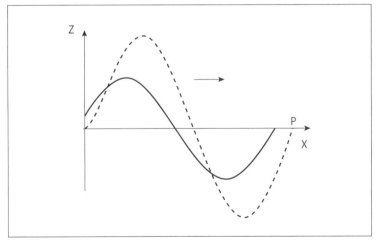

Figura 2.32

Respostas: a) $z_1(y, t) = 0{,}1 \cos(4{,}2\,y - 628{,}3\,t)$ (SI);
b) $z_2(y, t) = 0{,}2 \cos(4{,}2\,y - 628{,}3\,t - \pi)$ (SI).

7) Um ponto P de onda progressiva numa corda tem posição transversal $z_P = 2$ cm quando $x_P = 25$ cm. A onda propaga-se

ao logo de x positivo com velocidade 15 m/s e frequência 10 Hz. Calcular:

a) o período e o comprimento da onda;

b) em quanto tempo a onda vai do ponto P até o ponto Q, de coordenada $x_Q = 225$ cm.

c) a amplitude da onda.

Figura 2.33

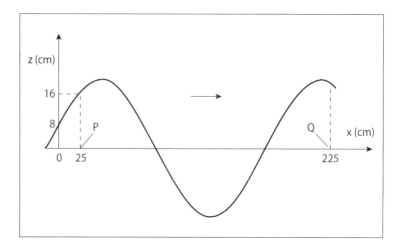

Respostas: a) 0,1 s; 1,5 m; b) 0,013 s; e c) 0,16 m.

8) Duas ondas de mesma frequência, de 50 Hz, mesma amplitude, de 20 cm, e velocidade de propagação, de 40 m/s, se propagam ao longo do eixo y positivo. Se a diferença de fase entre ambas é $\pi/4$, calcular a amplitude da onda que resulta da interferência entre ambas.

Resposta: 0,37 m.

9) Duas ondas têm a mesma velocidade de propagação, de 10 m/s, ao logo da direção x, sentido positivo; têm a mesma amplitude, de 30 cm, e frequência, de 20 Hz. Uma onda atinge um ponto P no eixo x 0,0125 s antes da outra. Determinar:

a) a diferença de fase entre ambas;

b) a amplitude da onda resultante da interferência entre ambas.

Respostas: a) $\pi/2$ rad; e b) 0,42 m.

Ondas 119

10) A interferência entre duas ondas de mesma frequência f e mesma amplitude A resulta numa onda cuja amplitude é também A. Calcular a diferença de fase entre as ondas.

Resposta: $\dfrac{2\pi}{3}$ rad .

---

11) Duas ondas têm mesma frequência, de 10 Hz, a mesma amplitude, de 20 cm, e 0,3 m de comprimento de onda. Uma das ondas foi gerada no instante $t = 2,00$ s, e a outra, no instante $t' = 3,35$ s. Quando as ondas se superpõem, elas interferem. Calcular:

a) a diferença de fase entre as ondas;

b) a amplitude da onda resultante da sua interferência.

Respostas: a) 0,848 rad ; e b) 0 m.

---

12) Em um mesmo fio fino de nylon, a onda 1 se propaga com velocidade de 40 m/s e frequência de 120 Hz, enquanto a onda 2 tem frequência de 110 Hz. Determinar:

a) a frequência e o comprimento da onda envoltória (de batimento);

b) a sua velocidade de propagação.

Respostas: a) 10π rad/s; e b) 40 m/s.

---

13) Considere as ondas descritas pelas funções a seguir, escritas em unidades do SI:

$$z_1\left(x,t\right) = 0{,}2\cos\left(12x - 50\,t\right)$$

$$z_2\left(x,t\right) = 0{,}2\cos\left(12x - 50\,t + \pi/2\right)$$

$$z_3\left(x,t\right) = 0{,}2\cos\left(12x - 50\,t + 2\pi/3\right)$$

Com o auxílio da equação 2.21, escrever a expressão da onda decorrente da interferência das ondas apresentadas aqui.

Resposta: $z_1 + z_2 + z_3 = -0{,}10 \cos (12x - 50\,t) - 0{,}37$ sen $(12\,x - 50\,t)$ (SI).

---

14) Uma onda transversal propaga-se com velocidade de 20 m/s, em um fio de nylon com 0,33 g/m de densidade linear.

Física com aplicação tecnológica – Volume 2

O fio é trocado por outro, do mesmo material, mas com o dobro do diâmetro. Se, em ambos os casos, a tração aplicada sobre o fio é a mesma, determinar:

a) a força de tração T;

b) a velocidade de propagação da onda no fio de maior diâmetro.

Respostas: a) 0,132 N; e b) 20 m/s.

15) Um fio de aço com 0,5 mm de diâmetro, sujeito a uma tração de 12 N, na horizontal, é submetido a uma perturbação transversal oscilante, com frequência 8 Hz, de forma a gerar uma onda progressiva transversal ao longo do fio. Sendo a densidade do aço igual a 7,8 g/cm^3, calcular:

a) a velocidade de propagação da onda;

b) o comprimento da onda.

Respostas: a) 88,5 m/s; e b) 11,1 m.

16) Uma onda estacionária em uma corda é descrita pela equação $z_E(x,t) = 0,4\cos(30x)\cos(56t)$ (SI). Determinar:

a) a amplitude das ondas que geraram essa oscilação;

b) o módulo da velocidade de cada onda;

c) seu comprimento de onda;

d) sua frequência.

Respostas: a) 0,4 m; b) 1,87 m/s; c) 0,21 m; e d) 8,9 Hz.

17) Um fio de nylon com densidade linear de 0,25 g/m, preso em suas duas extremidades, oscila de acordo com a Figura 2.34, em decorrência da perturbação provocada pelo suporte da direita, de frequência 5 Hz. Calcular:

a) o comprimento da onda estacionária no fio;

b) a velocidade de propagação da onda;

c) a força de tração a que o fio está submetido;

d) o valor da tração para a qual o fio passa a oscilar no terceiro modo normal de vibração.

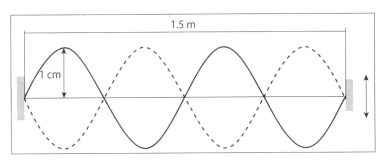

Respostas: a) 0,75 m; b) 3,75 m/s; c) 3,5 · 10⁻³ N; d) 6,3 · 10⁻³ N.

---

18) A equação 2.78 nos fornece a velocidade do som em um gás à pressão p, com densidade ρ_0.

   a) Mostre que, se o gás é considerado ideal, para o qual vale a equação de Clausius-Clapeyron $pV = nRT$, a velocidade do som pode ser dada na forma $v_{som} = \left(\dfrac{\gamma RT}{m}\right)^{1/2}$, onde T é a temperatura do gás e m a sua massa molar, definida como $m = M/n$, onde M é a massa, e n é o número de mols do gás.

   b) Por meio da equação apresentada aqui, calcule a velocidade do som do nitrogênio, de mol 28, $\gamma = 1,4$, à temperatura de 25 °C.

Resposta: b) 352 m/s.

---

19) Um alto-falante para sons graves vibra a uma frequência de 200 Hz, com amplitude de 2 mm. Considerando que esse equipamento vibra como um pistão, que a densidade do ar seja igual a $\rho_0 = 1,2$ kg/m³, e que a velocidade do som seja 343 m/s, calcular:

   a) a intensidade da onda sonora I, em unidades de W/m², nas proximidades do alto-falante. Podemos supor que a onda sonora tenha divergido muito pouco, de modo a considerar a equação 2.87 aplicável a esse caso;

   b) o nível de intensidade sonora, em db.

Respostas: a) 1300 W/m²; b) 151 dB.

João Mongelli Netto

3.1 INTRODUÇÃO

Em nosso estudo da Mecânica, analisamos o comportamento dos sólidos. Neste capítulo, estudamos os fluidos, ou seja, os líquidos e os gases. A Mecânica dos Fluidos é usualmente dividida em:

- hidrostática, que estuda os fluidos em repouso, e
- hidrodinâmica, que é o estudo dos fluidos em movimento.

Fluido é a substância com capacidade de fluir, de se escoar. Em um sólido, há o predomínio de forças de coesão entre as moléculas, o que garante a sua forma fixa. Nos líquidos, as partículas são muito mais livres do que nos sólidos e, em consequência, os líquidos sempre tomam a forma do recipiente que os contém. Nos gases, as partículas estão mais distanciadas entre si e tamanha é a liberdade de movimento que os gases ocupam todo o volume interno do recipiente.

No presente capítulo vamos admitir que as moléculas do fluido, seja ele um líquido ou um gás, possam deslizar umas sobre as outras, sem atrito, ou seja, sem viscosidade. Se a densidade do fluido for a mesma em qualquer ponto, ele é chamado incompressível. Os líquidos são, de fato, praticamente incompressíveis e os gases são muito compressíveis, sendo sua densidade função da pressão a que são submetidos.

Veremos, a seguir, os conceitos fundamentais para o estudo da primeira parte deste capítulo – a **hidrostática**.

3.2 DENSIDADE OU MASSA ESPECÍFICA

A densidade é uma das características físicas das substâncias, sendo uma medida da concentração de massa por unidade de volume ocupado pelo corpo.

Seja um corpo de massa m e volume V. Se considerarmos um elemento desse corpo, de massa dm e volume dV, a densidade ou massa específica dessa porção do corpo é $\rho = \dfrac{dm}{dV}$. (3.1)

Se o corpo for homogêneo, a densidade será uniforme qualquer que seja o elemento considerado e, então,

$$\rho = \frac{dm_1}{dV_1} = \frac{dm_2}{dV_2} = \ldots = \frac{m}{V}$$

A densidade de um corpo pode variar com a pressão ou com a temperatura.

A Tabela 3.1 relaciona a densidade, em kg/m^3, de algumas substâncias puras, a 0°C e a pressão de 1,0 atmosfera.

Tabela 3.1– Densidade ou massa específica, em kg/m^3

Sólidos		Líquidos	
Alumínio	$2,70.10^3$	Água	$1,00.10^3$
Cobre	$8,90.10^3$	Água do mar	$1,03.10^3$
Cortiça	$0,24.10^3$	Álcool etílico	$0,81.10^3$
Chumbo	$11,30.10^3$	Mercúrio	$13,60.10^3$
Ferro	$7,80.10^3$	Óleo de oliva	$0,92.10^3$
Gelo	$0,92.10^3$	Gases	
Isopor	$0,10.10^3$	Ar	1,29
Ouro	$19,30.10^3$	Gás carbônico	1,98
Prata	$10,50.10^3$	Hélio	0,18
Platina	$21,40.10^3$	Hidrogênio	0,09
		Oxigênio	1,43

Exemplo I

Se a densidade média do solo é 2,7 g/cm^3, qual a massa de 3,0 m^3 desse solo?

Solução:

$$\rho = \frac{m}{V} = 2,7 \ \text{g}/\text{cm}^3 = 2,7 \cdot 10^3 \ \text{kg}/\text{m}^3$$

$$m = \rho \cdot V = 2,7 \cdot 10^3 \ \text{kg}/\text{m}^3 \cdot 3,0 \ \text{m}^3$$

$$m = 8,1 \cdot 10^3 \ \text{kg} \ \text{ou} \ 8,1 \ \text{toneladas}$$

Exemplo II

Um tubo cilíndrico de diâmetro interno 10 cm deve ser enchido com mercúrio até que o seu peso seja 200 N. Que altura o mercúrio alcançará dentro desse recipiente? Adote $\pi = 3,1$ e $g = 10 \ \text{m/s}^2$.

Solução:

$$V = \frac{\pi \cdot \varnothing^2}{4} \cdot h$$

$$P = m \cdot g = \rho \cdot g \cdot V$$

$$200 = 13,6 \cdot 10^3 \cdot 10 \cdot \frac{3,1 \cdot (0,10)^2}{4} \cdot h$$

$$h = 0,19 \ \text{m} \ \text{ou} \ 19 \ \text{cm}$$

Analogamente à densidade, define-se peso específico:

$$peso \ específico = \frac{peso \ do \ corpo}{volume \ ocupado \ por \ ele}$$

$$\gamma = \frac{m \cdot g}{V} = \rho \cdot g$$

O peso específico de um corpo depende da gravidade. O latão tem densidade 8,5 g/cm^3 na Terra ou na Lua, porém, o peso específico do latão na Lua é cerca de seis vezes menor do que na Terra.

Exemplo III

A gravidade terrestre é 9,8 m/s^2 e a lunar é 1,6 m/s^2. Verificar que o peso específico da água na Terra e na Lua é, respectivamente, $\gamma_T = 9,8 \cdot 10^3$ N/m^3 e $\gamma_L = 1,6 \cdot 10^3$ N/m^3.

A densidade relativa d_r de uma substância em relação a outra é definida como o quociente de suas densidades.

Em geral, as densidades dos sólidos e líquidos são dadas em relação à água a 4 °C e as dos gases são medidas em relação à densidade do ar, em iguais condições de pressão e temperatura.

Exemplo IV

Um recipiente tem massa de 1,5 kg. Cheio d'água a massa é de 27,7 kg e, quando cheio de glicerina, a massa é de 34,5 kg. Determinar a densidade da glicerina em relação à água.

Solução:

$$d_{\text{glicerina}} = \frac{\left(34,5 - 1,5\right) \text{ kg}}{V}$$

$$d_{\text{água}} = \frac{\left(27,7 - 1,5\right) \text{ kg}}{V}$$

$$d_r = \frac{33,0}{26,2} = 1,26$$

3.3 CONCEITO DE PRESSÃO

Define-se pressão em um ponto como sendo o quociente entre a força perpendicular a uma pequena área contendo o ponto e essa área.

$$p = \frac{dF}{dA} \tag{3.2}$$

A unidade de pressão no SI é o N/m^2, que recebe a denominação de pascal[1].

Se queremos determinar a força resultante F de um sistema de forças de pressão, fazemos

$$F = \int p \cdot dA$$

Se a pressão for uniforme, então

$$F = p \cdot \int dA = p \cdot A$$

---

[1] Homenagem a Blaise Pascal, físico e matemático francês (1623-1662).

3.4 PRESSÃO EM UM FLUIDO – TEOREMA FUNDAMENTAL DA HIDROSTÁTICA OU TEOREMA DE STEVIN[2]

Consideremos um fluido homogêneo e incompressível, tendo densidade ρ. Fixemos nossa atenção sobre um cilindro vertical do próprio fluido, com área de base A e altura h, em equilíbrio, de acordo com a Figura 3.1.

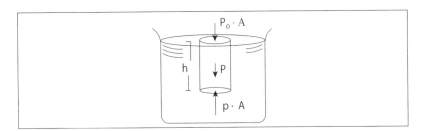

Figura 3.1

Sendo p_0 a pressão na parte superior do cilindro e p a pressão na sua parte inferior, o equilíbrio das forças sobre o cilindro permite concluir que $p_0 \cdot A + P = p \cdot A$, onde P é o peso do fluido contido no cilindro. Portanto,

$$P = m \cdot g = \rho \cdot V \cdot g = \rho \cdot A \cdot h \cdot g$$

Então,

$$p_0 \cdot A + \rho \cdot A \cdot h \cdot g = p \cdot A$$

Daí,

$$p = p_0 + \rho \cdot g \cdot h \quad \text{ou} \quad p - p_0 = \rho \cdot g \cdot h \qquad (3.3)$$

A partir da igualdade acima, podemos enunciar a lei de Stevin:

"A diferença de pressão entre dois pontos de um fluido em equilíbrio é igual ao produto da massa específica do fluido pela diferença de nível entre os pontos considerados e pela aceleração da gravidade."

Vemos, então, que a pressão num ponto de um fluido depende da densidade ρ do fluido, da aceleração local da gravidade g e da profundidade h do ponto em relação a um nível de referência, além da pressão nesse nível de referência.

Consequências do teorema de Stevin para um fluido em equilíbrio:

- Todos os pontos de um fluido, a uma mesma profundidade, têm a mesma pressão.

---

[2] Simon Stevin, físico e matemático holandês (1548-1620).

- A superfície livre de um líquido se apresenta sempre na horizontal.
- Um acréscimo de pressão em um ponto de um fluido transmite-se integralmente a todos os outros pontos do fluido e às paredes do recipiente que o contém. Essa consequência expressa o chamado princípio de Pascal, que nos permite a compreensão do funcionamento de uma prensa hidráulica, de freios hidráulicos e de elevadores para automóvel, usados nos postos de gasolina.

As máquinas hidráulicas são os dispositivos que utilizam líquidos (principalmente óleo) para o seu sistema de funcionamento.

A Figura 3.2 ilustra uma máquina hidráulica. Ela consiste de um cilindro de área A_1, no interior do qual pode deslizar um pistão ao qual se aplica uma força $\vec{F}_1$. Esse cilindro se comunica com outro de área A_2, que também possui um pistão deslizante submetido a uma força $\vec{F}_2$.

Figura 3.2

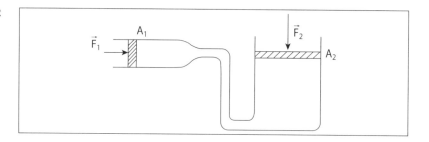

A força $\vec{F}_1$ aplicada no pistão de área menor A_1 produz uma pressão adicional $\dfrac{F_1}{A_1}$ que se transmite a todos os pontos do fluido, inclusive à superfície do pistão de área maior A_2, $\dfrac{F_2}{A_2}$.

Em uma situação de equilíbrio, essas pressões se igualam:

$$\frac{F_1}{A_1} = \frac{F_2}{A_2} \Rightarrow F_2 = \frac{A_2}{A_1} \cdot F_1$$

A máquina hidráulica multiplica a força F_1 pela razão $\dfrac{A_2}{A_1}$, no caso ideal de atrito desprezível entre os pistões e os cilindros.

Note que, ao se deslocar certo volume V do líquido, onde a área é maior temos menor deslocamento.

Para se obter uma razoável elevação do pistão 2, o pistão 1 deve ser deslocado por um percurso grande. Essa dificuldade será vencida se o pistão 1 for movido em etapas, conforme a Figura 3.3.

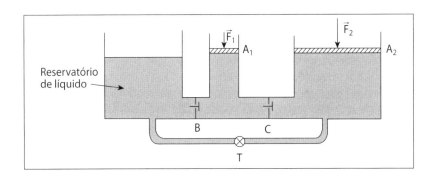

Figura 3.3

Ao se empurrar o pistão 1 para baixo, a válvula B se fecha enquanto a C se abre e, dessa forma, o pistão 2 sobe. Quando o pistão 1 é erguido, a válvula C se fecha e B se abre, puxando líquido do reservatório.

Assim, por etapas, podemos erguer o pistão 2 a uma altura razoável. Após a operação, ao se abrir a torneira T, o abaixamento do pistão 2 encaminha o líquido novamente ao reservatório.

Exemplo V

Uma alavanca é utilizada para acionar o pistão de área menor em uma prensa hidráulica, como mostra a Figura 3.4.

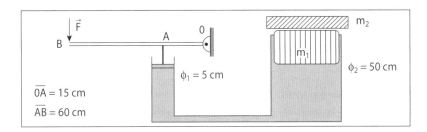

Figura 3.4

Sendo $m_1 = 3{,}0 \cdot 10^2$ kg e $m_2 = 3{,}7 \cdot 10^3$ kg, calcular a intensidade da força F necessária para o equilíbrio do sistema. Adote $g = 10$ m/s^2.

Solução:

As forças na alavanca OAB estão indicadas na Figura 3.5.

Figura 3.5

Para o equilíbrio da alavanca: $\sum \mathcal{M}^{eixo\,0} = 0$. Daí,

$$F_1 \cdot 15 \text{ cm} = F \cdot 75 \text{ cm} \Rightarrow F_1 = 5 \cdot F$$

Para o equilíbrio da prensa hidráulica:

$$\frac{F_1}{\pi \cdot (2,5)^2} = \frac{(m_1 + m_2) \cdot g}{\pi \cdot (25)^2}$$

$$F_1 = 400 \text{ N}$$

Logo, $F = 80$ N.

Verifique que a força de acionamento F é 500 vezes menor do que a intensidade da carga total exercida no pistão 2.

Exemplo VI

O tubo esquematizado na Figura 3.6 contém líquidos não miscíveis. Calcular a pressão efetiva no fundo do recipiente. Considere: $\rho_{\text{óleo}} = 0,80 \text{ g/cm}^3$, $\rho_{\text{água}} = 1,0 \text{ g/cm}^3$, $\rho_{Hg} = 13,6 \text{ g/cm}^3$ e $g = 10 \text{ m/s}^2$.

Figura 3.6

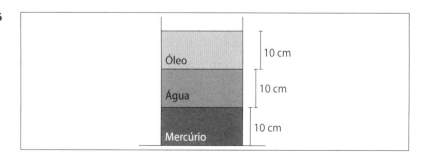

Solução:

A pressão efetiva ou pressão hidrostática é aquela produzida pelo peso da coluna líquida, dependendo apenas da densidade do líquido, da aceleração gravitacional g e da profundidade ou altura da coluna.

Assim, a pressão efetiva no fundo do recipiente é

$$p = \rho_{óleo} \cdot g \cdot y_{óleo} + \rho_{Água} \cdot g \cdot y_{Água} + \rho_{Hg} \cdot g \cdot y_{Hg}$$

Com unidades do SI, temos:

$$p = \begin{pmatrix} 8{,}0 \cdot 10^2 \cdot 10 \cdot 0{,}10 + 1{,}0 \cdot 10^3 \cdot 10 \cdot 0{,}10 + \\ +13{,}6 \cdot 10^3 \cdot 10 \cdot 0{,}10 \end{pmatrix} \text{N/m}^2$$

$$p = 1{,}54 \cdot 10^4 \text{ Pa}$$

3.5 FORÇA OU EMPUXO SOBRE SUPERFÍCIES PLANAS

Consideremos uma superfície submetida a uma pressão. Existe uma distribuição de infinitas forças elementares $d\vec{E}$, perpendiculares à superfície, constituindo as forças de pressão.

Cada uma delas atua em uma área elementar dA, de forma que $p = \dfrac{dE}{dA}$, como mostra a Figura 3.7.

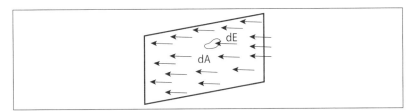

Figura 3.7

A força elementar que atua na área dA é $p \cdot dA$ e a resultante de todas as forças é o empuxo $\vec{E}$ sobre a área total A.

$$E = \int dE = \int p \cdot dA \qquad (3.4)$$

O empuxo $\vec{E}$ tem um ponto de aplicação C cujas coordenadas podem ser encontradas calculando-se os momentos das forças elementares e igualando-os ao momento da resultante, em relação a um eixo escolhido.

Figura 3.8

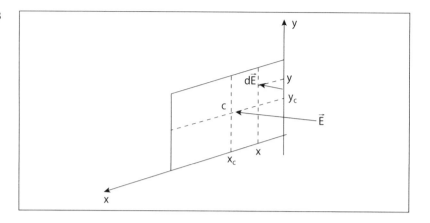

Assim,

$$x_c \cdot E = \int x \cdot dE = \int x \cdot p \cdot dA$$

$$x_c = \frac{\int x \cdot p \cdot dA}{E} \qquad (3.5)$$

$$y_c \cdot E = \int y \cdot dE = \int y \cdot p \cdot dA$$

$$y_c = \frac{\int y \cdot p \cdot dA}{E} \qquad (3.6)$$

Exemplo VII

Uma barragem de água tem formato retangular, de largura b, e represa água até uma altura h. Determinar:

a) o empuxo resultante e
b) o seu ponto de aplicação C.

A Figura 3.9 mostra vistas lateral e frontal da barragem.

Figura 3.9

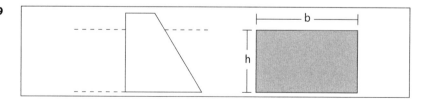

Solução:

a) O empuxo $\vec{E}$ é devido às forças de pressão que a água exerce nos diversos pontos da barragem. Lembremos que a pressão efetiva ou hidrostática é $p = \rho \cdot g \cdot y$, variável com a profundidade, sendo nula quando $y = 0$ e $\rho \cdot g \cdot h$ na base.

À profundidade y, consideremos uma estreita faixa, de largura b e altura dy, conforme retrata a Figura 3.10.

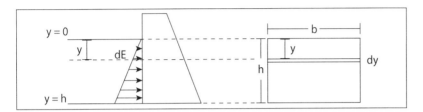

Figura 3.10

A área da faixa considerada é $dA = b \cdot dy$ e nela atua o empuxo elementar $dE = p \cdot dA$.

$$dE = \rho \cdot g \cdot y \cdot b \cdot dy$$

Se integrarmos dE, desde a superfície da água $(y_1 = 0)$ até o fundo $(y_2 = h)$, temos

$$E = \int_{y_1=0}^{y_2=h} \rho \cdot g \cdot y \cdot b \cdot dy = \rho \cdot g \cdot b \cdot \int_0^h y \cdot dy$$

$$E = \rho \cdot g \cdot b \cdot \frac{y^2}{2}\bigg|_0^h = \rho \cdot g \cdot b \cdot \frac{h^2}{2} = \rho \cdot g \cdot A \cdot \frac{h}{2}$$

onde $A = b \cdot h$ é a área da superfície banhada pela água.

b) Localização do centro de empuxo.

Para a determinação do ponto de aplicação do empuxo resultante, aplicamos o teorema de Varignon: o momento da força resultante é igual à soma dos momentos das componentes.

Seja $\vec{E}$ aplicado no ponto C, cuja profundidade é y_c e seja dE o empuxo elementar à profundidade y. Então:

$$E \cdot y_c = \int_{y_1=0}^{y_2=h} y \cdot dE = \int_0^h y \cdot \rho \cdot g \cdot y \cdot b \cdot dy$$

$$E \cdot y_c = \rho \cdot g \cdot b \cdot \int_0^h y^2 \cdot dy = \rho \cdot g \cdot b \cdot \frac{h^3}{3}$$

Observação:

Como a distribuição de pressão é linear, com $p = 0$ na superfície e $p = \rho \cdot g \cdot h$ no fundo, a pressão média é

$p_m = \dfrac{\rho \cdot g \cdot h}{2}$. Nesse caso, podemos calcular o empuxo efetivo como sendo

$$E = p_m \cdot A = \frac{\rho \cdot g \cdot h}{2} \cdot A =$$
$$= \rho \cdot g \cdot A \cdot \frac{h}{2}$$

Como $E = \rho \cdot g \cdot b \cdot \dfrac{h^2}{2}$, segue que

$$y_c = \dfrac{2 \cdot h}{3}$$

O centro de empuxo C localiza-se em um ponto à profundidade $\dfrac{2 \cdot h}{3}$, ou seja, está num ponto localizado a $\dfrac{h}{3}$ do fundo.

Por simetria, depreende-se que $x_c = \dfrac{b}{2}$.

Para calcular x_c, também podemos proceder como anteriormente: analise a Figura 3.11, onde se considera uma faixa vertical de largura dx e altura h, submetida à pressão média $p_m = \rho \cdot g \cdot \dfrac{h}{2}$.

Figura 3.11

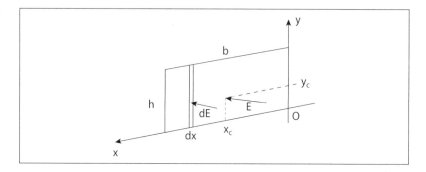

Aplicando o teorema de Varignon em relação ao eixo y, temos

$$E \cdot x_c = \int_{x_1=0}^{x_2=b} x \cdot dE = \int_0^b x \cdot p \cdot dA = \int_0^b x \cdot p \cdot h \cdot dx$$

$$E \cdot x_c = p \cdot h \cdot \dfrac{x^2}{2}\bigg|_0^b = p \cdot h \cdot \dfrac{b^2}{2}$$

Substituindo E e p por suas expressões, vem

$$\rho \cdot g \cdot b \cdot \dfrac{h^2}{2} \cdot x_c = \rho \cdot g \cdot \dfrac{h}{2} \cdot h \cdot \dfrac{b^2}{2}$$

Simplificando: $x_c = \dfrac{b}{2}$.

Exemplo VIII

Um bloco maciço possui bases quadradas de lado $b = 20$ cm e altura h = 50 cm e é feito de um material cuja densidade é $d = 2{,}8$ g/cm^3. Ele é imerso em um líquido de densidade $\rho = 0{,}80$ g/cm^3, preso por um fio vertical. Sua face superior fica a 10 cm de profundidade no líquido, como indica a Figura 3.12.

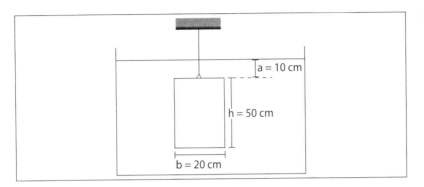

Figura 3.12

Determinar:

a) o empuxo em cada face do bloco.

Solução:

Na face horizontal superior, o empuxo é $E_1 = p_1 \cdot A$

$$E_1 = \rho \cdot g \cdot a \cdot b^2 \implies E_1 = 32 \text{ N (dirigido para baixo)}.$$

Na face horizontal inferior, $E_2 = p_2 \cdot A$

$$E_2 = \rho \cdot g \cdot (a+h) \cdot b^2 \implies E_2 = 192 \text{ N (para cima)}.$$

A componente vertical do empuxo é, então,

$$E = E_2 - E_1 = \rho \cdot g \cdot h \cdot A = \rho \cdot g \cdot V = 160 \text{ N}$$

O empuxo em uma face vertical pode ser calculado da seguinte forma:

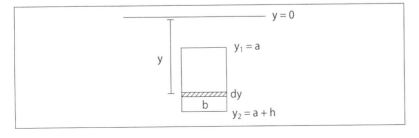

Figura 3.13

Adotamos a superfície do líquido como nível 0 e pressão efetiva = 0.

Em uma profundidade y, o empuxo elementar é

$$dE = p \cdot dA = \rho \cdot g \cdot y \cdot b \cdot dy$$

$$E = \int_{y_1=a}^{y_2=a+h} \rho \cdot g \cdot y \cdot b \cdot dy = \rho \cdot g \cdot b \cdot \left. \frac{y^2}{2} \right|_{a}^{a+h}$$

$$E = \rho \cdot g \cdot b \cdot \frac{(a+h)^2 - a^2}{2} = \rho \cdot g \cdot b \cdot \frac{(2 \cdot a \cdot h + h^2)}{2}$$

O centro de empuxo pode ser determinado aplicando-se o teorema de Varignon:

$$E \cdot y_c = \int_{a}^{a+h} y \cdot dE = \int_{a}^{a+h} \rho \cdot g \cdot y^2 \cdot b \cdot dy = \rho \cdot g \cdot b \cdot \left. \frac{y^3}{3} \right|_{a}^{a+h}$$

$$E \cdot y_c = \rho \cdot g \cdot b \cdot \frac{(a+h)^3 - a^3}{3}$$

Substituindo-se E e efetuando as simplificações, chegamos a

$$y_c = \frac{2 \cdot (3 \cdot a^2 \cdot h + 3 \cdot a \cdot h^2 + h^3)}{3 \cdot (2 \cdot a \cdot h + h^2)} = \frac{2}{3} \frac{(3a^2 + 3ah + h^2)}{(2a + h)}$$

Em cada uma das quatro faces verticais atua um empuxo de intensidade $E = 280$ N, aplicado no centro de empuxo à profundidade $y_c = 0{,}41$ m.

Como essas forças horizontais são iguais e opostas, duas a duas, a resultante horizontal é nula.

Portanto, o empuxo $\vec{E}$ resultante sobre o bloco é de intensidade 160 N, dirigido para cima.

b) a tração no fio.

Na situação de equilíbrio do bloco: $\sum \vec{F} = \vec{0}$,

$$T + E - P = 0$$

Sendo $E = \rho \cdot g \cdot V$ e $P = d \cdot g \cdot V$

$$T = (d - \rho) \cdot g \cdot V = (d - \rho) \cdot g \cdot b^2 \cdot h$$

$$T = (2{,}0 - 0{,}8) \cdot 10^3 \cdot 10 \cdot 0{,}04 \cdot 0{,}5$$

$$T = 400 \text{ N}$$

3.6 PRINCÍPIO DE ARQUIMEDES[3]

Consideremos uma porção de um líquido em equilíbrio no seio do próprio líquido. A resultante das forças de pressão equilibra o peso da porção considerada. Veja a Figura 3.14.

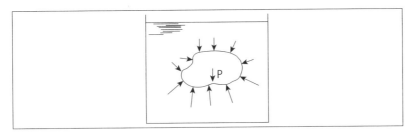

Figura 3.14

Se substituirmos a porção em análise por um corpo exatamente com a mesma forma, esse corpo fica submetido a duas forças: o seu peso, vertical para baixo, e a resultante das forças de pressão, cuja intensidade é igual ao peso do líquido deslocado, vertical para cima, passando pelo centro de gravidade do fluido deslocado.

$$E = m \cdot g = \rho \cdot V \cdot g \tag{3.7}$$

Esse corpo somente continuará em equilíbrio se o seu peso for igual ao do fluido deslocado por ele.

Quem primeiramente observou a existência desta força foi Arquimedes, que a denominou empuxo.

Podemos, então, enunciar o princípio de Arquimedes:

Todo corpo mergulhado em um fluido sofre uma força de direção vertical e sentido para cima, de intensidade igual à do peso do volume do fluido deslocado pelo corpo, com linha de ação que passa pelo centro de gravidade do fluido deslocado.

Exemplo IX

a) Um bloco de madeira de densidade 0,60 g/m³ é colocado em um óleo de densidade 0,75 g/m³. Que fração do bloco fica submersa?

Solução:

Condição de equilíbrio do bloco: $\sum \vec{F} = \vec{0}$.

$$E - P = 0$$

Observações:

1 – Quando um corpo flutua em um líquido, o peso desse corpo é igual ao peso do fluido deslocado pela parte imersa do corpo.

2 – Chama-se peso aparente $P_{aparente}$ de um corpo mergulhado em um fluido a diferença entre o peso desse corpo e o empuxo que ele sofre por parte do fluido, isto é, $P_{aparente} = P - E$.

[3] Grande matemático e inventor grego, nasceu em 287 a.C. e morreu em 212 a.C. Em seu trabalho *Da flutuação dos corpos*, estabeleceu os princípios da hidrostática.

Figura 3.15

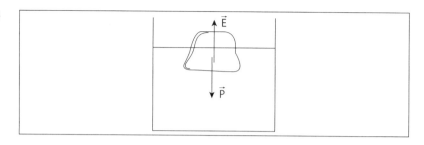

$$\rho_{\text{óleo}} \cdot V_s \cdot g = \rho_{\text{madeira}} \cdot V \cdot g$$

$$\frac{V_s}{V} = \frac{\rho_{\text{madeira}}}{\rho_{\text{óleo}}} = \frac{0{,}60}{0{,}75}$$

$$V_s = 0{,}80 \cdot V \quad \text{ou} \quad V_s = 80\% \text{ do volume}$$

b) Calcular o peso aparente de 1,0 kg de ferro quando está mergulhado em água a 4 °C. A densidade relativa do ferro é 7,8 e g = 9,8 m/s².

Solução:

O volume do ferro é

$$V = \frac{1{,}0 \text{ kg}}{7{,}8 \cdot 10^3 \text{ kg/m}^3} = 1{,}28 \cdot 10^{-4} \text{ m}^3$$

O volume da água deslocada é o próprio volume do ferro, ou seja, $V = 1{,}28 \cdot 10^{-4} \text{ m}^3$.

Como a massa específica da água a 4 °C é $1{,}00 \cdot 10^3$ kg/m³, temos:

$$m_{\text{água}} = 0{,}128 \text{ kg}$$

O peso da água deslocada é $P = m \cdot g = 1{,}25$ N.

Pelo princípio de Arquimedes:

$$E = P_{\text{água}} = 1{,}25 \text{ N}$$

O peso aparente do bloco de ferro é

$$P_{\text{aparente}} = P - E = m \cdot g - P_{\text{água}}$$

$$P_{\text{aparente}} = 1{,}0 \cdot 9{,}8 - 1{,}25$$

$$P_{\text{aparente}} = 8{,}55 \text{ N}$$

c) Uma esfera de aço oca $(\rho = 7{,}8 \text{ g/cm}^3)$, tendo peso 3,9 N, ao ser mergulhada na água a 4 °C sofreu empuxo de 0,55 N. Calcular o volume oco da esfera.

Solução:

A massa da esfera é $m = \dfrac{P}{g} = 0{,}40$ kg e o volume de ferro ocupado por essa massa é $V_{\text{ferro}} = \dfrac{m}{\rho} = 5{,}13 \cdot 10^{-5}$ m^3.

Por outro lado, o empuxo sofrido pela esfera é igual ao peso da água de volume igual ao da esfera. Logo, a massa de água deslocada é $m = \dfrac{0{,}55 \text{ N}}{9{,}8 \text{ m/s}^2} = 0{,}056$ kg e o seu volume é

$$V_{\text{esfera}} = \dfrac{0{,}056 \text{ kg}}{1{,}00 \text{ kg/m}^3} = 5{,}6 \cdot 10^{-5} \text{m}^3.$$

Conclui-se, daí, que o volume da cavidade é

$$V_{\text{cavidade}} = V_{\text{esfera}} - V_{\text{ferro}} = 4{,}7 \cdot 10^{-6} \text{m}^3 \text{ ou } 4{,}7 \text{cm}^3$$

3.7 PRESSÃO ATMOSFÉRICA – OUTRAS UNIDADES

O ar atmosférico exerce pressão sobre os corpos que envolve. A pressão do ar sobre a superfície da Terra se chama pressão atmosférica e é devida ao peso do ar.

Torricelli[4] foi o primeiro a medir a pressão atmosférica. Ele encheu de mercúrio um tubo de aproximadamente 1,0 m, emborcando-o em uma cuba ou recipiente contendo também mercúrio. Verificou, a seguir, que o mercúrio descia um pouco no tubo, permanecendo a uma altura h acima do nível na cuba. A Figura 3.16 representa o barômetro de Torricelli.

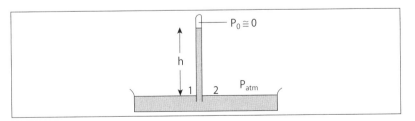

Figura 3.16

Ficou, então, na parte superior do tubo o vácuo, ou melhor, vapor de mercúrio a uma pressão muito reduzida.

[4] Evangelista Torricelli (1608-1647), físico italiano que também se ocupou com o estudo dos movimentos dos corpos; inventor do barômetro. Foi aluno de Galileu.

Torricelli pôde concluir que a pressão atmosférica equilibra a pressão de uma coluna de mercúrio de 76 cm ou 760 mm de altura, quando ao nível do mar.

Designa-se pressão atmosférica normal a pressão atmosférica que é equilibrada por uma coluna de mercúrio com 76 cm de altura.

Nos pontos 1 e 2 da Figura 3.16, a pressão é a mesma, uma vez que os pontos estão em um mesmo nível horizontal do mercúrio.

$$p_1 = p_0 + \rho_{Hg} \cdot g \cdot h$$

$$p_2 = p_{atm}$$

Logo,

$$p_{atm} = \rho_{Hg} \cdot g \cdot h$$

$$p_{atm} = 13,6 \cdot 10^3 \text{ kg/m}^3 \cdot 9,81 \text{ m/s}^2 \cdot 0,760 \text{ m}$$

$$p_{atm} = 1,013 \cdot 10^5 \text{ N/m}^2 = 1,013 \cdot 10^5 \text{ Pa}$$

Dá-se o nome de 1 bar à pressão de exatamente $1 \cdot 10^5$ Pa. Assim, a pressão atmosférica normal equivale a 1,013 bar ou 1.013 milibares. O milibar é uma unidade muito usada pelos meteorologistas, que também fazem bastante uso do hectopascal: 1 hectopascal $= 1 \cdot 10^2$ N/m^2.

Outras unidades usuais de pressão:

$$1 \text{ cm Hg} = \frac{1}{76} \text{ p}_{atm}$$

$$1 \text{ cm Hg} = 1,33 \cdot 10^3 \text{ Pa}$$

$$1 \text{ atm} = 76 \text{ cm Hg} = 760 \text{ mm Hg} = 1,013 \cdot 10^5 \text{ Pa}$$

Exemplo X

a) Que altura de tubo Torricelli precisaria ter usado se, em vez de Hg, tivesse realizado sua experiência com água?

Solução:

$$p_{atm} = \rho_{Hg} \cdot g \cdot h_{Hg}$$

$$p_{atm} = \rho_{água} \cdot g \cdot h_{água}$$

Comparando:

$$\rho_{Hg} \cdot h_{Hg} = \rho_{água} \cdot h_{água}$$

$$h_{\text{água}} = \frac{\rho_{Hg} \cdot h_{Hg}}{\rho_{\text{água}}} = 13{,}6 \cdot 76 \text{ cm}$$

$$h_{\text{água}} = 10{,}3 \text{ m}$$

Daí, também o uso de medidas de pressão em metros de coluna de água:

$$1 \text{ atm} = 10{,}3 \text{ m.c.a.}$$

b) Qual o peso aproximado do ar atmosférico, sabendo-se que o raio da Terra é $6{,}4 \cdot 10^6$ m?

$$p_{\text{atm}} = \frac{\text{Peso}}{\text{Área}} \Rightarrow P = 1{,}01 \cdot 10^5 \; Pa \cdot 4 \cdot \pi \cdot \left(6{,}4 \cdot 10^6\right)^2 \text{ m}^2$$

$$P = 5{,}2 \cdot 10^{19} \text{ N}$$

c) Calcular aproximadamente a altura da atmosfera, suposta homogênea e de densidade $1{,}3 \text{ kg/m}^3$.

O volume da atmosfera é, aproximadamente,

$$V = 4 \cdot \pi \cdot r^2 \cdot h = 4 \cdot \pi \cdot \left(6{,}4 \cdot 10^6\right)^2 \cdot h$$

Do item anterior, a massa é $m = \dfrac{P}{g} = 5{,}2 \cdot 10^{18} \text{ kg}$

$$\rho = \frac{m}{V} \Rightarrow V = \frac{m}{\rho}$$

$$4 \cdot \pi \cdot \left(6{,}4 \cdot 10^6\right)^2 \cdot h = \frac{5{,}2 \cdot 10^{18}}{1{,}3}$$

$$h = 7{,}7 \cdot 10^3 \text{ m}$$

Outra solução aproximada advém da comparação:

$$p_{atm} = \rho_{Hg} \cdot g \cdot h_{Hg} = \rho_{ar} \cdot g \cdot h_{ar}$$

$$\frac{\rho_{Hg}}{\rho_{ar}} = \frac{h_{ar}}{h_{Hg}}$$

$$\frac{13{,}6 \cdot 10^3}{1{,}3} = \frac{h_{ar}}{0{,}76} \Rightarrow h_{ar} = 7{,}9 \cdot 10^3 \text{ m}$$

Com mais rigor, a pressão atmosférica, à temperatura constante, em função da distância ao solo, é dada pelo gráfico da Figura 3.17.

Nota:

Na realidade, a altura da atmosfera é bem maior, pois a pressão atmosférica diminui com a altitude. Nas proximidades da superfície da Terra, a cada 100 m que se sobe corresponde uma diminuição de 1 cm Hg na altura barométrica, aproximadamente.

Figura 3.17

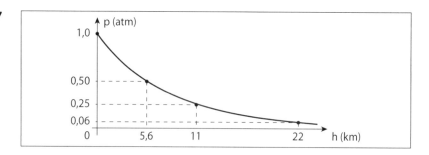

A 160 km de altura, a pressão é muito pequena e a densidade do ar é 10^{-9} kg/m^3.

3.8 MEDIDA DA PRESSÃO EM SISTEMAS FECHADOS

O ar contido em um cilindro de mergulhador ou em um pneu de automóvel e um balão de oxigênio do hospital são exemplos de sistemas fechados.

Os instrumentos apropriados para se medir a pressão em sistemas fechados são denominados manômetros. Existem os manômetros de líquidos que utilizam tubos curvados em forma de U e os manômetros industriais, metálicos, desses que se usam em postos de gasolina ou em balões de oxigênio ou de outros gases.

A Figura 3.18 ilustra um manômetro de líquido, na forma de U, em que um dos ramos é ligado ao recipiente e o outro é aberto à atmosfera.

Figura 3.18
Manômetro de tubo aberto.

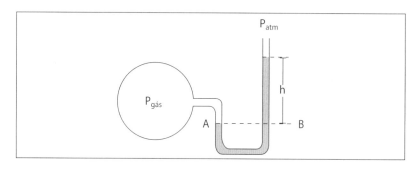

O líquido que vai dentro do tubo é denominado líquido manométrico.

Observe que os pontos A e B estão no mesmo nível do líquido e suas pressões absolutas são iguais.

$$p_A = p_{\text{gás}}$$

$$p_B = p_{\text{atm}} + \rho \cdot g \cdot h$$

Igualando as pressões absolutas:

$$p_{\text{gás}} = p_{\text{atm}} + \rho \cdot g \cdot h$$

Chama-se pressão manométrica a diferença entre a pressão absoluta do gás e a pressão atmosférica:

$$p_{\text{man}} = p_{\text{gás}} - p_{\text{atm}} = \rho \cdot g \cdot h \qquad (3.8)$$

Se a pressão do gás for menor do que a pressão atmosférica, a pressão manométrica será negativa e, nesse caso, o nível do líquido manométrico exposto à atmosfera estará abaixo do nível do líquido exposto à pressão do gás.

Em um manômetro de tubo fechado, como o representado na Figura 3.19, a pressão sobre a coluna do líquido no ramo direito (normalmente Hg), em geral, é desprezível; então, a altura h nos fornece diretamente a pressão absoluta, igual à pressão manométrica.

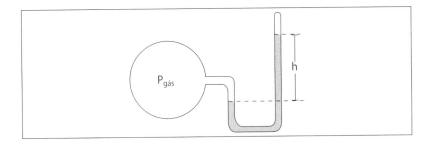

Figura 3.19

$$p_{\text{gás}} = \rho \cdot g \cdot h$$

Exemplo XI

Um manômetro na forma de tubo em U aberto é utilizado para medir a pressão do gás em uma tubulação.

Na situação representada na Figura 3.20, sendo a pressão atmosférica igual a 72 cmHg, determinar:

a) a pressão absoluta e

b) a pressão manométrica do gás.

Solução:

No nível BB' as pressões absolutas são iguais:

$$p_A + p_{\text{coluna } Hg} = p_{\text{atm}}$$

Figura 3.20

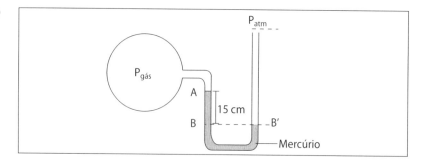

A pressão absoluta do gás é

$$p_{gás} = p_A = p_{atm} - p_{coluna\,Hg}$$

$$p_{gás} = 72 \text{ cm Hg} - 15 \text{ cm Hg}$$

$$p_{gás} = 57 \text{ cm Hg}$$

A pressão manométrica do gás é

$$p_{man} = p_{gás} - p_{atm} = -p_{coluna\,Hg}$$

$$p_{man} = -15 \text{ cm Hg}$$

3.9 INTRODUÇÃO À HIDRODINÂMICA

Vimos, até aqui, o estudo dos fluidos em equilíbrio. Vamos, agora, analisar situações em que o fluido pode sofrer aceleração. Esse ramo da Mecânica é denominado dinâmica dos fluidos ou hidrodinâmica. Tal estudo é bastante complexo. No entanto, faremos aproximações, de forma a construir um modelo simplificado e adequado a muitas situações práticas.

Daniel Bernoulli[5] deduziu uma relação, baseada no princípio de conservação da energia, que permite descrever aproximadamente o comportamento do fluxo de fluidos. Algumas noções básicas são importantes para o estabelecimento da teoria.

O fluido deve ser considerado **incompressível**, isto é, não sofre variação de volume, qualquer que seja a pressão a que está submetido, e **não viscoso**, ou seja suas moléculas deslizam livremente umas sobre as outras; nesse caso, desprezam-se forças internas de atrito ou viscosidade entre camadas do fluido.

O escoamento deve ser considerado **estacionário** ou **permanente**: escolhido qualquer ponto dentro do conduto, todas as partículas do fluido que passam por ele apresentam a mes-

---

[5] Daniel Bernoulli (1700-1782) foi membro de uma família suíça de notáveis cientistas, físicos e matemáticos.

ma velocidade. Caso contrário, o escoamento é dito **turbilhonar** ou **turbulento**. O escoamento deve ser, ainda, **irrotacional**: desprezam-se efeitos de redemoinho ou de rotações internas de partes do fluido. As partículas transladam, porém, sem que se transforme energia cinética de rotação em energia térmica.

A fumaça de um cigarro apresenta, em seu movimento de subida, dois tipos de escoamento: a princípio, laminar ou estacionário com linhas de corrente e, ao aumentar um pouco a sua velocidade, passa a ser turbulento com movimento rotacional das partículas do fluido. O mesmo ocorre com a água que sai de uma torneira com pequena vazão. No início da queda pode-se perceber o tubo de corrente do fluxo estacionário e irrotacional e, depois, o fluxo passa a turbulento ou turbilhonar.

Considere a Figura 3.21, que representa um tubo de corrente e suas linhas de corrente, que são as trajetórias das partículas do fluido.

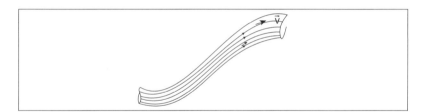

Figura 3.21

Como a velocidade $\vec{v}$ é única em cada ponto do escoamento, as linhas de corrente não se cruzam.

3.10 A EQUAÇÃO DA CONTINUIDADE

A Figura 3.22 nos mostra um volume de controle, ou seja, certa porção do fluido em estudo.

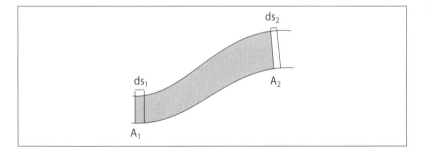

Figura 3.22

Em um intervalo de tempo infinitesimal dt penetra no volume de controle, pela secção transversal de área A_1, um determinado volume de fluido $A_1 \cdot ds_1$, enquanto, pela secção transversal de área A_2 na saída, passa um volume correspondente $A_2 \cdot ds_2$. Como o fluido é incompressível e o regime de escoamento é permanente, não havendo fontes nem sorvedouros dentro do volume de controle, podemos escrever

$$A_1 \cdot ds_1 = A_2 \cdot ds_2$$

Dividindo ambos os membros da expressão pelo intervalo de tempo dt,

$$A_1 \cdot \frac{ds_1}{dt} = A_2 \cdot \frac{ds_2}{dt} \implies A_1 \cdot v_1 = A_2 \cdot v_2 \qquad (3.9)$$

Esta última expressão é denominada **equação da continuidade**, relação bastante importante. O termo $A \cdot v$ tem dimensão $L^3 \cdot T^{-1}$ (volume dividido por tempo) e chama-se vazão volumétrica sendo, por definição, a taxa temporal do volume escoado. Sua unidade no SI é m^3/s.

Da equação da continuidade se conclui que, onde a secção transversal tem menor área, a velocidade de escoamento é maior e vice-versa.

Em um filme de faroeste, o cocheiro, antes de atravessar com sua diligência em um rio de águas barrentas, joga uma folha na correnteza e escolhe o ponto de travessia como aquele em que a folha passa rapidamente. Certamente, nesse ponto o rio é menos profundo.

3.11 A EQUAÇÃO DE BERNOULLI

Para a dedução da equação de Bernoulli consideremos um volume de controle, uma porção de fluido confinado num tubo de secção variável, como representado na Figura 3.23.

Seja um elemento de volume do fluido que penetra no volume de controle pela área A_1, sob a ação da força de pressão $F_1 = p_1 \cdot A_1$, provocando a saída de um elemento de volume igual pela área A_2.

A relação trabalho e energia cinética estabelece que o trabalho resultante das forças aplicadas num corpo é igual à variação da energia cinética desse corpo. Calculemos, então, o trabalho das forças que atuam no elemento de volume que estamos considerando, no seu deslocamento desde a posição inicial até a posição final.

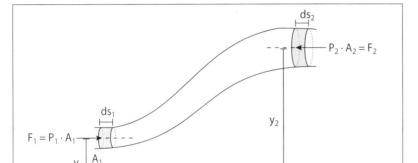

Figura 3.23

O trabalho da força $\vec{F}_1$ é $d\tau_{p_1} = p_1 \cdot A_1 \cdot ds_1$, enquanto o trabalho da força $\vec{F}_2$ é $d\tau_{p_2} = -p_2 \cdot A_2 \cdot ds_2$; o sinal – resulta do fato de o elemento do fluido se deslocar no sentido contrário ao da força $p_2 \cdot A_2$.

O trabalho do peso do elemento do fluido nesse deslocamento é $d\tau_P = -dm \cdot g \cdot (y_2 - y_1)$; como $dm = \rho \cdot dV$, $d\tau_P = -\rho \cdot g \cdot (y_2 - y_1) \cdot dV$.

O trabalho das forças normais, exercidas pelas paredes no elemento do fluido é nulo, pois essas forças são perpendiculares ao deslocamento.

Desprezam-se as forças de resistência devidas à viscosidade do fluido e, portanto, $d\tau_{\text{forças de atrito viscoso}} = 0$.

A variação da energia cinética durante o deslocamento do elemento do fluido é

$$dEC = \frac{1}{2} \cdot dm \cdot v_2^2 - \frac{1}{2} \cdot dm \cdot v_1^2$$

$$dEC = \frac{1}{2} \cdot \rho \cdot \left(v_2^2 - v_1^2\right) \cdot dV$$

Aplicando, então, a relação trabalho e energia cinética, vem:

$$d\tau_{p_1} + d\tau_{p_2} + d\tau_P = dEC$$

$$p_1 \cdot A_1 \cdot ds_1 - p_2 \cdot A_2 \cdot ds_2 - \rho \cdot g \cdot (y_2 - y_1) \cdot dV =$$

$$= \frac{1}{2} \cdot \rho \cdot \left(v_2^2 - v_1^2\right) \cdot dV$$

$$p_1 \cdot dV - p_2 \cdot dV - \rho \cdot g \cdot (y_2 - y_1) \cdot dV = \frac{1}{2} \cdot \rho \cdot \left(v_2^2 - v_1^2\right) \cdot dV$$

Cancelando dV e rearranjando os termos, temos:

$$p_1 + \rho \cdot g \cdot y_1 + \frac{1}{2} \cdot \rho \cdot v_1^2 = p_2 + \rho \cdot g \cdot y_2 + \frac{1}{2} \cdot \rho \cdot v_2^2 \quad (3.10)$$

Esta é a equação de Bernoulli ou equação fundamental da hidrodinâmica. Ela nos afirma que a quantidade $p + \rho \cdot g \cdot y + \frac{1}{2} \cdot \rho \cdot v^2$ é constante, qualquer que seja o ponto do escoamento do fluido.

O termo $\rho \cdot g \cdot y$ representa a energia potencial do fluido por unidade de volume em certo ponto e pode ser denominado pressão potencial.

O termo $\frac{1}{2} \cdot \rho \cdot v^2$ representa a energia cinética do fluido por unidade de volume e pode receber o nome de pressão cinética.

Sendo p a pressão estática ou pressão interna, num certo ponto do fluido a soma das pressões estática, potencial e cinética é constante.

Vejamos, agora, alguns casos particulares de aplicações da equação de Bernoulli:

Se não houver desnível entre o início e o fim do fluxo do fluido, não haverá variação da energia potencial e a equação pode ser escrita

$$p_1 + \frac{1}{2} \cdot \rho \cdot v_1^2 = p_2 + \frac{1}{2} \cdot \rho \cdot v_2^2$$

Esta expressão nos indica que um aumento de velocidade do fluido é acompanhado de um decréscimo na pressão p, ou seja, onde a velocidade é maior a pressão estática é menor.

Uma experiência bem simples pode comprovar essa conclusão:

Segure com uma das mãos uma folha de papel na altura dos lábios; nesse caso, ela se dobra, pendendo para baixo. Assopre o ar de seus pulmões na parte superior da folha e verifique, então, que a folha sobe. A diminuição da pressão na parte superior da folha (onde a velocidade do ar é maior) faz com que a pressão na parte inferior da folha a impulsione para cima.

Essa é a razão principal da sustentação de um avião no ar. Veja a Figura 3.24.

Devido ao perfil da asa, o ar que passa pela parte superior da asa deve percorrer distância maior do que a percorrida por aquele que passa pela sua parte inferior. Consequentemente, a

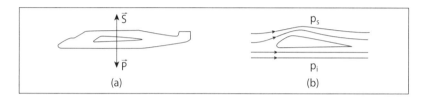

Figura 3.24

velocidade do ar na parte superior da asa é maior do que a velocidade na parte inferior. Daí, a diferença de pressão estática $(p_i - p_s)$ gera uma força de sustentação $\vec{S}$ para cima no avião.

Pela equação da continuidade, se um fluido, em regime permanente, preenche um tubo cuja secção reta é constante, a velocidade v será constante. Daí, a equação de Bernoulli assume a forma

$$p_2 + \rho \cdot g \cdot h_2 = p_1 + \rho \cdot g \cdot h_1$$

$$p_2 - p_1 = \rho \cdot g \cdot (h_1 - h_2) = -\rho \cdot g \cdot \Delta h$$

Chega-se, portanto, à própria equação fundamental da hidrostática, vista no início desse capítulo.

Exemplo XII

Um tanque cilíndrico, de área A_1, contém água até a altura h. A água escoa por um pequeno orifício de área A_2 bem menor do que A_1. Calcular a velocidade com que a água sai pelo orifício.

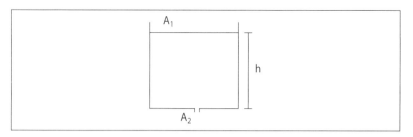

Solução:

Sobre a superfície livre da água na área A_1 a pressão é $p_1 = p_{atm}$ e a água flui para a atmosfera pela área A_2. Como A_2 é desprezível em relação a A_1, pode-se desprezar a velocidade v_1 de abaixamento da água no tanque.

$$p_1 + \frac{1}{2} \cdot \rho \cdot v_1^2 + \rho \cdot g \cdot h_1 = p_2 + \frac{1}{2} \cdot \rho \cdot v_2^2 + \rho \cdot g \cdot h_2$$

Nota:

Um aerofólio para automóvel funciona da mesma forma: sua superfície superior é quase plana, havendo curvatura na parte inferior. Assim, a pressão na parte superior é maior do que na parte de baixo e o veículo é forçado para baixo, gerando aumento da força de reação do solo e, portanto, da força máxima de atrito estático. O automóvel pode, então, realizar curvas com maior velocidade e nas retas consegue maior aceleração. Em compensação, consome mais combustível e há maior desgaste de peças...

$$p_{atm} + \rho \cdot g \cdot h = p_{atm} + \frac{1}{2} \cdot \rho \cdot v_2^2$$

considerando o nível horizontal de referência das alturas passando pelo orifício. Daí, simplificando,

$$v_2 = \sqrt{2 \cdot g \cdot h}$$

Esta expressão é também a equação de Torricelli, que fornece a velocidade de um corpo que cai livremente de uma altura h, tendo partido do repouso.

Exemplo XIII

O medidor de Venturi é usado para medir fluxos ou velocidade de fluidos. Ele é esquematizado como na Figura 3.25.

Figura 3.25

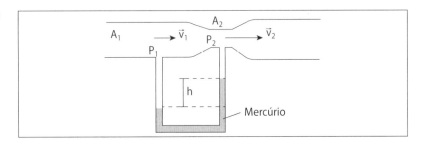

Aplicando-se a equação de Bernoulli a um ponto do escoamento e à garganta, obtém-se

$$p_1 + \frac{1}{2} \cdot \rho \cdot v_1^2 = p_2 + \frac{1}{2} \cdot \rho \cdot v_2^2$$

$$p_1 - p_2 = \frac{1}{2} \cdot \rho \cdot \left(v_2^2 - v_1^2\right)$$

O manômetro de mercúrio fornece a diferença de pressões

$$p_1 - p_2 = \left(\rho_{Hg} - \rho\right) \cdot g \cdot h$$

da equação da continuidade

$$A_1 \cdot v_1 = A_2 \cdot v_2 \Rightarrow v_2 = \frac{A_1}{A_2} \cdot v_1$$

Substituindo esses valores na equação anterior, vem

$$\left(\rho_{Hg} - \rho\right) \cdot g \cdot h = \frac{1}{2} \cdot \rho \cdot \left[\left(\frac{A_1}{A_2}\right)^2 \cdot v_1^2 - v_1^2\right]$$

$$\left(\rho_{Hg} - \rho\right) \cdot g \cdot h = \frac{1}{2} \cdot \rho \cdot \left[\left(\frac{A_1}{A_2}\right)^2 - 1\right] \cdot v_1^2$$

Daí,

$$v_1 = \sqrt{\frac{2 \cdot \left(\rho_{Hg} - \rho\right) \cdot g \cdot h}{\rho \cdot \left[\left(\frac{A_1}{A_2}\right)^2 - 1\right]}}$$

Para que um fluxo de água, sendo $A_1 = 10 \cdot A_2$ e $h = 40$ cm, encontraremos $v_1 = 1,0 \text{ m}/\text{s}$.

Se o fluxo for de ar $\left(\rho = 1,29 \text{ kg}/\text{m}^3\right)$ e $h = 40$ cm, encontraremos $v_1 = 2,9 \text{ m}/\text{s}$.

Exemplo XIV

Um revólver de pintura é representado na Figura 3.26.

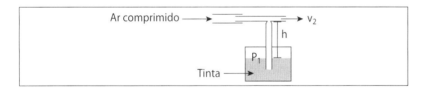

Figura 3.26

Nesse dispositivo, um jato de ar com grande velocidade v_2 produz na região do esguicho pressão p_2 menor do que a pressão atmosférica p_1 que atua sobre a superfície da tinta do reservatório. Em consequência, a pressão atmosférica no reservatório força o líquido a subir no tubo, como num barômetro de mercúrio, e a tinta, dispersada na região de esguicho, é levada pelo jato de ar, produzindo a pintura uniforme de uma superfície.

Para o fluxo de ar temos:

$$p_{atm} = p_2 + \frac{1}{2} \cdot \rho_{ar} \cdot v_2^2 \Rightarrow p_1 - p_2 = \frac{1}{2} \cdot \rho_{ar} \cdot v_2^2$$

Para a tinta:

$$p_1 - p_2 = \rho_{tinta} \cdot g \cdot h$$

Considerando $\rho_{ar} = 1{,}29 \, \text{kg}/\text{m}^3$, $\rho_{tinta} = 900 \, \text{kg}/\text{m}^3$, $g = 9{,}8 \, \text{m}/\text{s}^2$ e $h = 0{,}15 \, \text{m}$

$$v_2^2 = \frac{2 \cdot \rho_{tinta} \cdot g \cdot h}{\rho_{ar}} \Rightarrow v_2 = 45 \, \text{m}/\text{s}$$

Exemplo XV

Um sifão é um tubo em U, com uma das extremidades mergulhada em um líquido e com a outra posicionada fora e abaixo da superfície livre do líquido. Ele é usado para retirar líquidos de recipientes que não dispõem de saída lateral.

Figura 3.27

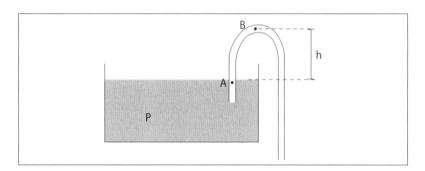

Iniciado o movimento do líquido por sucção na extremidade livre, o sifão permite o escoamento.

De acordo com a Figura 3.27, podemos aplicar a equação de Bernoulli entre os pontos A e B, considerando o nível de referência pelo ponto A, $v_A = v_B$ e $p_A = p_{atm}$

$$p_A + \frac{1}{2} \cdot \rho \cdot v_A^2 + \rho \cdot g \cdot h_A = p_B + \frac{1}{2} \cdot \rho \cdot v_B^2 + \rho \cdot g \cdot h_B$$

$$p_A - p_B = \rho \cdot g \cdot h$$

É notável, ainda, a aplicação da hidrodinâmica ao movimento de uma bola de ping-pong, tênis ou futebol quando batida "com efeito", isto é, ao receber um impacto não frontal, a bola sai com velocidade $\vec{v}_A$, girando em torno de seu centro de gravidade. Este é o chamado efeito Magnus.

No esquema a seguir, a velocidade $\vec{v}_A$ de um ponto da bola, em relação ao ar, tem intensidade maior do que a velocidade $\vec{v}_B$, no ponto diametralmente oposto.

Por isso, a bola sofre uma força, em virtude da diferença de pressões $(p_A < p_B)$, dirigida de B para A, razão pela qual a bola descreve movimento curvo, dificultando a ação do jogador adversário.

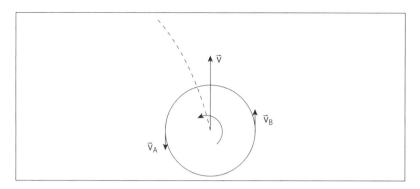

Observação:

O artigo "A aerodinâmica da bola de futebol" descreve o gol que Pelé não fez na Copa de 70, na *Revista Brasileira de Ensino de Física*, vol 26, nº 4, 2004, e está disponível na Internet.

EXERCÍCIOS RESOLVIDOS

HIDROSTÁTICA

1) Um macaco hidráulico, usado em posto de gasolina, ergue uma carga total (peso do pistão somado ao de um automóvel) $Q = 1,4 \cdot 10^3$ kgf.

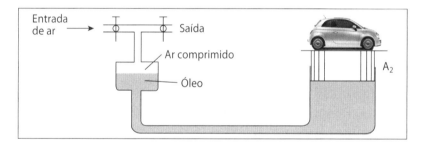

Figura 3.28

Sendo $A_2 = 700 \, \text{cm}^2$, determinar:

a) a pressão do ar na situação de equilíbrio;

b) o trabalho realizado pela força do ar ao erguer de 1,0 m o centro de gravidade da carga.

Solução:

a) $p_{ar} = \dfrac{Q}{A_2} = 2,0 \, \text{kgf}/\text{cm}^2 \cong 2,0 \cdot 10^5 \, \text{Pa}$;

b) o trabalho realizado pela força do ar comprimido é, no caso de máquina ideal, igual ao trabalho realizado contra o peso ao se erguer a carga. Assim,

$\tau = 1,4 \cdot 10^3 \, \text{kgf} \cdot 1,0 \, \text{m} \Rightarrow \tau = 14 \, \text{kJ}$

2) A Figura 3.29 representa um sistema de vasos comunicantes que continha mercúrio. A seguir, colocou-se ácido sulfúrico em um dos ramos e álcool no outro, de forma que os níveis de ácido e do álcool ficaram no mesmo plano horizontal.

Figura 3.29

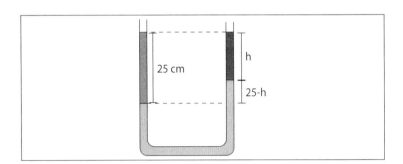

De acordo com a figura, calcular a altura h de álcool acima de sua superfície de separação com o mercúrio. São dadas as densidades relativas:

álcool: 0,80

ácido sulfúrico: 1,84

mercúrio: 13,6

Solução:

Na superfície de separação ácido/mercúrio, a pressão efetiva é $\rho_{ácido} \cdot g \cdot h_{ácido}$. No ramo direito, no ponto do mercúrio que se encontra no mesmo nível horizontal, a pressão efetiva é $\rho_{álcool} \cdot g \cdot h + \rho_{mercúrio} \cdot g \cdot h_{mercúrio}$.

Igualando estas pressões e efetuando as simplificações:

$1,84 \cdot 25 = 0,80 \cdot h + 3,6 \cdot (25 - h)$

$h = 23 \, cm$

---

3) Em um canal, uma comporta de forma retangular $ABCD$ é utilizada para represar a água. Ela é articulada na parte superior AB e duas molas existentes nos pontos C e D da base da comporta são dimensionadas para que a comporta se abra quando o nível da água atingir 2,7 m acima do solo.

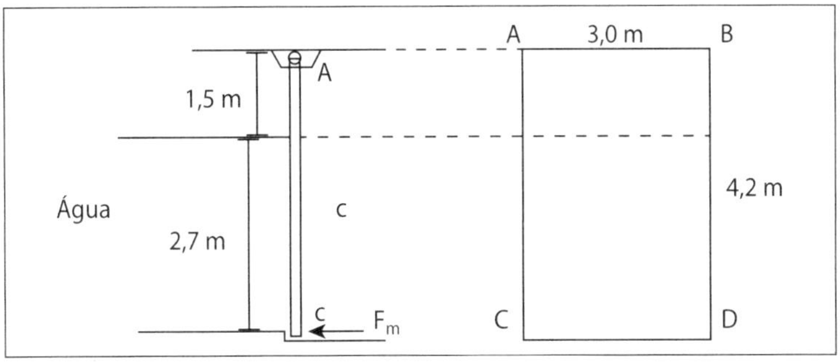

Figura 3.30

Quando o nível da água no canal atingir 2,7 m calcular as forças horizontais exercidas

a) pelo eixo AB da articulação e
b) pelas duas molas.

Solução:

$$E = \int_{y_1=0}^{y_2=2,7\,m} \rho \cdot g \cdot \overline{AB} \cdot y\,dy = 1,0 \cdot 10^3 \cdot 10 \cdot 3,0 \cdot \left.\frac{y^2}{2}\right|_0^{2,7}$$

$E = 1,09 \cdot 10^5$ N, aplicado a 0,90 m acima do solo ou 3,3 m abaixo da articulação AB.

Para o equilíbrio da comporta:

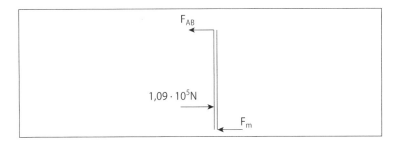

Figura 3.31

$\sum F = 0 \Rightarrow F_{AB} + F_{molas} = 1,09 \cdot 10^5$ N

$\sum \mathcal{M}^{eixo\,CD} = 0$

$1,09 \cdot 10^5 \cdot 0,90 = F_{AB} \cdot 4,2$

Portanto, $F_{AB} = 2,3 \cdot 10^4$ N e $F_{molas} = 8,6 \cdot 10^4$ N

4) A comporta esquematizada é articulada em um eixo horizontal pelo ponto A e funciona como uma válvula automática. Ela é uma placa quadrada de lados $a = b = 40$ cm.

Figura 3.32

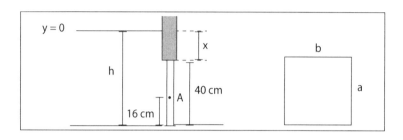

Determinar a altura h do nível da água para o qual ocorre a abertura da válvula.

Solução:

$$E = \int_{x=h-a}^{h} \rho \cdot g \cdot b \cdot y \cdot dy = \rho \cdot g \cdot b \cdot \left.\frac{y^2}{2}\right|_{h-a}^{h}$$

$$E = \frac{\rho \cdot g \cdot b}{2} \cdot \left[h^2 - \left(h^2 - 2 \cdot a \cdot h + a^2\right)\right] = \frac{\rho \cdot g \cdot b}{2} \cdot \left(2 \cdot a \cdot h - a^2\right)$$

$$E \cdot y_c = \int_{h-a}^{h} y \cdot dE = \int_{h-a}^{h} \rho \cdot g \cdot b \cdot y^2 \cdot dy = \frac{\rho \cdot g \cdot b}{3} \cdot \left.y^3\right|_{h-a}^{h}$$

$$\frac{\rho \cdot g \cdot b}{2} \cdot \left(2 \cdot a \cdot h - a^2\right) \cdot y_c = \frac{\rho \cdot g \cdot b}{3} \cdot \left[h^3 - (h-a)^3\right]$$

Dividindo por $\rho \cdot g \cdot b$

$$\frac{2 \cdot a \cdot h - a^2}{2} \cdot y_c = \frac{h^3 - \left(h^3 - 3 \cdot a \cdot h^2 + 3 \cdot a^2 \cdot h - a^3\right)}{3}$$

$$\frac{2 \cdot a \cdot h - a^2}{2} \cdot y_c = \frac{3 \cdot a \cdot h^2 - 3 \cdot a^2 \cdot h + a^3}{3}$$

Dividindo por a

$$\frac{2 \cdot h - a}{2} \cdot y_c = \frac{3 \cdot h^2 - 3 \cdot a \cdot h + a^2}{3}$$

$$(6 \cdot h - 3 \cdot a) \cdot y_c = 6 \cdot h^2 - 6 \cdot a \cdot h + 2 \cdot a^2$$

Com $a = 0,40\,\text{m}$ e $y_c = h - 0,16\,\text{m}$ (condição de abertura da comporta), temos

$(6 \cdot h - 1,2) \cdot (h - 0,16) = 6 \cdot h^2 - 6 \cdot h \cdot 0,40 + 2 \cdot (0,40)^2$

$6 \cdot h^2 - 1,2 \cdot h - 0,96 \cdot h + 0,192 = 6 \cdot h^2 - 2,40 \cdot h + 0,32$

$h = 0,53\,\text{m}$

---

5) Um bloco maciço de cobre $\left(d = 8,9\,\text{g}/\text{cm}^3\right)$ flutua na superfície de separação de mercúrio $\left(\rho_m = 13,6\,\text{g}/\text{cm}^3\right)$ e água a 4°C $\left(\rho_a = 1,0\,\text{g}/\text{cm}^3\right)$. Determinar a fração do bloco imersa no mercúrio.

Solução:

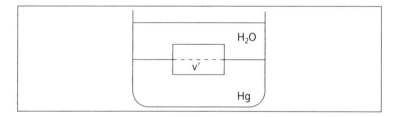

Figura 3.33

O peso do bloco é equilibrado pelos empuxos que o mercúrio e a água exercem nele.

$E_{\text{mercúrio}} + E_{\text{água}} - P = 0$

$13,6 \cdot g \cdot V' + 1,0 \cdot g \cdot (V - V') - 8,9 \cdot g \cdot V = 0$

Daí, segue que

$12,6 \cdot V' = 7,9 \cdot V$

$V' = 0,63 \cdot V$ ou $\dfrac{V'}{V} = 63\%$

---

6) Uma barra AB, homogênea e de secção transversal constante, presa por um fio pela sua extremidade A a um supor-

te, mantém-se em equilíbrio, parcialmente imersa em um líquido, como representado na Figura 3.34.

Dados: $\overline{AB} = 1{,}60\,\text{m}$, $\overline{BC} = 0{,}48\,\text{m}$ e $\rho_{\text{líquido}} = 0{,}75\,\text{g}/\text{cm}^3$

Determinar a densidade do material da barra.

Figura 3.34

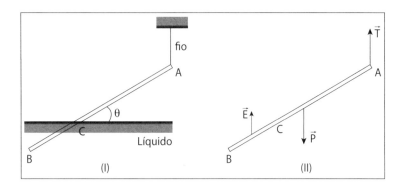

Solução:

As forças atuantes na barra são:

$P = d \cdot g \cdot V$ (no ponto médio de $\overline{AB}$)

$E = \rho \cdot g \cdot V_{\text{imerso}}$ (no ponto médio de $\overline{BC}$) e

T (na extremidade A).

Para o equilíbrio da barra, façamos $\sum \mathcal{M}^{eixo\,A} = 0$

$$d \cdot g \cdot V \cdot \frac{\overline{AB}}{2} \cdot \cos\theta - \rho \cdot g \cdot V_{\text{imerso}} \cdot \left(\overline{AB} - \frac{\overline{BC}}{2}\right) \cdot \cos\theta = 0$$

$$d \cdot S \cdot 1{,}60 \cdot \frac{1{,}60}{2} = 0{,}75 \cdot S \cdot 0{,}48 \cdot (1{,}60 - 0{,}24)$$

$$d = 0{,}38\,\text{g}/\text{cm}^3$$

7) Uma peça de ouro e prata pesa, no ar, 96 gf e, na água, 90 gf. Determinar a sua composição, se as suas densidades relativas são 19,33 para o ouro e 10,5 para a prata.

Solução:

$m_{\text{ouro}} + m_{\text{prata}} = 96\,\text{g}$

A massa de água deslocada é de 6 g e seu volume é de 6 cm³. Assim,

$19{,}33 \cdot V_{ouro} + 10{,}5 \cdot (6 - V_{ouro}) = 96$

$8{,}83 \cdot V_{ouro} = 33$

Daí, $V_{ouro} = 3{,}74 \text{ cm}^3$ e $V_{prata} = 2{,}26 \text{ cm}^3$

Logo, a peça apresenta, em sua composição, 72,3 g de ouro e 23,7 g de prata.

Observação:

Este foi o problema que Arquimedes resolveu para o rei Hieron II (269 a 215 a.C.), de Alexandria, que desejava saber a massa de ouro que havia em sua coroa.

8) A Figura 3.35 I representa um barco de peso P_b contendo pedras de peso P_p e densidade d, em equilíbrio na água de densidade ρ. O nível da água no tanque é h. Retiram-se cuidadosamente as pedras, que são depositadas no fundo do tanque, como na Figura 3.35 II. Prove que, nesse caso, o nível da água fica abaixo da marca h

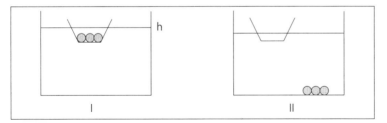

Figura 3.35

Em I, como o empuxo equilibra os pesos do barco e das pedras, o volume da água deslocada é

$V_I = \dfrac{P_b + P_p}{\rho \cdot g}$

Em II, o volume da água deslocada é

$V_{II} = \dfrac{P_b}{\rho \cdot g} + V_{pedras}$

$V_{II} = \dfrac{P_b}{\rho \cdot g} + \dfrac{P_p}{d \cdot g}$

Vemos que $V_{II} < V_I$, pois $d > \rho$. Portanto, o novo nível da água no tanque fica abaixo da marca h.

HIDRODINÂMICA

9) Uma caixa d'água, cúbica e de aresta 1,0 m, aberta à atmosfera, é esvaziada por um orifício de área 10 cm^2 no fundo da caixa. Adote $g = 9{,}8\,\text{m}/_{\text{s}^2}$. Determinar:

a) a velocidade com que a água sai pelo orifício e

b) o tempo necessário para o esvaziamento.

Solução:

a) Na superfície superior da água, $p_1 = p_{\text{atm}}$, a velocidade é v_1 e a altura é $h_1 = 1{,}0\,\text{m}$. Do lado de fora do orifício de saída, na base da caixa, temos $p_2 = p_{\text{atm}}$, velocidade v_2 e altura $h_2 = 0$.

A equação de Bernoulli pode ser escrita:

$$\rho \cdot g \cdot h_1 + \frac{1}{2} \cdot \rho \cdot v_1{}^2 = \rho \cdot g \cdot h_2 + \frac{1}{2} \cdot \rho \cdot v_2{}^2$$

Como $A_1 = 1\,\text{m}^2$ e $A_2 = 1 \cdot 10^{-3}\,\text{m}^2$, a velocidade v_2 é 1.000 vezes maior do que v_1 e, nesse caso, o termo $\frac{1}{2} \cdot \rho \cdot v_1{}^2$ é $1 \cdot 10^6$ vezes menor do que $\frac{1}{2} \cdot \rho \cdot v_2{}^2$.

Desprezando, então, $\frac{1}{2} \cdot \rho \cdot v_1{}^2$, temos

$$\rho \cdot g \cdot h_1 = \frac{1}{2} \cdot \rho \cdot v_2{}^2 \Rightarrow v_2 = \sqrt{2 \cdot g \cdot h}$$

$$v_2 = 4{,}5\,\text{m}/_{\text{s}}$$

b) Para se calcular o tempo necessário para esvaziar a caixa, a altura varia de h até zero e deve-se relacionar v_1 a estas variáveis:

$$v_1 = -\frac{dh}{dt}$$

O sinal – se justifica pelo fato de h decrescer com o passar do tempo e de considerarmos $v_1 > 0$.

A equação da continuidade fica:

$$A_1 \cdot \left(-\frac{dh}{dt} \right) = A_2 \cdot \sqrt{2 \cdot g \cdot h}$$

$$-\frac{dh}{dt} = \frac{A_2}{A_1} \cdot \sqrt{2 \cdot g} \cdot \sqrt{h} \Rightarrow -\frac{dh}{\sqrt{h}} = \frac{A_2}{A_1} \cdot \sqrt{2 \cdot g} \cdot dt$$

Devemos, agora, integrar a expressão, desde $t = 0$ quando a altura é h até o instante t em que $h = 0$. Assim,

$$-\int_{h}^{0} h^{-\frac{1}{2}} \cdot dh = \frac{A_2}{A_1} \cdot \sqrt{2 \cdot g} \cdot \int_{0}^{t} dt$$

$$-2 \cdot \sqrt{h} \Big|_{h}^{0} = \frac{A_2}{A_1} \cdot \sqrt{2 \cdot g} \cdot t$$

$$2 \cdot \sqrt{h} = \frac{A_2}{A_1} \cdot \sqrt{2 \cdot g} \cdot t \Rightarrow t = \frac{A_2}{A_1} \cdot \sqrt{\frac{2 \cdot h}{g}}$$

$$t = 10^3 \cdot \sqrt{\frac{2 \cdot 1,0}{9,8}} \Rightarrow t = 4,5 \cdot 10^2 \text{ s}$$

10) Um recipiente cilíndrico tem água até a altura de 40 cm. Na parede lateral, a 20 cm da superfície da água é feito um pequeno orifício e a água jorra horizontalmente, atingindo a superfície de apoio do recipiente no ponto A. Determinar a distância horizontal desse ponto A à parede do recipiente.

Solução:

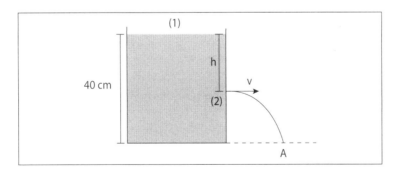

Figura 3.36

Aplicando-se a equação de Bernoulli a um ponto da superfície da água (1) e ao orifício de saída (2), considerando:

o nível de referência pelo orifício, ou seja, $y_2 = 0$ e a área A_1 do reservatório de água bem maior do que a área A_2 do orifício, ou seja, $v_1 = 0$ e $p_1 = p_2 = p_{atm}$, obtemos

$$p_1 + \frac{1}{2} \cdot \rho \cdot v_1^2 + \rho \cdot g \cdot y_1 = p_2 + \frac{1}{2} \cdot \rho \cdot v_2^2 + \rho \cdot g \cdot y_2$$

$$\rho \cdot g \cdot h = \frac{1}{2} \cdot \rho \cdot v_2^2 \Rightarrow v_2 = \sqrt{2 \cdot g \cdot h}$$

Para $h = 0,20\,\text{m}$ e adotando $g = 10\,\text{m}/\text{s}^2$, $v = 2,0\,\text{m}/\text{s}$

A água é lançada horizontalmente e, portanto,

$$x = A = \sqrt{2 \cdot g \cdot h} \cdot t$$

$$y = (0,40 - h) = \frac{1}{2} \cdot g \cdot t^2$$

$$0,40 - 0,20 = \frac{1}{2} \cdot 10 \cdot t^2 \Rightarrow t = 0,20\,\text{s}$$

Consequentemente, $A = \sqrt{2 \cdot 10 \cdot 0,20} \cdot 0,20$

$A = 0,40\,\text{m}$

Verifique que, para obter alcance $A' = 0,30\,\text{m}$, há dois valores possíveis para a altura h da água:

$h = 0,07\,\text{m}$ ou $h = 0,33\,\text{m}$

---

11) O tubo de Pitot, de forma simplificada na Figura 3.37, é um dispositivo medidor da pressão, a partir da qual se pode determinar a velocidade.

Figura 3.37

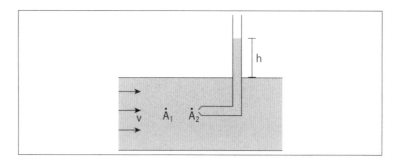

Isto se consegue comparando as pressões sobre superfícies paralela e normal à corrente, correspondentes aos pontos A_1 e A_2 da Figura 3.37. O tubo de Pitot é um tubo cuja extremidade inferior é dirigida para montante e cujo ramo vertical é aberto para a atmosfera. O impacto do fluido na abertura força o mesmo a subir no ramo vertical a uma altura h, acima da superfície livre. Determinar a velocidade v_1 no ponto A_1.

Solução:

O ponto A_2 é um ponto de estagnação, onde é nula a velocidade do escoamento. Tal fato cria uma pressão devida ao impacto, a pressão dinâmica, que força o fluido no ramo vertical. Aplicando-se a equação de Bernoulli aos pontos A_1 e A_2, tem-se:

$$p_2 + \frac{1}{2} \cdot \rho \cdot v_2^2 + \rho \cdot g \cdot y_2 = p_1 + \frac{1}{2} \cdot \rho \cdot v_1^2 + \rho \cdot g \cdot y_1$$

Sendo $v_2 = 0$ e $y_1 = y_2$, vem

$$p_2 - p_1 = \frac{1}{2} \cdot \rho \cdot v_1^2$$

Ainda, de acordo com a Figura 3.37,

$p_2 - p_1 = \rho \cdot g \cdot h$

Comparando: $\frac{1}{2} \cdot \rho \cdot v_1^2 = \rho \cdot g \cdot h$

$v_1 = \sqrt{2 \cdot g \cdot h}$

Pode-se também combinar a medida da pressão estática p_1 com a pressão total $p_2 + \frac{1}{2} \cdot \rho \cdot v_2^2$ no ponto de estagnação, por meio de um manômetro diferencial, como mostrado na Figura 3.38.

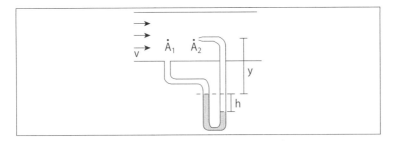

Figura 3.38

Aplicando-se a equação de Bernoulli aos pontos A_1 e A_2, como no caso anterior, e lembrando que $v_2 = 0$, obtém-se

$$p_2 - p_1 = \frac{1}{2} \cdot \rho \cdot v_1^2$$

O manômetro diferencial fornece a relação

$p_1 + \rho \cdot g \cdot y + d \cdot g \cdot h = p_2 + \rho \cdot g \cdot (y + h)$

Simplificando:

$$p_2 - p_1 = (d - \rho) \cdot g \cdot h$$

Substituindo essa diferença de pressão na equação anterior:

$$\frac{1}{2} \cdot \rho \cdot v_1^2 = (d - \rho) \cdot g \cdot h$$

$$v_1 = \sqrt{2 \cdot g \cdot h \cdot \frac{d - \rho}{\rho}} \quad \text{ou} \quad v_1 = \sqrt{2 \cdot g \cdot h \cdot \left(\frac{d}{\rho} - 1\right)}$$

Para escoamento de água, sendo o líquido manométrico o mercúrio, considerando $g = 9{,}8\,\mathrm{m}/\mathrm{s}^2$ e $h = 0{,}20\,\mathrm{m}$, obtém-se $v = 7{,}0\,\mathrm{m}/\mathrm{s}$.

EXERCÍCIOS COM RESPOSTAS

HIDROSTÁTICA

1) Demonstrar as equivalências:

   a) $1\,\mathrm{g}/\mathrm{cm}^3 = 1 \cdot 10^3\,\mathrm{kg}/\mathrm{m}^3$;

   b) $1\,\mathrm{psi}\,(pound\,per\,square\,inch) = 6.895\,\mathrm{Pa}$;

   sabe-se que $1\,\mathrm{pound} = 1\,\mathrm{lbf} = 4{,}448\,\mathrm{N}$ e $1\,\mathrm{inch} = 2{,}54\,\mathrm{cm}$;

   c) $1\,\mathrm{atm} = 14{,}1\,\mathrm{lbf}/\mathrm{pol}^2 = 14{,}1\,\mathrm{psi}$;

   d) $1\,\mathrm{cm\,Hg} = 0{,}136\,\mathrm{m\,H_2O}$.

2) Um rapaz de 60 kg está parado sobre a neve.

   Calcular:

   a) a pressão exercida por ele quando apoiado nos dois pés, cada um deles com $1{,}5\,\mathrm{dm}^2$ de superfície;

   b) a pressão caso esteja sobre esquis, cada um com $20\,\mathrm{dm}^2$ de superfície.

   Respostas:

   a) $2{,}0 \cdot 10^2\,\mathrm{N}/\mathrm{dm}^2 = 2{,}0 \cdot 10^4\,\mathrm{Pa}$;

   b) $15\,\mathrm{N}/\mathrm{dm}^2 = 1{,}5 \cdot 10^3\,\mathrm{Pa}$.

Fluidos   **165**

3) Ao calibrarmos os pneus de um carro, em geral, colocamos 30 "libras" de pressão. Em verdade, esta é a pressão manométrica de $30\,\mathrm{lbf}/\mathrm{pol}^2 = 30\,\mathrm{psi}$. A pressão de 1 atm equivale aproximadamente a 15 psi. Qual é a pressão absoluta do ar no pneu calibrado?

Resposta:

$45\,\mathrm{psi} \cong 3\,\mathrm{atm}.$

---

4) Determinar a pressão da água sobre o corpo de um mergulhador a 25 m de profundidade no mar. A água do mar tem densidade $1.030\,\mathrm{kg}/\mathrm{m}^3$ e $g = 9,8\,\mathrm{m}/\mathrm{s}^2$.

Resposta:

$p = 2,52 \cdot 10^5\,\mathrm{Pa}.$

---

5) Em certo local, onde $g = 9,8\,\mathrm{m}/\mathrm{s}^2$ e a densidade do ar é $1,3\,\mathrm{kg}/\mathrm{m}^3$, uma pessoa escala uma torre de altura $h = 70\,\mathrm{m}$. Sendo a pressão atmosférica $p = 1,01 \cdot 10^5\,\mathrm{Pa}$ ao nível do solo, determinar o seu valor no topo da torre.

Resposta:

$p = 1,00 \cdot 10^5\,\mathrm{Pa}.$

---

6) Calcular a força necessária para sustentar um corpo de 6,0 toneladas sobre o êmbolo maior de um elevador hidráulico se

    a) a razão entre as áreas de secção transversal dos pistões for 1:40 e

    b) se a razão dos diâmetros for 1:10.

Respostas:

a) $1,5 \cdot 10^3\,\mathrm{N};$ b)   600 N.

---

7) As secções transversais dos dois êmbolos cilíndricos de uma prensa hidráulica têm raios de 4 cm e de 30 cm. Calcu-

lar o valor da força de pressão transmitida ao êmbolo maior, quando sobre o êmbolo menor se exerce a força de 60 N.

Resposta:

$3,4 \cdot 10^3$ N.

8) Os diâmetros dos pistões de uma prensa hidráulica estão entre si na razão de 1:6 e os braços da alavanca que a acionam estão na razão de 1:5.

Ao se aplicar força $\vec{F}$ na alavanca, pode-se equilibrar outra de 900 N na prensa. Determinar a intensidade de $\vec{F}$.

Resposta:

5 N.

9) Considere uma piscina na qual uma das faces é um retângulo com base horizontal de 10 m e altura molhada por água de 3,0 m. Adote $g = 9,8 \, \text{m}/\text{s}^2$. Determinar o empuxo efetivo que a água exerce na face mencionada da piscina e as coordenadas do centro de empuxo.

Respostas:

$E = 4,4 \cdot 10^5$ N;

$x_c = 5,0$ m;

$y_c = 2,0$ m a partir da superfície da água.

10) Calcular a força que um líquido de densidade $\rho = 8,0 \cdot 10^2 \, \text{kg}/\text{m}^3$ exerce sobre a superfície retangular da figura.

Figura 3.39

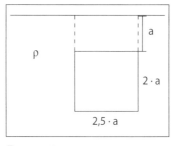

Considere

$a = 0,20$ m e $g = 10 \, \text{m}/\text{s}^2$.

Determinar também as coordenadas do ponto de aplicação da força.

Respostas:

$E = 640$ N; $(x_c = 0,25 \, \text{m}; \, y_c = 0,43 \, \text{m})$.

11) Uma comporta de 1,0 m de altura e 2,0 m de largura, articulada na parte superior A, está situada abaixo do nível da água, conforme a Figura 3.40.

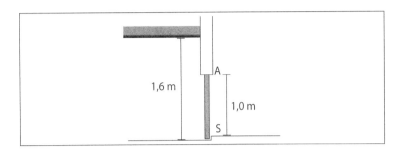

Figura 3.40

Determinar, para o nível da água a 1,6 m do solo:

a) o empuxo efetivo que a água exerce na comporta;

b) o ponto de aplicação do empuxo;

c) a força de reação da soleira sobre a comporta.

Respostas:

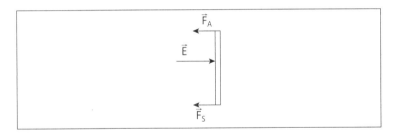

Figura 3.41

a) $E = 2{,}2 \cdot 10^4$ N;

b) $y_C = 1{,}18$ m da superfície da água;

c) $F_S = 1{,}28 \cdot 10^4$ N.

12) Certa balsa afunda 12,0 cm ao receber um caminhão com 30 toneladas de massa. Determinar a área da balsa no plano de flutuação.

Resposta:

250 m².

Física com aplicação tecnológica – Volume 2

13) Uma garrafa com 0,70 L de capacidade e volume igual a 0,90 L tem 0,40 kg de massa. Com água pela metade e arrolhada, é colocada na água de um tanque. A garrafa flutua ou afunda?

Resposta:

Flutua.

---

14) Uma prancha de madeira tem 20 kgf de peso e 32 dm^3 de volume. Calcular a força mínima que é necessário aplicar sobre a madeira, para que ela mergulhe completamente em óleo, de densidade relativa 0,80.

Resposta:

6,1 kgf.

---

15) Uma esfera oca de platina tem 2,0 cm de diâmetro exterior e conserva-se em equilíbrio quando mergulhada completamente em mercúrio. Determinar o volume da cavidade da esfera, sendo as densidades relativas da platina e do mercúrio 21,5 e 13,6, respectivamente.

Resposta:

1,5 cm^3.

---

16) Uma placa de gelo $\left(d = 0,90 \; {}^{g}\!\!\diagup\!\!{}_{cm^3} \right)$, de 20 cm de espessura, flutua em água $\left(\rho = 1,00 \; {}^{g}\!\!\diagup\!\!{}_{cm^3} \right)$. Calcular a mínima área da placa, para que um homem de massa 70 kg fique sobre ela, com seus pés aflorando à superfície da água.

Resposta:

3,5 m^2.

---

17) Um cilindro de madeira permanece em equilíbrio, preso por um fio, ao fundo de um tanque com água. O cilindro tem 20 cm de altura e 5 cm de diâmetro.

Determinar a tração no fio, considerando $0,60 \; {}^{g}\!\!\diagup\!\!{}_{cm^3}$ a densidade da madeira de que é feito o cilindro e $g = 10 \; {}^{m}\!\!\diagup\!\!{}_{s^2}$.

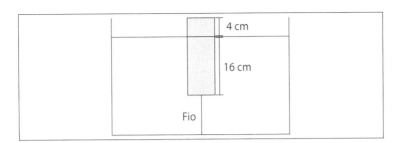

Figura 3.42

Resposta:

0,80 N.

18) Uma barra cilíndrica de secção uniforme é constituída de duas partes: uma de madeira, de massa específica $0,60 \text{ g}/\text{cm}^3$ e com 20 cm de comprimento, e outra de metal, de massa específica $2,6 \text{ g}/\text{cm}^3$ e 1,0 cm de comprimento. A barra é imersa em água, a 4 °C, ficando em equilíbrio estável com o seu eixo na vertical. Determinar a altura da barra que permanece emersa, ou seja, fora da água.

Resposta:

6,4 cm.

19) Um recipiente de vidro, parcialmente cheio de água, está sobre uma balança de molas que marca 440 gf; o peso aumenta até 520 gf quando se submerge totalmente uma pedra, presa a um fio. No ar, a pedra pesa 200 gf. Determinar a massa específica da pedra.

Resposta:

$2,5 \text{ g}/\text{cm}^3$.

20) Uma haste uniforme e homogênea AB possui 1,50 m de comprimento, massa 6,0 kg e densidade $500 \text{ kg}/\text{m}^3$. A extremidade A da haste é articulada a 0,60 m abaixo da linha d'água. Adote $g = 10 \text{ m}/\text{s}^2$.

Figura 3.43

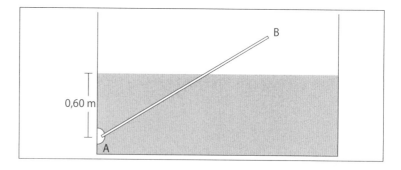

Determinar a força vertical que deve ser aplicada no ponto B para que

a) 1,20 m da haste fique submersa e

b) 0,90 m da haste fique imersa.

Respostas:

a) 2,0 N, para baixo;   b) 6,0 N, para cima.

---

21) Conta-se que Pascal procedeu, um dia, à seguinte experiência: a um barril cheio de água adaptou um tubo de ferro alto e estreito e, começando a despejar água no tubo, provocou a ruptura do barril. Dar a justificativa para o fenômeno.

---

22) No centro da base superior de um barril de madeira, cujo raio é de 25 cm, cheio de água a 4 °C, é fixo um tubo aberto nas duas extremidades. Ao se introduzir 1,0 kg de água no tubo, calcular o acréscimo da força exercida sobre a base inferior do barril. Dados: raio interno do tubo $= 1,0 \text{ cm}; g = 10 \text{ m}/\text{s}^2$.

Resposta:

$6,3 \cdot 10^3$ N.

---

23) Em um tubo de vidro em forma de U, colocam-se dois líquidos não miscíveis: benzina $\left(\rho = 0{,}70 \text{ g}/\text{cm}^3\right)$ e óleo $\left(\rho = 0{,}92 \text{ g}/\text{cm}^3\right)$. Calcular a altura h da coluna de benzina, acima da superfície de separação dos dois líquidos, de acordo com a Figura 3.42.

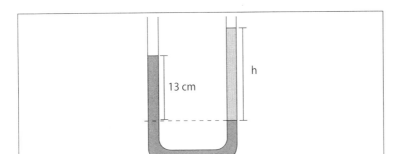

Figura 3.44

Resposta:

17 cm.

24) Calcular a pressão efetiva no ponto A do sistema esquematizado, sabendo que $g = 9,8\,\text{m}/\text{s}^2$ e que as densidades do mercúrio e do óleo são, respectivamente, $d_{Hg} = 13,6 \cdot 10^3\,\text{kg}/\text{m}^3$ e $d_{óleo} = 0,80 \cdot 10^3\,\text{kg}/\text{m}^3$.

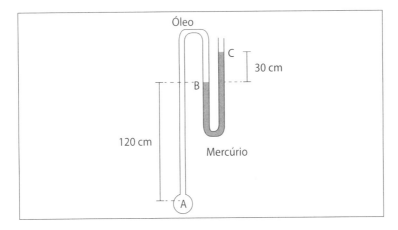

Figura 3.45

Resposta:

$4,94 \cdot 10^4$ Pa.

25) Um tubo em U, de secção reta e uniforme de 2 cm² contém água a 4 °C até a metade de sua altura. Em um dos ramos é colocado óleo de densidade $0,80\,\text{g}/\text{cm}^3$ até a água, no outro ramo, subir 5 cm em relação ao nível inicial. Calcular a massa de óleo.

Resposta:

20 g.

HIDRODINÂMICA

26) Uma caixa, de dimensões $2,4\text{m} \cdot 1,0\text{m} \cdot 1,0\text{m}$, completamente cheia de um líquido de densidade $0,75\ \text{g}/\text{cm}^3$ é, em 10 minutos, esvaziada por um orifício no fundo. Determinar a vazão mássica média ou descarga média, em kg/s.

Resposta:

$3,0\ \text{kg}/\text{s}$.

27) A água contida em um recipiente cilíndrico é, por pressão de um êmbolo, extravasada por um orifício.

Figura 3.46

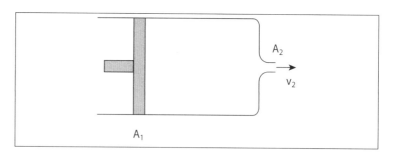

Sendo $A_1 = 2.500\,\text{cm}^2$, $A_2 = 125\,\text{cm}^2$ e a vazão $\varnothing = 15\ \text{L}/\text{s}$, determinar:

a) a velocidade de escape v_2 e

b) a velocidade do êmbolo v_1.

Respostas:

a) $v_2 = 1,2\ \text{m}/\text{s}$; b) $v_1 = 6,0\ \text{cm}/\text{s}$.

28) Quais foram as hipóteses simplificadoras, a respeito das características do fluido e de seu escoamento, introduzidas no nosso estudo da Hidrodinâmica?

29) A Figura 3.47 representa um trecho de um conduto de água, onde $A_1 = 2 \cdot A_2$.

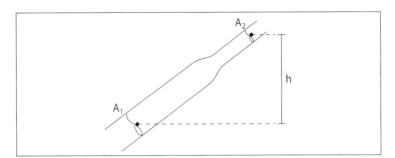

Figura 3.47

Considerando $g = 10 \, \text{m}/\text{s}^2$, $\rho = 1{,}0 \cdot 10^3 \, \text{kg}/\text{m}^3$, $h = 2{,}0 \, \text{m}$, $p_2 = 8{,}0 \cdot 10^4 \, \text{Pa}$ e $v_2 = 8{,}0 \, \text{m}/\text{s}$, determinar:

a) a pressão p_1;

b) você esperava $p_1 > p_2$? Justifique.

Respostas:

a) $p_1 = 1{,}24 \cdot 10^5 \, \text{Pa}$;

b) Sim, por duas razões: a pressão geométrica no ponto 1 é maior do que a do ponto 2, que está mais alto, e o fato de v_1 ser maior do que v_2 contribuir para a pressão estática no ponto 1 ser maior do que a do ponto 2.

30) Por uma tubulação horizontal escoa água com vazão de $9{,}0 \, \text{L}/\text{s}$. A tubulação tem secção transversal de área 30 cm² e um bocal de secção transversal 20 cm². Considerando o fluido não viscoso, determinar:

a) a velocidade de descarga pelo bocal;

b) a velocidade da água na tubulação;

c) a diferença de pressão entre as secções e

d) a pressão estática da água na tubulação, se a água jorra para a atmosfera, e $p_{\text{atm}} = 1{,}03 \cdot 10^5 \, \text{Pa}$.

Respostas:

a) $v_{\text{saída}} = 4{,}5 \, \text{m}/\text{s}$;   b) $v = 3{,}0 \, \text{m}/\text{s}$;

c) $\Delta p = 5{,}6 \cdot 10^3 \, \text{Pa}$;   d) $p = 1{,}09 \cdot 10^5 \, \text{Pa}$.

31) Um tanque com 0,16 m² de área possui no centro da base um orifício com $4 \cdot 10^{-4}$ m² de área.

a) Determinar a altura do nível da água no tanque quando ele é abastecido por uma torneira com vazão de $8,0 \cdot 10^{-4}$ m³/s.

b) Determinar o tempo necessário para o escoamento da água do tanque se a torneira for fechada ao se atingir a altura de 0,20 m de água. Se necessário, inspire-se no exercício resolvido 9, item b).

Respostas:

a) $h = 0,20$ m; b) $t = 80$ s.

32) A Figura 3.48 nos mostra uma sonda de pequenas dimensões, para não causar perturbação no movimento do fluido, possuindo orifícios laterais paralelos às linhas de corrente e ligada ao ramo 2 do manômetro, estando associada a um tubo de Pitot, com sua abertura colocada frontalmente às linhas de corrente, provocando no ponto de estagnação a velocidade $v_1 = 0$.

Figura 3.48

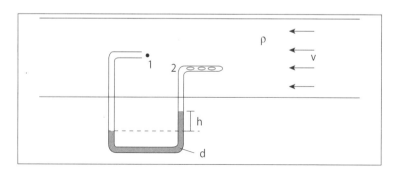

Aplicando a equação de Bernoulli aos pontos 1 e 2 do escoamento, considerados em um mesmo nível horizontal, demonstre que a velocidade v do fluido é dada por

$$v = \sqrt{\frac{2 \cdot (d - \rho) \cdot g \cdot h}{\rho}}.$$

33) A água de um grande tanque aberto para a atmosfera é escoada por um conduto para um recipiente onde reina a pressão manométrica de $2,0 \cdot 10^4$ Pa. O bocal de saída da água no interior do recipiente está 3,0 m abaixo da superfí-

cie da água no tanque e tem área de secção 12 cm². Determinar a vazão.

Resposta:

$5{,}4 \, \text{L/s}$.

34) Em certo ponto de um tubo horizontal, por onde flui água, a pressão manométrica é de $4{,}8 \, \text{N/cm}^2$ e, em outro ponto, é de $3{,}2 \, \text{N/cm}^2$. Se as áreas de secção do tubo nesses pontos forem de 18 cm² e de 12 cm², respectivamente, calcular a vazão do líquido.

Resposta:

9,1 L/s.

35) Dois reservatórios de um mesmo líquido incompressível e não viscoso estão representados na Figura 3.49.

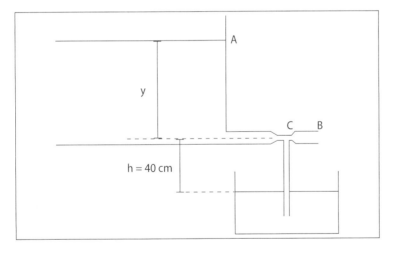

Figura 3.49

O reservatório superior é bastante amplo e a secção transversal do tubo de saída na parte contraída é a metade da secção plena.

Determinar y mínimo para que o líquido do reservatório inferior seja arrastado.

Resposta:

0,13 m.

4 TEMPERATURA E DILATAÇÃO

Luciana Kazumi Hanamoto

Em nossa experiência cotidiana, quando colocamos uma panela de água no fogo para aquecer, se mergulhamos a mão nessa água sentimos que ela vai ficando cada vez mais quente até que se torna insuportável manter a mão imersa. Essa sensação tátil tem uma medida, que é chamada temperatura. No entanto, o tato não é uma boa medida de temperatura porque não podemos estabelecer a quantidade de temperatura na forma de números e a sensação térmica é muito relativa. Se mergulhamos a mão em água gelada e a colocamos em seguida em água à temperatura ambiente, teremos a sensação de água quente. Se mergulhamos em água quente e depois em água a temperatura ambiente, sentiremos a água fria. Para que a temperatura se torne uma grandeza física são necessários parâmetros não relativos para mensurar a sensação térmica que sentimos.

Algumas propriedades da matéria dependem da temperatura. Por exemplo, as mudanças de estado físico da água, na solidificação ou na vaporização ou ebulição sempre ocorrem a uma determinada temperatura. Por isso pode-se associar um valor numérico para esses pontos de fusão ou vaporização, que será uma medida de temperatura. Outra propriedade é a pressão de um gás. Como a temperatura é medida da energia cinética das moléculas do gás, quanto maior a temperatura de um gás, maior é a pressão exercida por ele. Pode-se fazer, portanto, uma correlação entre a medida de pressão e a temperatura. Em outras palavras, a pressão pode ser uma grandeza termométrica, ou seja, uma grandeza que permite a medida de temperatura.

Assim ocorre também com a dilatação dos materiais. Os termômetros de mercúrio ou álcool se valem da propriedade de dilatação para o estabelecimento de uma escala de temperatura.

Neste capítulo, iremos estudar a dilatação térmica para que possa ser compreendido o porquê do uso dessa propriedade na escala de temperatura.

4.1 DILATAÇÃO TÉRMICA

Os materiais sólidos são constituídos de átomos que mantêm coesão por meio de ligações químicas. As ligações não são rígidas, mas oscilam tal qual um conjunto de molas e a temperatura é uma medida da vibração dessas ligações.

Figura 4.1

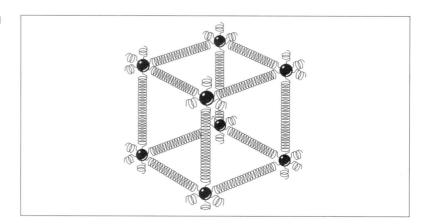

Quanto maior a temperatura, maior será a amplitude de oscilação dos átomos, fazendo com que o espaço ocupado pelos átomos seja maior e o efeito macroscópico será o aumento das dimensões do corpo material. Por outro lado, quanto menor a temperatura, o efeito é o oposto: menor será a amplitude de oscilação dos átomos e, consequentemente, menor será o espaço ocupado pelos mesmos, manifestando macroscopicamente a contração do corpo.

Tratando a dilatação em uma única direção, tal como o que ocorre em uma barra comprida e homogênea, percebe-se, empiricamente, que a barra sofre aumento do comprimento dado pela seguinte expressão:

$$\Delta L = \alpha L_0 \Delta T \quad (4.1)$$

Onde α é o coeficiente de dilatação linear, dependente do material, L_0 é o comprimento incial da barra e $\Delta T = T_f - T_i$ é a diferença entre a temperatura final e a temperatura inicial. Note, pela equação, que, se a temperatura final for menor do que a inicial, ΔL será negativo, indicando contração do material, e se a temperatura final for maior do que a inicial, ΔL será positivo, indicando dilatação da barra.

O coeficiente α depende do material pois é o coeficiente de proporcionalidade entre a dilatação e a variação da temperatura, para barras de mesmo comprimento L_0 inicial. Alguns materiais dilatam mais do que outros e α é o parâmetro que indica a "dilatabilidade" do material em questão. A Tabela 4.1 mostra o coeficiente de dilatação para vários materiais.

Tabela 4.1 – Coeficiente de dilatação linear

Material	Coeficiente de dilatação linear ($\cdot 10^{-6}\ {}^{\circ}C^{-1}$)
Concreto	11,9
Aço, Ferro	11,7
Vidro	8,5
PVC	52
Prata	18
Aço inox	17,3
Cobre	17
Quartzo	0,33
Borracha	77
Titânio	8,6
Alumínio	23

Note que o coeficiente de dilatação é muito pequeno, para os sólidos é da ordem de $10^{-6}\ {}^{\circ}C^{-1}$. Percebemos, daí, que seria necessário uma variação de 1.000 ${}^{\circ}C$ para que fosse possível uma dilatação da ordem de $\Delta L / L_0 \,(\%) \sim 0,1\%$. No entanto, essa dilatação é fato e para grandes corpos é preciso que na junção, existam folgas com rejunte móvel para evitar a deformação definitiva do corpo, por exemplo, na junção entre trilhos de trem.

A dilatação de um corpo ocorre em suas três direções. No caso de um material em que as dimensões em duas direções sejam muito maiores do que na espessura, como em placas, a dilatação superficial pode ser deduzida da seguinte maneira:

A área de uma placa de dimensões L_1 e L_2 numa dada temperatura inicial é:

$$A_i = L_1 L_2 \qquad (4.2)$$

Na dilatação térmica, a área devida ao aumento ou diminuição das dimensões será:

$$A_f = \left(L_1 + \Delta L_1\right)\left(L_2 + \Delta L_2\right) \qquad (4.3)$$

A variação da área será então:

$$\Delta A = A_f - A_i = \left(L_1 + \Delta L_1\right)\left(L_2 + \Delta L_2\right) - L_1 L_2 \qquad (4.4)$$

Que, expandindo, ficará:

$$\Delta A = L_1 L_2 + L_1 \Delta L_2 + L_2 \Delta L_1 + \Delta L_1 \Delta L_2 - L_1 L_2 \qquad (4.5)$$

Anteriormente vimos que:

$$\Delta L_1 = \alpha L_1 \Delta T \qquad (4.6)$$

e

$$\Delta L_2 = \alpha L_2 \Delta T \qquad (4.7)$$

Substituindo na dilatação superficial:

$$\Delta A = \alpha L_1 L_2 \Delta T + \alpha L_1 L_2 \Delta T + \alpha^2 L_1 L_2 \Delta T^2 \qquad (4.8)$$

Como α é um número pequeno, podemos considerar o termo com α^2 desprezível em comparação com os termos de primeira ordem, e, como $A_i = L_1 L_2$, temos finalmente que a expansão superficial é:

$$\Delta A = 2\alpha L_1 L_2 \Delta T = 2\alpha A_i \Delta T \qquad (4.9)$$

A expansão volumétrica também segue o mesmo argumento:

$$V_i = L_1 L_2 L_3 \qquad (4.10)$$

$$V_f = \left(L_1 + \Delta L_1\right)\left(L_2 + \Delta L_2\right)\left(L_3 + \Delta L_3\right) \qquad (4.11)$$

Desprezando termos com ordem superior a 1 para os expoentes de α, resulta em expansão volumétrica:

$$\Delta V = 3\alpha L_1 L_2 L_3 \Delta T = 3\alpha V_i \Delta T \qquad (4.12)$$

o que é verificado experimentalmente com grande precisão.

4.2 TERMOMETRIA E ESCALAS DE TEMPERATURA

Na seção anterior vimos que a variação do comprimento de uma barra depende linearmente da variação da temperatura, de acordo com a equação 4.1. Isto significa que é possível, por meio da medida do comprimento de um material, determinar-se uma escala de medida de temperatura. Essa propriedade de dilatação térmica é utilizada em termômetros de mercúrio ou de álcool (Figura 4.3), cujo comprimento da coluna do líquido encerrado em um tubo capilar obedece à equação da dilatação linear, de maneira tal que o comprimento da coluna líquida no capilar é associado a uma medida de temperatura. Para se estabelecer a escala, é preciso, em primeiro lugar, escolher uma temperatura padrão para a calibração da escala. A temperatura padrão para a escala Celsius é o ponto tríplice da água pura, no qual a água coexiste nos três estados: gelo, líquido e vapor, na temperatura 0,01 °C a 611,73 Pa, e a temperatura de ebulição da água é definida como 100 °C a 101,325 kPa. Daí que um termômetro pode ter uma medida de comprimento do capilar no ponto tríplice da água pura como 0,01 °C e uma medida de comprimento do capilar no ponto de ebulição como 100 °C, e ter a escala em 100 divisões iguais para as temperaturas intermediárias, em virtude da linearidade entre variação do comprimento e variação da temperatura.

Outra maneira de construir um termômetro é por meio da medida da pressão de um gás mantido a volume constante (Figura 4.5). Um gás rarefeito obedece à equação de Clapeyron:

$$P = \frac{nR}{V} T \qquad (4.13)$$

Nesta equação, n é o número de mols, R é constante universal do gás ideal, cujo valor é 8,31 J K^{-1}mol^{-1}, independentemente do tipo de gás, V é o volume do gás e T é a temperatura. Se a pressão do gás é determinada no ponto tríplice da água (0,01 °C a 611,73 Pa) e no ponto de ebulição da água (100 °C a 101,325 kPa), a linearidade entre pressão e temperatura permite o estabelecimento de uma escala de temperatura de acordo com a pressão medida.

A escala Celsius foi criada em meados de 1742, baseada nos pontos de solidificação (zero) e de ebulição da água, em uma escala de zero a 100. O símbolo da unidade de temperatura é °C e é denominado grau Celsius, em homenagem ao proponente dessa escala, o astrônomo Anders Celsius. A escala Celsius não faz parte do Sistema Internacional de unidades. A escala de temperatura do SI é a Kelvin, que possui uma base científica mais moderna. O símbolo da unidade de temperatura na escala Kelvin é K e não possui a denominação "grau".

Na escala Kelvin, o ponto zero da temperatura é, na equação de Clapeyron (4.13), o ponto onde P = 0. No ponto tríplice da água a temperatura em kelvin é:

$$T = 273,16\,\text{K} = 0,01\,^{\circ}\text{C} \tag{4.14}$$

e a variação de 1 kelvin é igual a variação de 1 °C, tal que no ponto de ebulição a temperatura é $T = 331,15$ K = 100 °C. Portanto, a conversão entre as escalas Kelvin e Celsius é:

$$T(\text{K}) = 273,15 + T(^{\circ}\text{C}) \tag{4.15}$$

onde T(K) é a temperatura medida em kelvin e T(°C) é a temperatura medida em graus Celsius.

Outra escala de temperatura, em uso nos Estados Unidos e nos países de colonização Britânica é a escala Fahrenheit. A conversão entre uma temperatura nas escalas Fahrenheit e Celsius é dada pela seguinte fórmula:

$$T\left(^{\circ}\text{F}\right) = 1,8\,T\left(^{\circ}\text{C}\right) + 32 \tag{4.16}$$

onde T(°F) é a temperatura em grau Fahrenheit e T(°C) é a temperatura em graus Celsius.

A fórmula da conversão entre as escalas Fahrenheit e Celsius deve-se aos seguintes fatos: para 0 °C, que é o ponto de fusão do gelo, a temperatura em Farenheit é 32 °F e para 100 °C, que é o ponto de ebulição da água, corresponde a 212 °F. Isto significa que, para um mesmo capilar de termômetro de mercúrio, o tamanho da coluna de mercúrio entre o ponto de fusão e o ponto de ebulição da água na escala Celsius é de 0 °C a 100 °C e na escala Fahrenheit é de 32 °F a 212 °F. Portanto, para uma temperatura intermediária, o tamanho da coluna de mercúrio é o mesmo, porém, apresenta valores diferentes nas escalas Celsius e Fahrenheit (Figura 4.2), tal que a relação é válida nas duas escalas:

$$\frac{T\left(^{\circ}\text{C}\right) - 0}{100 - 0} = \frac{T\left(^{\circ}\text{F}\right) - 32}{212 - 32}$$

que resulta na equação 4.16.

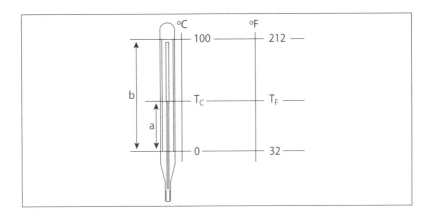

Figura 4.2

4.3 TIPOS DE TERMÔMETROS

A dependência das propriedades da matéria com a temperatura permite construir diversos tipos de termômetros, alguns dos quais descreveremos a seguir.

4.3.1 TERMÔMETRO DE MERCÚRIO OU ÁLCOOL

O termômetro de mercúrio funciona pela dilatação térmica do mercúrio encerrado em um bulbo ligado a um capilar de vidro, (Figura 4.3). Quanto maior a temperatura, por dilatação volumétrica, maior o volume ocupado pelo mercúrio, aumentando a coluna de mercúrio no capilar. Então a altura da coluna pode ser calibrada como uma escala de temperatura.

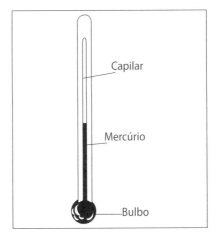

Figura 4.3

4.3.2 PIRÔMETRO ÓPTICO

O **pirômetro óptico** é um termômetro que usa, como propriedade termométrica, a cor da luz emitida por aquecimento de um filamento de lâmpada, por causa da passagem da corrente elétrica (Figura 4.4). É um termômetro útil para altas temperaturas, como dos fornos. Consiste basicamente de um telescópio, que possui, montado em seu tubo, um filtro de vidro vermelho e uma pequena lâmpada. Quando o pirômetro é dirigido para o forno, por meio do telescópio se observa o filamento escuro da

Figura 4.4

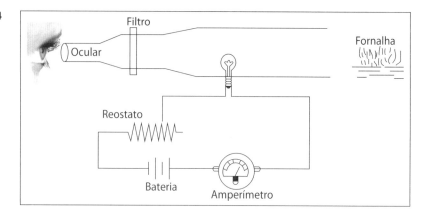

lâmpada contra o fundo brilhante do forno. Ligando a corrente na lâmpada, esta aquece o filamento, que passa a emitir luz, que inicialmente é vermelha. Quando a corrente é aumentada, o filamento se aquece mais e passa a emitir a luz laranja. Quando a cor do filamento se torna a mesma do forno, não se distingue mais o filamento e a sua temperatura será a mesma do forno, que queremos determinar. Um amperímetro, medidor de corrente, pode medir a corrente no filamento; como as medidas de corrente elétrica podem ser associadas a medidas de temperatura, pode-se encontrar a procurada temperatura do forno.

4.3.3 TERMÔMETRO DE GÁS A VOLUME CONSTANTE

Figura 4.5

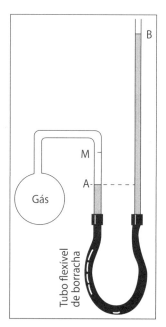

A propriedade termométrica é a pressão do gás mantido em volume constante, no recipiente da Figura 4.5. Se a temperatura do gás aumenta, ele se expande, forçando o mercúrio a descer no ramo A e a subir em B. O tubo flexível cheio de mercúrio é, então, erguido para manter o nível A em uma marca de referência M. Dessa forma, o gás é mantido a volume constante. A diferença de altura entre os níveis A e B nos dá a pressão exercida no gás e, consequentemente, a sua temperatura.

Esse termômetro é muito sensível e preciso, servindo como padrão para a calibração de outros termômetros.

4.3.4 TERMOPAR OU PAR TERMOELÉTRICO

Soldam-se dois fios de metais diferentes A e B (solda de teste) e suas outras extremidades são também soldadas a fios de cobre (soldas de referência), que serão ligados a um voltímetro. As soldas de referência são mantidas a qualquer temperatura fixa (por exemplo, a temperatura de fusão do gelo) e a solda de teste é colocada onde se deseja saber a temperatura (Figura 4.6).

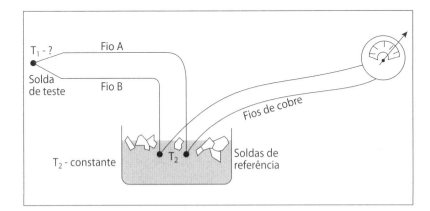

Figura 4.6

Havendo diferença de temperatura entre a solda de teste e a solda de referência, aparece no circuito uma diferença de potencial mensurável no voltímetro. Uma escala adequada pode fornecer a temperatura a partir do valor da diferença de potencial medido. Este fenômeno termoelétrico é conhecido como Efeito Seebeck e foi descoberto em 1822.

O termopar é um dos termômetros mais utilizados e, dependendo dos fios A e B, pode medir desde baixas temperaturas até 1.600 °C.

Outra propriedade termoelétrica é a resistência elétrica de um fio metálico. A resistência varia com a temperatura e a partir da medida da resistência é possível determinar a temperatura.

4.4 TENSÕES TÉRMICAS

Anteriormente, vimos que corpos se dilatam quando aquecidos. Alguns corpos são feitos de materiais que são maus condutores de calor, de tal modo que o aquecimento local do corpo não é distribuído homogeneamente. Por exemplo, consideremos um bloco de vidro relativamente espesso. Se aquecermos com uma chama uma face do bloco, como o vidro é um mau condutor de calor, a temperatura no local da chama aumentará mais rapidamente do que no restante do bloco. Isso fará com que o local em torno da chama se dilate mais do que o restante do bloco (Figura 4.7), criando tensões devidas à deformação do bloco. Se a deformação superar o limite elástico do material, o bloco sofrerá uma ruptura.

Figura 4.7

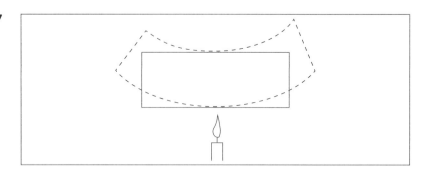

Por esse motivo, ao colocarmos água quente em um copo de vidro, este pode se quebrar em decorrência do "choque térmico"; na verdade, a ruptura do vidro ocorre porque o lado interno do copo tem maior dilatação do que o lado externo. Para evitar a ruptura por tensões térmicas em um copo de vidro é preciso que o vidro tenha a propriedade de dilatação térmica reduzida ou que a espessura do vidro seja bastante fina, para aquecimento quase uniforme. O "Pyrex" é um vidro especial de borossilicato que apresenta baixíssima dilatação térmica, podendo ser utilizado em "vidraria" de química e utensílios de cozinha.

4.5 DILATAÇÃO DA ÁGUA

Como os líquidos não possuem forma própria, somente faz sentido falar a respeito da dilatação volumétrica. A água apresenta anomalia na sua dilatação. Para temperaturas acima de 4 °C, ela se dilata, diminuindo a sua densidade. Quando aquecida entre 0 °C e 4 °C, seu volume diminui, apresentando contração volumétrica, e atinge o volume mínimo a 4 °C. Isto significa que a densidade da água entre 0 °C e 4 °C aumenta, atingindo o valor máximo a 4 °C, passando a diminuir quando é aquecida acima desta temperatura (ver Figura 4.8).

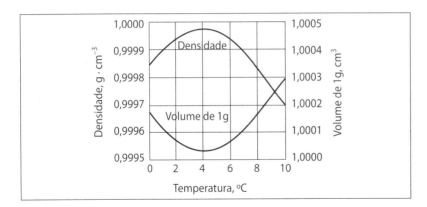

Figura 4.8

Essa anomalia tem importantes consequências no congelamento dos lagos e dos mares. Admita que a água de um lago esteja a 20 °C. Com a diminuição da temperatura ambiente, a temperatura superficial do lago começa a diminuir, fazendo com que a água superficial aumente de densidade. A água fria desce e a água mais quente do fundo do lago sobe. Esse processo se repete até que a temperatura fique em torno de 4 °C, pois, para temperatura abaixo desse valor, a densidade da água na superfície começa a se tornar menor, parando o processo de descida da água mais fria para o fundo do lago. Ao atingir a temperatura de 0 °C, começa o congelamento da água superficial, formando uma camada de gelo. Como a água é má condutora de calor, dificilmente tem-se o congelamento total da água e a água no fundo do lago permanece líquida com temperatura acima de 0 °C, preservando a vida nos lagos e mares nas regiões mais frias da Terra.

EXERCÍCIOS RESOLVIDOS

1) Considere uma viga de aço de 20,0 m de comprimento, travada sem folga nas suas extremidades a 40,0 °C. Qual é a tensão na viga no inverno a 10,0 °C? ($\alpha = 11{,}7 \cdot 10^{-6}$ °C^{-1}; módulo de Young = 210 GPa).

Solução:

A tensão de tração em uma viga é

$$P = \frac{F}{A} = E\frac{\Delta L}{L}$$

onde E é o módulo de Young, ΔL é a deformação e L é o comprimento da viga.

Pela dilatação linear, a deformação de origem térmica é

$$\Delta L = aL\Delta T$$

Temos, então,

$$\frac{F}{A} = E\frac{aL\Delta T}{L} = Ea\Delta T$$

Portanto, nesse caso

$$T = 210 \cdot 10^9 \cdot 11,7 \cdot 10^{-6} \cdot 30 = 7,37 \cdot 10^7$$

$$T = 73,7 \text{MPa}$$

---

2) Considere o concreto com coeficiente de dilatação linear $\alpha = 11,9 \cdot 10^{-6}\ ^\circ C^{-1}$. Observamos frequentemente que as estruturas em módulos de concreto apresentam um rejunte móvel que prevê a dilatação térmica da estrutura, quando a temperatura varia. Em uma estrutura com lajes de concreto de 10,0 m de comprimento, qual deve ser a folga mínima entre as lajes para se evitar a tensão por dilatação térmica, se a variação da temperatura ambiental for de 40,0 $^\circ$C?

Solução:

$$\Delta L = aL\Delta T = 11,9 \cdot 10^{-6} \cdot 10 \cdot 40 = 4,76 \cdot 10^{-3}$$

$$\Delta L = 4,76 \cdot 10^{-3}\,\text{m}$$

EXERCÍCIOS COM RESPOSTAS

1) Sabendo que a conversão da escala Celsius para a escala Fahrenheit é: $T(^\circ F) = 1,8T(^\circ C) + 32$, e sabendo que o ponto de fusão do gelo é 0 $^\circ$C e o ponto de ebulição é 100 $^\circ$C, qual é a diferença de temperatura entre o ponto de fusão e ebulição da água na escala Fahrenheit? A partir da informação anterior, demonstre que a variação de 1 $^\circ$C corresponde a 9/5 de 1 $^\circ$F.

2) O zero da escala Fahrenheit foi definido na mistura estabilizada de água, gelo e cloreto de amônio. Qual é a temperatura em graus Celsius correspondente a essa mistura?

Resposta: –17,8 $^\circ$C.

Temperatura e dilatação · 189

3) A temperatura do corpo humano foi definida como sendo 96 °F. Qual é a temperatura do corpo humano em graus Celsius? E em Kelvin?

Respostas: 35,6 °C; 308,8 K.

---

4) A temperatura de ebulição do nitrogênio líquido é 77 K. Converter essa temperatura para graus Celsius e para graus Fahrenheit.

Respostas: –196 °C; –321 °F.

---

5) Em um termômetro a gás, se a pressão do gás é determinada no ponto tríplice da água (0,01 °C a 611,73 Pa) e no ponto de ebulição da água (100 °C a 101,325 kPa), qual é a pressão do gás a 25,0 °C?

Resposta: 25,8 kPa.

---

6) Em um termômetro a gás a volume constante, a pressão a 20,0 °C é de 0,900 atm. Qual é a temperatura se a pressão for de 0,700 atm? Qual é a pressão no ponto de ebulição da água (100 °C)?

Respostas: 15,6 °C; 4,5 atm.

---

7) Demonstrar que a dilatação volumétrica é:

$$\Delta V = 3 \cdot \alpha \cdot V_i \cdot \Delta T$$

onde α é o coeficiente de dilatação linear.

---

8) Seja uma viga de concreto de comprimento de 5,00 m e coeficiente de dilatação linear $\alpha = 11,9 \cdot 10^{-6}$ °C^{-1}. Qual é a contração de origem térmica sofrida quando a temperatura ambiente varia de 35 °C para 2 °C?

Resposta: 1,96 mm.

---

9) Em uma placa de aço inox, de coeficiente de dilatação linear $\alpha = 17,3 \cdot 10^{-6}$ °C^{-1}, existe um furo de 5,00 cm de diâ-

metro à temperatura de 0 °C. Calcular o diâmetro do furo quando a placa é aquecida a 300 °C. O diâmetro do furo aumenta ou diminui?

Respostas: 5,03 cm; aumenta.

10) Uma esfera sólida de PVC possui diâmetro de 6,000 cm a 20,00 °C. Qual será o diâmetro da esfera a 0 °C?

Resposta: 5,994 cm.

11) Uma haste de vidro, de 20,00 cm de módulo de Young de 68 GPa e coeficiente de dilatação linear de $8,5 \cdot 10^{-6} \, °C^{-1}$, é aquecida a $\Delta T = 100,0 \, °C$, sem que se permita a sua livre dilatação. Calcule a pressão exercida pelas extremidades da haste ao ser aquecida.

Resposta: 57,8 MPa.

12) Um disco de prata de 3,000 cm de diâmetro e espessura de 2,000 mm, em temperatura inicial de 35,0 °C, é submetido ao aquecimento até 120 °C. Calcule o aumento da área do disco. Calcular o aumento do volume do disco.

Respostas: $2,162 \cdot 10^{-6} \, m^2$; $6,489 \cdot 10^{-9} \, m^3$.

13) Uma placa de vidro de 40,00 cm $\cdot$ 60,00 cm pode ser submetida a uma variação de temperatura ambiental de 50 °C. Calcular a folga mínima necessária em uma janela para que o vidro não sofra deformações devidas à dilatação térmica.

Resposta: 0,17 mm $\cdot$ 0,255 mm.

14) A densidade de um material é definida como $\rho = \dfrac{M}{V}$, onde M é a massa e V é o volume do material. Explicar o que ocorre com a densidade do material quando acontece a expansão térmica.

Resposta: A densidade diminui.

15) Sabendo que a densidade do ferro é $7.900 \, kg/m^3$ a uma dada temperatura, qual é o volume de um cubo de ferro de

800 g? Qual será a densidade do ferro se ele for submetido a um aumento de temperatura de 500 °C? Qual é a variação relativa da área das faces do cubo ao ser submetido a uma variação de 500 °C?

Respostas: 7.763,4 kg/m^3; 1,17%.

5 CALORIMETRIA E TRANSFERÊNCIA DE CALOR

Manuel Venceslau Canté

5.1 INTRODUÇÃO

Neste capítulo, analisaremos os fenômenos de absorção e transferência de calor. Embora nos pareça totalmente compreensível, a natureza do calor só recentemente foi definida pela ciência. Até o final do século XVIII, era comum, no meio científico, considerar o calor como uma substância, denominada calórico, imponderável, cuja característica principal era aquecer ou resfriar os objetos.

Em 1798, Benjamin Thompson (Conde Rumford), visitando um arsenal em Munique, ficou impressionado com o considerável nível de aquecimento atingido pelos canhões durante o processo de usinagem. Naquela época a ideia da substância calórico era amplamente aceita, ou seja, o aquecimento ocorria em decorrência da grande quantidade dessa substância que era forçada para fora do metal durante a usinagem. Porém, utilizando uma broca cega, Rumford demonstrou que era possível extrair de uma única peça uma quantidade ilimitada de calórico, o que constitui um absurdo; ou seja, ele concluiu que o calórico não existia e que o calor é uma forma de energia, que também pode ser obtida por intermédio do trabalho mecânico. Humphry Davy, químico inglês, concluiu que isso pode ser demonstrado: ao esfregar um bloco de gelo sobre uma superfície, ele se funde em decorrência do atrito. Dessa forma, a ideia de calor como substância imponderável perdeu sustentação e teve de ser abandonada.

O físico alemão Herman von Helmhotz, em 1847, estabeleceu definitivamente a definição de calor como energia mecânica e afirmou que todos os tipos de energia equivalem ao calor, o que, logo depois, foi comprovado experimentalmente por James Prescott Joule. Ele construiu um aparelho, mostrado esquematicamente na Figura 5.1, que, por intermédio da queda de um objeto, agitava mecanicamente certa quantidade de água, medindo assim, a quantidade de energia mecânica necessária para elevar a temperatura da água utilizada no experimento. Joule demonstrou, quantitativamente, que trabalho mecânico e calor se equivalem, ou seja, movimento produz calor e calor produz movimento, o que estabelece o calor como uma forma de energia.

Figura 5.1 Experimento de Joule.

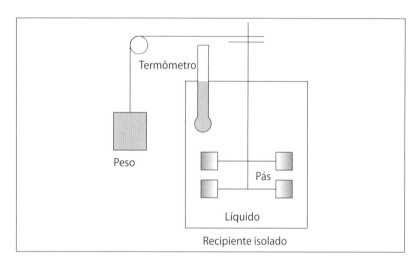

Calor é uma forma de energia, e o que é temperatura? É uma grandeza física utilizada para medir o grau de agitação das partículas que constituem a matéria, ou seja, é utilizada para medir a energia interna dos sistemas. Neste capítulo, analisaremos, do ponto de vista físico, a absorção de calor e os mecanismos por meio dos quais ocorre sua transferência de um corpo para outro.

5.2 ABSORÇÃO DE CALOR

Quando dois ou mais corpos, em diferentes temperaturas, são colocados em contato, observa-se que, após certo intervalo de tempo, a temperatura de todos eles é a mesma, apresentando um valor intermediário entre as temperaturas iniciais, máxima e mínima dos corpos. Durante esse processo, ocorreu transferência de energia térmica (calor) dos corpos com temperaturas maiores para aqueles com temperaturas menores.

Unidades de calor:

Calor é uma forma de energia, assim, no Sistema Internacional de unidades (SI) a unidade de calor é a mesma que de energia e de trabalho: o joule (J). Uma unidade bastante utilizada para calor é a caloria (cal), definida como a quantidade de calor necessária para elevar a temperatura de um grama de água, à pressão atmosférica normal, de 14,5 °C para 15,5 °C. A conversão entre essas duas unidades de calor é dada por:

$$1 \text{ cal} = 4,186 \text{ J}$$

Calor sensível e calor latente:

Durante a absorção de calor podem correr dois efeitos – variação de temperatura dos corpos ou mudança de fase (ou estado de agregação). Se o efeito observado é o de variação de temperatura, então, a quantidade de calor cedida ou recebida pelos corpos é denominada *calor sensível*. No caso de ser observada apenas mudança de fase, a temperatura constante, a quantidade de calor envolvida no processo é denominada de calor *latente*. Durante a mudança de fase não há variação de temperatura; assim, todo calor é utilizado para alterar o estado de agregação da matéria como, por exemplo, ao passar de sólido para líquido.

Para entendermos melhor essas duas modalidades de calor, vamos analisar a seguinte situação: a partir de uma fonte de calor, este é cedido a certa massa de gelo a –5 °C até se obter água a 5 °C. Inicialmente fornecemos calor até que o gelo (água na fase sólida) atinja 0 °C. Nesse momento, dá-se início à mudança de fase da água, de sólido para líquido. Enquanto persistir a mistura gelo–água a temperatura não varia, todo o calor recebido é utilizado para proporcionar a mudança de fase, alterando o estado de agregação da matéria. Continuamos a fornecer calor e a temperatura só voltará a aumentar quando toda a massa de gelo for transformada em líquido, depois a temperatura sobe até que a água atinja 5 °C. Nesse momento deixamos de ceder calor, pois atingimos o nosso objetivo, que era obter água líquida a 5 °C.

Capacidade térmica de um corpo:

A capacidade térmica de um corpo é definida como o quociente entre a quantidade de calor, Q, recebida ou cedida por um corpo e a variação de temperatura experimentada por ele, em consequência da absorção ou liberação dessa quantidade de calor:

$$C = \frac{Q}{\Delta T}$$ (5.1)

Dessa forma, a capacidade térmica de um corpo é determinada pela quantidade de calor necessária para provocar uma variação de 1 °C em sua temperatura, o que nos permite concluir que a sua unidade é cal/°C e, no Sistema Internacional, J/K.

Podemos interpretar a capacidade térmica como uma medida da propriedade que os corpos têm de conservar calor. Por exemplo, um grande volume de água apresenta elevada capacidade térmica, portanto, é necessário fornecer-lhe grande quantidade de calor para se observar uma pequena variação de sua temperatura e, uma vez aquecido, para uma pequena diminuição de sua temperatura é necessário retirar da água uma grande quantidade de calor. Isso explica por que os mares e os rios funcionam como reguladores de temperatura, e também explica o fato de a água ser um excelente líquido de refrigeração.

Calor específico:

Verifica-se experimentalmente que corpos de mesma massa, constituídos por diferentes substâncias, para experimentarem a mesma variação de temperatura, necessitam de diferentes quantidades de calor, ou seja, a quantidade de calor necessária para variar de 1 °C a temperatura de 1 g de cobre não é a mesma para alterar em 1 °C a temperatura de 1 g de prata. Essa quantidade de calor, característica de cada substância, é denominada calor específico. O calor específico de uma substância é a quantidade de calor necessária para induzir uma variação de 1 grau na temperatura de uma unidade de massa dessa substância. Concluímos, então, que a unidade do calor específico é cal/g · °C ou, no Sistema Internacional, J/kg · K.

5.3 CALOR SENSÍVEL – EQUAÇÃO FUNDAMENTAL

Experimentalmente é demostrado que um corpo, inicialmente, a uma temperatura T_0 recebendo ou cedendo calor, Q, apresenta uma variação de temperatura ΔT. A equação que descreve esse fenômeno é:

$$Q = mc(T_f - T_i) \text{ ou } Q = mc \cdot \Delta T$$ (5.2)

Nesta equação,

m é a massa do corpo;

c é o calor específico da substância;

$\Delta T = (T_f - T_i)$ é a variação de temperatura.

Observações:

a) Se $T_f > T_i$ o calor Q é recebido pelo corpo e Q > 0. Caso contrário, o corpo cede calor e Q < 0.

b) A capacidade térmica do corpo é dada pelo produto $m \cdot c$

$$C = \frac{Q}{\Delta T} = \frac{mc\Delta T}{\Delta T} \qquad (5.3)$$

$$C = m \cdot c$$

O calor específico é uma grandeza característica das substâncias. A Tabela 5.1 apresenta o valor dessa grandeza para alguns materiais:

Tabela 5.1 – Calor específico para algumas substâncias

Substância	Calor específico			Calor específico	
	$\left(\dfrac{\text{cal}}{\text{g}\cdot{}^\circ\text{C}}\right)$	$\left(\dfrac{\text{J}}{\text{kg}\cdot\text{K}}\right)$		$\left(\dfrac{\text{cal}}{\text{g}\cdot{}^\circ\text{C}}\right)$	$\left(\dfrac{\text{J}}{\text{kg}\cdot\text{K}}\right)$
Elementos sólidos			**Outros elementos sólidos**		
Alumínio	0,215	900	Vidro	0,200	837
Berílio	0,436	1.830	Gelo	0,500	2.090
Cádmio	0,055	230	Mármore	0,210	860
Cobre	0,0924	387	Madeira	0,410	1.700
Germânio	0,077	322	**Líquidos**		
Ouro	0,0308	129	Álcool (Etílico)	0,580	2.400
Ferro	0,107	448	Mercúrio	0,330	140
Chumbo	0,0305	128	Água	1,000	4.186
Silício	0,168	703	**Gás**		
Prata	0,056	234	Vapor de água	0,480	2.010
Bronze	0,092	380			

Exemplo I

Uma esfera de cobre de 500 g de massa recebe de uma fonte 750 cal de energia na forma de calor. Determine a variação de temperatura experimentada pela esfera devido ao calor recebido.

Solução:

Dados: $m = 500\,g, \quad Q = 750\,cal, \quad c = 0{,}0924\,cal/g.\,°C$

$$Q = mc\Delta T \rightarrow \Delta T = \frac{Q}{mc}$$

$$\Delta T = 16{,}2\,°C$$

Exemplo II

Um paralelepípedo de 1,5 kg é resfriado e sua temperatura vai de 50 °C para 10 °C. Sabe-se que no processo há uma perda de calor de 30 kcal. Determine o calor específico do material que constitui o paralelepípedo.

Solução:

Dados: $m = 1{,}5\,kg, \quad T_i = 50\,°C, \quad T_f = 10\,°C, \quad Q = -30.000\,cal$

$$\Delta T = T_f - T_i = (10 - 50)\,°C = -40\,°C$$

$$Q = m \cdot c \cdot \Delta T \rightarrow c = \frac{Q}{m \cdot \Delta T} = \frac{-30000}{1500 \cdot (-40)}$$

$$c = 0{,}50\,\frac{cal}{g \cdot °C}$$

Exemplo III

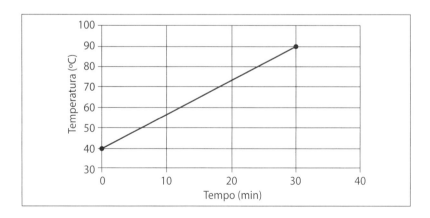

Ao aquecer um corpo foi verificado que sua temperatura aumenta de acordo com a figura ao lado. Se a massa do corpo é de 900 g e seu aquecimento ocorre numa taxa de 1.300 J/min, determine o calor específico da substância que compõe o corpo.

Solução:

Durante o experimento, a temperatura variou de 40 °C a 90 °C em 30 min, assim temos:

$$\Delta T = 50\,^{\circ}\text{C} \quad e \quad Q = 30\,\text{min} \cdot 1300\,\frac{\text{J}}{\text{min}} = 39000\,\text{J}$$

$$Q = m \cdot c \cdot \Delta T$$

$$c = \frac{Q}{m \cdot \Delta T} = \frac{39000\,\text{J}}{0,9\,\text{kg} \cdot 50\,^{\circ}\text{C}}$$

$$c = 867\,\frac{\text{J}}{\text{kg} \cdot {}^{\circ}\text{C}} = 0,21\,\frac{\text{cal}}{\text{g} \cdot {}^{\circ}\text{C}}$$

5.4 CALOR LATENTE – ESTADO DE AGREGAÇÃO DA MATÉRIA

Podemos considerar que toda substância é formada por partículas (átomos ou moléculas). Dependendo do estado de agregação das partículas, a substância se apresenta na fase sólida, ou líquida ou gasosa. Os estados básicos de agregação são o sólido, o líquido e o gasoso.

Os estados de agregação da matéria são influenciados pelas variáveis termodinâmicas – temperatura e pressão – e pelas interações atômicas. Considerando temperatura e pressão constantes, ficamos apenas com a influência das interações atômicas. Desse ponto de vista, podemos fazer as seguintes observações a respeito dos estados de agregação apresentados pelas substâncias:

- Estado sólido – As forças interatômicas são fortes o suficiente para manter os átomos vibrando em torno de uma posição fixa de equilíbrio e mantê-los próximos o suficiente para justificar a forma definida do corpo, característica desse estado de agregação.

- Estado líquido – As forças interatômicas não são tão fortes como nos sólidos, mas são suficientes para manter as partículas juntas, porém, com forma não definida.

- Estado gasoso –As forças interatômicas são fracas e os átomos ou moléculas que compõem a substância podem se deslocar livremente. Além da forma não ser definida nesse estado de agregação, também não é possível definir uma superfície livre.

5.4.1 MUDANÇAS DE ESTADO DE AGREGAÇÃO

As mudanças dos estados de agregação sofrem influência das variáveis termodinâmicas pressão e temperatura. Considerando a pressão constante, se aumentamos a temperatura fornecemos energia para os átomos ou moléculas que constituem a matéria. À medida que elevamos a temperatura, as forças interatômicas não são mais suficientes para manter a distância média condizente com o estado de agregação vigente, e tem início a transformação de fase. No caso do aumento da temperatura, essa mudança se dá de um estado de maior agregação para outro com menor agregação, ou seja, de sólido para líquido ou de líquido para gasoso. Nem todas as substâncias passam por mudanças de fase, por exemplo, a madeira quando aquecida excessivamente, na presença de um comburente, se transforma em cinza – outra substância – em vez de mudar de fase.

Durante a mudança de fase das substâncias puras, o calor cedido ou recebido é completamente utilizado para alterar o estado de agregação, o que explica não haver variação de temperatura durante esse processo.

Uma substância, recebendo ou cedendo calor, pode sofrer alteração no seu estado de agregação. Essas alterações são denominadas:

- Fusão: sólido $\rightarrow$ líquido
- Solidificação: líquido $\rightarrow$ sólido
- Vaporização: líquido $\rightarrow$ gasoso
- Liquefação ou condensação: vapor $\rightarrow$ líquido
- Sublimação: sólido $\rightarrow$ gasoso
- Cristalização: gasoso $\rightarrow$ sólido

5.4.1.1 Fusão

A mudança de estado sólido para líquido não ocorre da mesma maneira para todas as substâncias. Aquelas ditas cristalinas se fundem bruscamente quando atingem uma determinada temperatura, temperatura de fusão, e aquelas não cristalinas amolecem, atingindo um estado intermediário chamado pastoso e, depois, se liquefazem completamente. O processo de fusão das substâncias cristalinas ocorre da seguinte forma:

- Sob pressão constante a temperatura se mantém constante. O calor recebido é utilizado para vencer as forças interatômicas e causar a mudança de estado.

- Para diferentes valores de pressão, cada substância apresenta diferentes valores de temperatura de fusão. Essa temperatura é característica de cada substância.

Influência da pressão:

Durante a fusão a maioria das substâncias experimenta um aumento de volume, porém, outras, como a água e o ferro, apresentam um comportamento inverso. No caso da água, seu volume aumenta durante a solidificação (o volume diminui durante a fusão) o que explica os seguintes efeitos – um lago em congelamento apresenta uma camada de gelo sobre uma massa líquida, a garrafa com água colocada no congelador se rompe após o congelamento do seu conteúdo. As variáveis pressão, volume e temperatura (P, V, T) se relacionam com a fusão da seguinte maneira: se o volume da substância aumentar durante a fusão, então um aumento de pressão implica na diminuição da temperatura de transformação; por outro lado, se o volume diminui durante a fusão, a substância experimenta um aumento dessa temperatura.

Experiência de Tyndall:

Esse experimento demonstra o efeito do aumento da pressão na temperatura de fusão da água: um arame fino, com dois pesos em suas extremidades, é colocado sobre um bloco de gelo apoiado em dois suportes, como mostra a Figura 5.2.

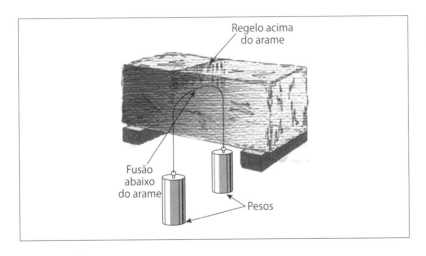

Figura 5.2
Experimento de Tyndall.

Em virtude da pressão exercida pelo arame, o gelo se funde, pois, a temperatura de fusão diminui. Após a passagem do arame, a pressão exercida por ele cessa, e a água se solidifica, pois a temperatura de fusão voltou ao valor original.

5.4.1.2 Vaporização

Podemos definir vaporização como o fenômeno em que a matéria experimenta a mudança de fase líquida para a gasosa. Há três formas de ocorrência da vaporização:

Evaporação:

A mudança de fase ocorre de forma lenta, apenas na superfície do líquido. As partículas (átomos ou moléculas) na superfície apresentam energia de agitação o suficiente para permiti-las abandonar o líquido com facilidade, ocorrendo, dessa forma, a mudança de fase. Verifica-se experimentalmente que vários fatores interferem na velocidade desse processo:

- Volatilidade – quanto mais volátil a substância, mais rápido ocorrerá a evaporação.

- Temperatura – temperaturas elevadas favorecem o processo.

- Superfície livre – quanto maior a superfície, mais elevada a taxa com que ocorre a evaporação.

- Pressão – o aumento da pressão torna mais difícil a evaporação.

Ebulição:

Nesse tipo de transformação está presente um forte movimento das partículas que compõem o líquido (borbulhas) apresentando as seguintes características:

- Para substâncias puras, mantida a pressão constante, a temperatura, também permanecerá constante durante o processo, ou seja, todo o calor cedido ao corpo é utilizado para alterar o estado de agregação da matéria, e essa temperatura é uma característica das substâncias.

- Para cada pressão há uma temperatura de ebulição e quanto maior a pressão maior será a temperatura de ebulição.

Calefação:

É a passagem da fase líquida para a gasosa de uma substância em uma temperatura superior à temperatura de ebulição, por exemplo, quando se derrama uma pequena quantidade de água sobre uma chapa quente, $T > 100\ °C$.

5.4.1.3 Equação do calor de transformação

A quantidade de calor necessária para transformar totalmente uma determinada quantidade de matéria, com massa m, de uma fase em outra é dada pela equação:

$$Q = m \cdot L \tag{5.4}$$

L é o calor latente de transformação ou o calor necessário para transformar a massa unitária de uma substância de uma fase em outra. As unidades do calor de transformação são J/kg no SI ou cal/g. Se a transformação for da fase sólida para líquida, ou vice-versa, L é denominado calor latente de fusão (L_f) e se for do líquido para vapor ou de vapor para líquido é chamado de calor latente de vaporização (L_v). A Tabela 5.2 lista os valores dessa grandeza para algumas substâncias.

Nos processos de transformação de fase, da mesma forma como acontece nos processos de calor sensível, o calor recebido é positivo e o cedido é negativo, ou seja, nas transformações de sólido para líquido e de líquido para gasoso o calor de transformação é positivo (o calor é recebido pela substância). No caso da transformação de líquido para sólido e de gasoso para líquido, o calor é negativo, ou seja, energia é retirada da substância.

Tabela 5.2 – Ponto de fusão e de ebulição, juntamente com calor latente de fusão e de vaporização, sob pressão atmosférica normal

Substância	Ponto de fusão	Calor latente de fusão L_F		Ponto de ebulição	Calor latente de vaporização L_V	
	K	cal/g	kJ/kg	(K)	cal/g	(kJ/kg)
Hidrogênio	14,0	13,8	58,0	20,3	108,7	455
Oxigênio	54,8	3,3	13,9	90,2	50,9	213
Mercúrio	234	2,7	11,4	630	70,7	296
Água	273	79,5	333	373	539	2.256
Chumbo	601	5,5	23,2	2.017	205	858
Prata	1.235	25	105	2.323	558	2.336
Cobre	1.356	49,5	207	2.868	1.130	4.730

Exemplo IV

Considere 200 g de gelo a -20 °C. Calcular a quantidade de calor necessária para fundir totalmente essa massa de gelo, de forma a obtermos ao final 200 g de água a 0 °C.

Dados: $m = 200$ g; $T_i = -20$ °C; $T_f = 0$ °C; $c_{gelo} = 0,5$ cal/g.°C; $L_f = 79,5$ cal/g

Solução:

O gelo, ao receber calor, passa por um aumento de temperatura até atingir 0 °C, momento em que se dá o início do processo de fusão.

$$Q_i = mc_{gelo}\Delta T = 200 \cdot 0,5 \cdot 20 \Rightarrow Q_i = 2.000\,\text{cal}$$

Uma vez iniciado o processo de fusão, o gelo recebe calor até ser totalmente transformado em água a 0 °C.

$$Q_{ii} = m \cdot L_f = 200 \cdot 79,5 \Rightarrow Q_{ii} = 15900 \text{ cal}$$

$$Q = Q_i + Q_{ii} = 17.900\,\text{cal}$$

Exemplo V

Curvas de resfriamento ou de aquecimento são características de uma substância. Vamos analisar, neste exemplo, a curva de aquecimento da água, sob pressão normal. Tomemos um bloco de gelo, de massa 35 g, à temperatura inicial de –7 °C, que recebe calor. Sua temperatura aumenta até 0 °C, temperatura em que começa o processo de fusão. A temperatura permanece constante durante a transformação da fase sólida para a líquida. Ao término da fusão, com o gelo totalmente transformado em água líquida, a temperatura volta a aumentar até atingir 100 °C, quando se inicia o processo de vaporização por ebulição, transformação da fase líquida para a gasosa. Durante esse processo a temperatura permanece constante. Ao término da ebulição, com a água totalmente transformada em vapor, a temperatura volta a aumentar. Represente graficamente todo o processo de aquecimento da água desde gelo até vapor.

Solução:

De acordo com a Figura 5.3, podemos dividir o processo em cinco partes:

1. O gelo recebe a quantidade de calor Q_1, que eleva sua temperatura até 0 °C.

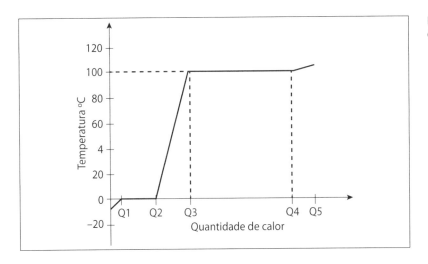

Figura 5.3
Curva de aquecimento.

2. Nessa parte ocorre a fusão do gelo consumindo a quantidade de calor $Q = Q_2 - Q_1$. A temperatura se mantém constante em 0 °C.

3. Agora, com a água totalmente líquida e à custa da quantidade de calor $Q = Q_3 - Q_2$, a temperatura da água é elevada para 100 °C.

4. Nessa etapa, ocorre o processo de evaporação, consumindo a quantidade de calor $Q = Q_4 - Q_3$.

5. A água totalmente gasosa, recebendo a quantidade de calor $Q = Q_5 - Q_4$, tem sua temperatura elevada de maneira contínua.

5.5 SISTEMAS TERMICAMENTE ISOLADOS

Em uma área científica ou tecnológica, é de fundamental importância descrever precisamente o objeto de estudo. Em termodinâmica, é usual utilizar o termo sistema para denominar o objeto de análise.

O sistema é tudo que é considerado objeto de análise, que pode ser bastante simples como um corpo livre ou tão complexo como uma planta industrial. Tudo o que é externo ao sistema é considerado vizinhança ou meio ambiente. A vizinhança é distinguida do sistema por uma fronteira. No âmbito da termodinâmica há um tipo de sistema de fundamental interesse, denominado sistema isolado, ou seja, não há troca com a vizinhança, nem de massa nem de energia. Nesse caso, do ponto de vista das trocas de calor, um sistema isolado, composto por vários corpos, obedece ao princípio da conservação de energia:

a quantidade de calor absorvida por alguns dos objetos é numericamente igual àquela cedida pelos outros corpos. Matematicamente, temos:

$$\sum Q_{\text{cedido}} + \sum Q_{\text{recebido}} = 0 \tag{5.5}$$

Um tipo de sistema isolado muito utilizado, principalmente na determinação do calor específico, é o calorímetro. A Figura 5.4 apresenta esse aparelho, de forma esquemática.

Figura 5.4 Calorímetro.

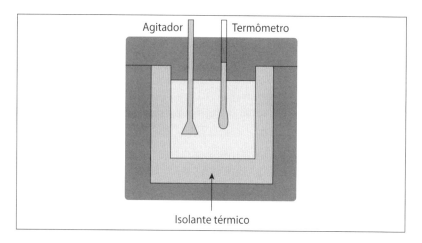

Exemplo VI

Um bloco de 60 g, aquecido a 100 °C, é colocado dentro de um calorímetro contendo 80 g de água a 18 °C. O vaso e o agitador são de alumínio e a massa combinada é de 50 g. O termômetro no equilíbrio indica 24 °C. Calcule o calor específico do corpo.

Solução:

Dados: $m_B = 60$ g; $T_{iB} = 100$ °C; T_i (água + calorímetro) = 18 °C; $m_C = 50$ g; $T_E = 24$ °C; $c_{\text{água}} = 1$ cal/g·°C; $c_{\text{alumínio}} = 0{,}215$ cal/g·°C.

$$Q_{\text{recebido}} = 50\,\text{g} \cdot 0{,}215 \frac{\text{cal}}{\text{g} \cdot °\text{C}} \cdot (24 - 18)\,°\text{C} +$$

$$+ 80\,\text{g} \cdot 1 \frac{\text{cal}}{\text{g} \cdot °\text{C}} \cdot (24 - 18)\,°\text{C} = 544{,}5\,\text{cal}$$

$$Q_{\text{cedido}} = 60\,\text{g} \cdot c_B \cdot (24 - 100)\,°\text{C} = (-4.560\,\text{g} \cdot °\text{C})c_B$$

$$Q_{\text{recebido}} + Q_{\text{cedido}} = 544{,}5\,\text{cal} + (-4.560\,\text{g} \cdot °\text{C})c_B = 0$$

$$c_B = \frac{544{,}5\text{cal}}{4560\text{g} \cdot {}^\circ\text{C}} = 0{,}119\frac{\text{cal}}{\text{g} \cdot {}^\circ\text{C}}$$

5.6 CALOR DE COMBUSTÃO

A combustão é basicamente o processo de queima envolvendo uma substância, o combustível, e um gás, o comburente – geralmente o oxigênio. Como resultado da reação de combustão, além dos compostos químicos, uma grande quantidade de energia é liberada na forma de calor.

Da mesma forma como ocorre para a fusão e para a evaporação, define-se uma quantidade de calor que é liberada por massa unitária de substância combustível, denominada calor de combustão L_C; a Tabela 5.3 lista o calor de combustão para alguns materiais. A quantidade de calor liberada por meio da combustão de uma quantidade de combustível de massa m é dada por:

$$Q = m \cdot L_C \qquad (5.6)$$

Tabela 5.3 – Calor de combustão

Material	L_C (kcal/g)	L_C (J/kg)
Álcool	6,5	$2{,}72 \cdot 10^7$
Óleo combustível	10,6	$4{,}48 \cdot 10^7$
Gás de petróleo	10,7	$4{,}53 \cdot 10^7$
Gasolina	11,5	$4{,}80 \cdot 10^7$
Querosene	11,0	$4{,}60 \cdot 10^7$
Carvão	6,7	$2{,}80 \cdot 10^7$

Exemplo VII

Determine a quantidade de calor liberada pela queima completa de 10 kg de carvão.

Solução:

Dados: $m = 10.000$ g; $L_C = 6{,}7$ kcal/g

$$Q = m \cdot L_C = 10.000\text{g} \cdot 6{,}7\frac{\text{kcal}}{\text{g}} = 67.000\,\text{kcal}$$

5.7 TRANSFERÊNCIA DE CALOR

Podemos definir energia como a capacidade que as substâncias têm para realizar trabalho. A energia é uma propriedade das substâncias que pode ser transferida por meio da interação entre os sistemas e sua vizinhança. Quando estudamos a absorção de calor, analisamos os estados iniciais e finais dos objetos envolvidos, ou seja, estávamos interessados na quantidade de calor necessária, que deve ser trocada, para ocorrer o equilíbrio térmico entre os objetos, independentemente da maneira como essa energia é transferida de um corpo para outro.

Sabemos, por experiência, que, em climas tropicais, no verão, ao deixarmos uma lata de refrigerante gelado sobre a pia, a lata se aquecerá ou terá sua temperatura elevada até a temperatura do ambiente e, após o equilíbrio térmico com o ambiente, se retornarmos a lata com refrigerante à geladeira ela se resfriará, sua temperatura diminuirá. Isso se deve à transferência de energia térmica entre meios com temperaturas diferentes. A transferência de calor sempre ocorre do ambiente com maior temperatura para aquele com menor temperatura. Os modos pelos quais o calor é transferido entre os corpos são: condução, convecção e irradiação.

a) **Condução:** Ocorre em razão do movimento vibracional das partículas que compõem os objetos, em nível atômico – molecular, quando há diferença de temperatura no meio que constitui o objeto; a Figura 5.5 ilustra, de forma esquemática, esse mecanismo. Energia cinética é transferida de uma molécula para a molécula adjacente. Geralmente, a condução ocorre em sólidos, mas também está presente nos gases e líquidos.

Figura 5.5
Transferência de calor por condução $T_A > T_B$

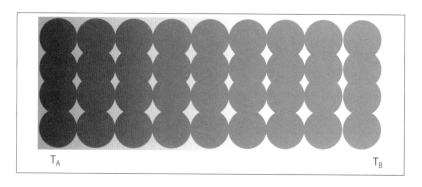

b) **Convecção:** Sabemos que a densidade de um fluido (líquido ou gás) diminui quando ele é aquecido; dessa forma, se há diferença de temperatura entre regiões de um fluido, as partículas com temperatura maior sobem (flutuam) enquanto aquelas com temperatura menor descem para ocupar o lugar daquelas que subiram. Nesse trajeto as partículas trocam calor. Essa forma de transferência de energia térmica entre as partículas é denominada convecção. A Figura 5.6 ilustra esse modo de transferência de calor. Há dois tipos de convecção: a natural e a forçada, a primeira decorre da diferença de densidade entre regiões de um fluido com diferentes temperaturas e a outra está presente quando um fluxo de fluido é forçado sobre uma superfície, por exemplo, uma chapa quente resfriada por meio de um jato de ar comprimido.

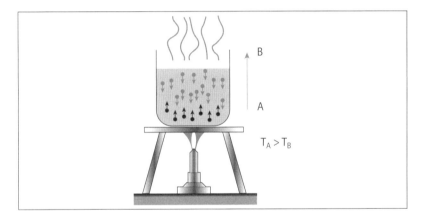

Figura 5.6
Transferência de calor por convecção.

c) **Irradiação:** Ocorre quando a energia térmica é transferida por meio de ondas ou radiações eletromagnéticas. O calor que viabiliza a vida em nosso planeta é transmitido do Sol até a Terra utilizando esse mecanismo, ilustrado na Figura 5.7.

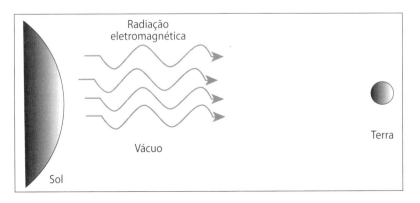

Figura 5.7
Transferência de calor por irradiação.

Sempre que houver duas superfícies com diferentes temperaturas, sem contato físico algum, mesmo que não haja qualquer tipo de matéria entre elas, o calor será transferido da superfície com maior temperatura para a outra por radiação, ou seja, esse tipo de transporte de calor ocorre no vácuo – não é necessário nenhum tipo de movimento de matéria.

Nos problemas práticos, os três mecanismos estão envolvidos contribuindo para o fluxo total de calor, mas, por conveniência, vamos analisá-los separadamente. Para tanto, devemos descrever cada um dos processos por meio de equações matemáticas que nos permitem calcular o fluxo do calor, como também devemos identificar as propriedades dos materiais e outras características dos sistemas que influenciam os mecanismos de transferência de calor.

5.7.1 GRANDEZAS E UNIDADES DA TRANSFERÊNCIA DE CALOR

Antes de iniciarmos a análise dos três modos de transferência de calor é apropriado nos familiarizarmos com alguns termos e unidades comuns a todos eles. Na maioria das vezes, utilizaremos o Sistema Internacional.

- A razão com que a energia é transferida por unidade de tempo é denominada corrente térmica e simbolizada pela letra H. As unidades de medidas mais utilizadas para H são o watt (W) e a cal/s.

- A razão de transferência de calor por unidade de tempo por unidade de área, denominada de fluxo de calor, é simbolizada pela letra q, ou seja, $q = {}^H/_A$; A é a área perpendicular à direção da qual o calor é transferido. Dentre as unidades de medidas atribuídas a essa grandeza as mais utilizadas são o W/m^2 e $cal/(s \cdot m^2)$.

- Naturalmente a temperatura desempenha um significante papel no estudo da transferência de calor; no SI, a unidade da temperatura é o kelvin (K). O tamanho do grau na escala Celsius e na Kelvin é o mesmo, portanto a diferença entre temperaturas é a mesma nas duas escalas e a conversão entre elas no caso de T se reduz à substituição do símbolo representativo da unidade de °C para K e vice-versa.

A seguir, analisaremos os três modos de transferência de calor em mais detalhes.

5.7.2 CONDUÇÃO

A transferência de calor por condução é de fundamental interesse, pois esse é o mecanismo de maior ocorrência nos sólidos. Na condução, em virtude dos diversos mecanismos de interação entre os átomos e/ou moléculas, a energia é transferida das partículas com maior quantidade de energia para aquelas adjacentes com menos energia. Esse mecanismo ocorre tanto em sólidos, como em líquidos e gases. Nos líquidos e gases se deve a colisões e difusão das moléculas durante o movimento aleatório, já nos sólidos isso se dá por meio da combinação do movimento vibracional dos átomos e da energia transportada pelos elétrons livres.

Uma lata de refrigerante resfriada em relação ao ambiente deverá se aquecer até que ocorra o equilíbrio térmico com o ambiente; nessa situação, o calor foi transferido por condução através da parede de alumínio da lata do ambiente para o refrigerante. A razão com que o calor é transferido por unidade de tempo depende de algumas características do meio através do qual ocorre a condução: geometria, espessura, material do qual é constituído e da diferença de temperatura entre a superfície externa e interna.

Nosso estudo se restringirá ao regime estacionário de troca de calor. Nessa situação a temperatura do meio é função apenas da dimensão ao longo da qual ocorre a condução (constante ao longo do tempo). A Figura 5.8 ilustra, de forma esquemática, o processo de condução de calor, e identifica as principais grandezas envolvidas.

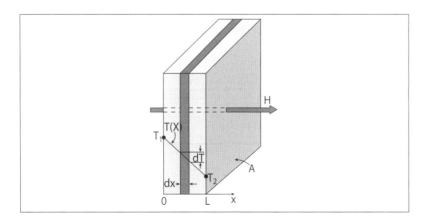

Figura 5.8 Condução unidimensional.

- H: é a corrente térmica na direção x (W);

- A: é a área através da qual ocorre o fluxo normal à direção x (m^2);

- $\dfrac{dT}{dx}$ gradiente de temperatura na direção x (K/m).

Essas grandezas são relacionadas pela lei de Fourier (proposta em 1822) da seguinte maneira:

$$H = -k \cdot A \cdot \frac{dT}{dx} \quad \text{ou} \quad q = -k \cdot \frac{dT}{dx} \qquad (5.7)$$

O sinal negativo presente na equação 5.7 está associado à direção natural do fluxo de calor: da temperatura mais alta em direção à temperatura mais baixa, consequentemente no sentido inverso da variação de temperatura. A grandeza k (W/m·K) que aparece na equação 5.7 é a condutividade térmica do meio através do qual o calor se propaga, uma propriedade da substância que constitui o meio físico em que o processo de condução térmica se desenvolve. Como outras propriedades, depende do estado em que a substância se encontra, caracterizado pela temperatura e pela pressão. A dependência de k com temperatura é muito importante, mas por questão de simplicidade consideramos k constante, a menos que haja mudança de estado de agregação.

Considerando uma chapa finita como esquematizado na Figura 5.8, para condução unidimensional de calor em regime estacionário, o gradiente de temperatura é dado por:

$$\frac{dT}{dx} = \frac{T_2 - T_1}{L}$$

Consequentemente, para essa situação, as equações para a corrente térmica e para o fluxo de calor por condução são:

$$H = k \cdot A \cdot \frac{T_1 - T_2}{L} \quad \text{ou} \quad q = k \cdot \frac{T_1 - T_2}{L} \qquad (5.8)$$

5.7.2.1 Condutividade térmica

Vimos anteriormente que materiais feitos de substâncias diferentes armazenam calor de forma diferente. O mesmo acontece com a condutividade térmica; por exemplo, o calor específico da água é 4,18 kJ/kg·°C e para o ferro é 0,45 kJ/kg·°C. Isto nos permite concluir que a água armazena quase dez vezes mais calor por unidade de massa do que o ferro. Por outro lado, a condutividade térmica para esses materiais é

0,608 W/m·°C para a água e 80,2 W/m·°C para o ferro, indicando que a condução de calor é 100 vezes mais rápida no ferro do que na água. Podemos, dessa forma, dizer que, em relação ao ferro, a água é um mau condutor de calor, embora ela seja um excelente reservatório de energia térmica. A Tabela 5.4 apresenta a condutividade térmica para alguns materiais. É sabido que materiais como o cobre e prata são bons condutores de eletricidade e de calor e também apresentam altos valores de condutividade térmica, enquanto materiais isolantes, como, por exemplo, borracha e isopor, são maus condutores e apresentam baixos valores de condutividade térmica.

A condutividade térmica dos materiais, como mostra a Figura 5.9, varia em um grande intervalo de valores. A condutividade térmica dos gases, como o ar, varia por um fator de 10^4 em relação aos valores para os metais puros como o cobre. Como pode ser observado na Figura 5.9 os cristais e os metais apresentam os maiores valores para condutividade térmica, enquanto os gases e isolantes apresentam os menores valores.

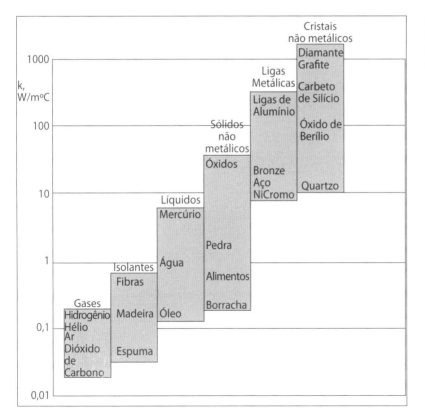

Figura 5.9
Condutividade térmica para diversas categorias de materiais.

A condutividade térmica das substâncias é normalmente maior na fase sólida do que na gasosa. Diferentemente dos gases, a condutividade térmica nos líquidos decresce com o aumento da temperatura, sendo a água uma notável exceção. Tanto para os líquidos como para os gases, a condutividade térmica é diretamente proporcional ao peso molar. Metais líquidos, como, por exemplo, o mercúrio e o sódio, apresentam condutividades elevadas e são apropriados às aplicações em que altos valores dessa grandeza são necessários, como em plantas nucleares. A Tabela 5.4 relaciona a condutividade térmica para algumas substâncias.

Tabela 5.4 – Condutividade térmica para algumas substâncias

Substância	k (W/m K)	Substância	k (W/m K)
Metais		Gases	
Aço inoxidável	14	Ar (seco)	0,026
Chumbo	35	Hélio	0,16
Ferro	67	Hidrogênio	0,18
Latão	109	Materiais de construção	
Alumínio	235	Espuma de poliuretano	0,023
Cobre	401	Lã de pedra	0,043
Prata	428	Fibra de vidro	0,048
Ouro	317	Pinho	0,11
Mercúrio (líquido)	8,54	Vidro (janela)	1

Exemplo VIII

Calcule o calor conduzido através da parede (0,15 m de espessura) de um forno industrial feita com tijolos refratários. Quando o regime estacionário é estabelecido, as temperaturas, externa e interna, são 1.400 K e 1.000 K respectivamente. As dimensões da parede são 1 m de comprimento por 0,9 m de largura e a condutividade térmica do material é 1,7 W/m K.

Solução:

Partindo da suposição que a condução é unidimensional a corrente térmica é dada por:

$$H = kA\left(\frac{T_2 - T_1}{L}\right)$$

$$A = 0,9 \ \text{m}^2; L = 0,15 \ \text{m}$$

$$H = 1,7\frac{\text{W}}{\text{m} \cdot \text{K}} \cdot 0,9 \, \text{m}^2 \cdot \frac{1400 \, \text{K} - 1000 \, \text{K}}{0,15 \, \text{m}} = 4.080 \, \text{W}$$

Observamos que o fluxo de calor ocorre de dentro do forno (1.400 K) para fora dele (1.000 K).

5.7.3 CONVECÇÃO

Como mencionado anteriormente, a convecção é um dos três mecanismos de transferência de calor. Tanto na convecção como na condução é necessária a presença de matéria; o que diferencia os dois processos é que, no caso da convecção, o movimento de um fluido está presente. A transferência de calor nos sólidos ocorre prioritariamente por condução – a posição média das moléculas permanece constante. Já nos fluidos (gases e líquidos) o transporte de calor pode se dar tanto por condução como por convecção. Para que a convecção ocorra é necessário o movimento translacional de moléculas no interior do fluido. Se esse movimento não está presente ou se é desprezível, o mecanismo responsável pela transferência de energia térmica é a condução. Dessa maneira, a condução pode ser vista como um caso limite para convecção, ou seja, a convecção dá lugar à condução quando o movimento de translação das moléculas deixa de existir.

Quando resfriamos uma chapa metálica quente com um jato de ar comprimido, ou quando a chapa é resfriada por meio do movimento natural dos gases presentes na sua vizinhança, a convecção pode ser classificada como forçada ou natural, respectivamente, como ilustrado na Figura 5.10.

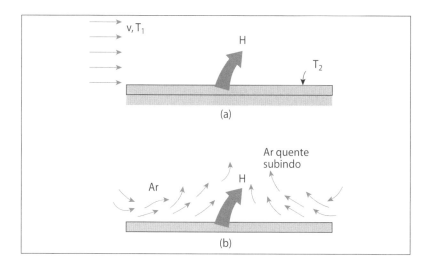

Figura 5.10
(a) convecção forçada,
(b) convecção natural.

A experiência nos demonstra que a convecção depende das propriedades dos fluidos (viscosidade dinâmica, condutividade

Física com aplicação tecnológica – Volume 2

térmica, massa específica, calor específico); da velocidade do fluido; da geometria e da rugosidade da superfície sólida e do tipo de escoamento (laminar ou turbulento). A dependência do fenômeno com tantas variáveis torna bastante complexa a sua representação matemática precisa. Independentemente da complexidade, sabemos que a taxa com que o calor é transferido mediante o mecanismo de convecção é proporcional à variação de temperatura ΔT entre a superfície e o fluido e, assim, podemos representar a troca de calor por convecção pela lei de Newton do resfriamento, como segue:

$$q = h(T_S - T_F) \tag{5.9}$$

ou

$$H = hA_S(T_S - T_F) \tag{5.10}$$

Nas equações 5.9 e 5.10 temos:

h = coeficiente de transferência de calor por convecção, W/(m².°C);

A_S = área da superfície de contato, m²;

T_S = temperatura da superfície de contato, °C;

T_F = temperatura do fluido, °C.

A Tabela 5.5 relaciona o coeficiente de transferência de calor por convecção entre o ar e superfícies de contato:

Tabela 5.5 – Coeficientes de transferência de calor por convecção

Superfície de contato	$h\left(\dfrac{cal}{s \cdot cm^2 \cdot °C}\right)$
Chapa horizontal voltada para cima	$0{,}595 \cdot 10^{-4} \cdot (\Delta T)^{1/4}$
Chapa horizontal voltada para baixo	$0{,}314 \cdot 10^{-4} \cdot (\Delta T)^{1/4}$
Chapa vertical	$0{,}424 \cdot 10^{-4} \cdot (\Delta T)^{1/4}$
Tubo horizontal ou vertical com diâmetro D	$1 \cdot 10^{-4} \cdot (\Delta T/D)^{1/4}$

Exemplo IX

Uma placa de área $A = 10$ m² é mantida a uma temperatura de 90 °C e o ar atmosférico que envolve os dois lados da placa

Calorimetria e transferência de calor

mantém a temperatura de 36 °C. Quantas calorias por hora a placa transfere para o ar em decorrência da convecção natural? (Admitir a placa horizontal.)

Solução:

O fluxo de calor devido à convecção na parte de cima da placa será diferente do fluxo pela parte de baixo; sendo H_1 e H_2 os fluxos de calor na parte de cima e de baixo da placa, respectivamente, temos:

$$\Delta T = 54\,°C \quad A = 10\,m^2 = 10 \cdot 10^4\,cm^2$$

$$H_1 = h_1 \cdot A \cdot \Delta T; \quad H_2 = h_2 \cdot A \cdot \Delta T \Rightarrow H = H_1 + H_2$$

$$h_1 = 0{,}595 \cdot 10^{-4} (\Delta T)^{\frac{1}{4}} = 0{,}595 \cdot 10^{-4} (54)^{\frac{1}{4}} \Rightarrow$$

$$\Rightarrow h_1 = 1{,}6 \cdot 10^{-4} \frac{cal}{s \cdot cm^2 \cdot °C}$$

$$H_1 = 1{,}6 \cdot 10^{-4} \frac{cal}{s \cdot cm^2 \cdot °C} \cdot 10^5\,cm^2 \cdot 54\,°C = 864 \frac{cal}{s}$$

$$h_2 = 0{,}314 \cdot 10^{-4} (\Delta T)^{\frac{1}{4}} = 0{,}314 \cdot 10^{-4} (54)^{\frac{1}{4}} \Rightarrow$$

$$\Rightarrow h_2 = 0{,}85 \cdot 10^{-4} \frac{cal}{s \cdot cm^2 \cdot °C}$$

$$H_2 = 0{,}85 \cdot 10^{-4} \frac{cal}{s \cdot cm^2 \cdot °C} \cdot 10^5\,cm^2 \cdot 54\,°C = 459 \frac{cal}{s}$$

$$H = H_1 + H_2 = 864 + 459 \Rightarrow$$

$$\Rightarrow H = 1.323 \frac{cal}{s} = 1.323 \cdot \frac{cal}{\dfrac{1}{3.600}\,h} = 4{,}8 \cdot 10^6 \frac{cal}{h}$$

5.7.4 IRRADIAÇÃO

A transferência de calor por irradiação difere dos outros dois processos – condução e convecção – pois não requer a presença de matéria para ocorrer. Esse fenômeno ocorre por meio de radiação térmica que tem a propriedade de atravessar espaços vazios, como a radiação térmica proveniente do Sol, que aquece a superfície terrestre. A irradiação térmica é um fenômeno eletromagnético resultante da temperatura dos objetos, ou seja, todo corpo com temperatura maior do que o zero absoluto irradia calor. Os parâmetros que caracterizam uma onda eletromagnética são o comprimento de onda (λ) e a frequência (f); as radiações eletromagnéticas englobam os raios gama, raios-X, radiação ultravioleta, radiação infravermelho, radiação térmica, micro-ondas e ondas de rádio, como mostrado na Figura 5.11

Figura 5.11

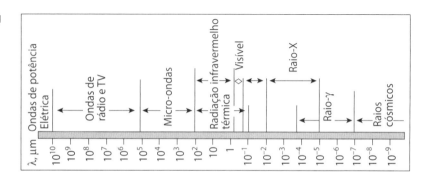

Para entender melhor esse mecanismo de irradiação vamos considerar um objeto previamente aquecido, como mostrado na Figura 5.12, em uma câmara a vácuo. Depois de certo tempo, o objeto resfriará; nesse caso, como não há presença de um meio condutor de calor, essa transferência de energia só pode ocorrer por meio da irradiação, que também é o principal mecanismo presente no aquecimento das lâmpadas incandescentes com filamento de tungstênio.

Figura 5.12
Um objeto perde calor por irradiação para o ambiente, mesmo estando em uma câmara a vácuo.

Um fato interessante no caso da irradiação é que o calor pode ser transmitido entre duas superfícies com temperaturas diferentes, mesmo que entre elas esteja presente um meio com temperatura inferior àquelas das duas superfícies, como acontece com a radiação proveniente do Sol que atravessa a camada de ar frio que se encontra em altitudes elevadas da atmosfera terrestre.

5.7.4.1 Ondas eletromagnéticas e irradiação térmica

Embora as radiações eletromagnéticas ou ondas eletromagnéticas tenham as mesmas características básicas (comprimento de onda e frequência), ondas com comprimentos diferentes também diferem, significativamente, quanto ao seu comportamento. As radiações eletromagnéticas apresentam um vasto intervalo de comprimentos de onda, de 10^{-10} μm para os raios gama até 10^{10} μm para ondas de potência elétrica. Como mostrado pela Figura 5.11, o espectro eletromagnético expande-se desde os raios gama e vai até as ondas de potência elétrica, passando pelos raios-X, radiação ultravioleta, luz visível, radiação infravermelho, radiação térmica e ondas de rádio. Cada uma dessas radiações é produzida por diferentes mecanismos, por exemplo, reações nucleares geram os raios gama e os raios-X são gerados por meio do bombardeamento de metais com elétrons de alta energia.

A onda eletromagnética associada à irradiação térmica é gerada por meio da transição energética entre os possíveis estados de energia, das moléculas, dos átomos, e dos elétrons de uma substância. A temperatura é a grandeza física que reflete esse tipo de atividade que ocorre em nível microscópico e a taxa com que essa radiação é emitida aumenta com o aumento da temperatura, portanto, qualquer objeto com temperatura acima do zero absoluto emite radiação térmica. Isso significa que tudo que está ao nosso redor está constantemente emitindo e também absorvendo radiação térmica. Como pode ser observado na Figura 5.11, as ondas eletromagnéticas que participam do fenômeno de irradiação térmica são aquelas com comprimento entre 0,1 e 100 μm, ou seja, as radiações visíveis, infravermelho e parte das radiações ultravioletas compõem a categoria de ondas eletromagnéticas denominadas de radiação térmica.

5.7.4.2 Descrição matemática da irradiação

A absorção ou emissão de radiação térmica depende da temperatura absoluta do corpo e da natureza da superfície do corpo.

Dessa maneira, a taxa com que um objeto emite ou absorve radiação témica, é dada por:

$$H = \sigma \varepsilon A T^4 \qquad (5.11)$$

- $\sigma = 5,6704 \cdot 10^{-8} \dfrac{\text{W}}{\text{m}^2 \cdot \text{K}^4}$ (SI) é a constante física conhecida como constante de Stefan-Boltzmann, em homenagem a Josef Stefan que descobriu experimentalmente a equação 5.11, em 1879, e a Ludwig Boltzmann que a deduziu teoricamente, logo depois.

- ε é a emissividade da superfície do corpo e depende da natureza da superfície, seu valor varia de 0 a 1. Um corpo com emissividade 1 é denominado corpo negro, esse é o limite ideal para um irradiador, portanto um irradiador de corpo negro não existe na natureza.

- T é a temperatura absoluta do objeto.

- A é a área da superfície do corpo

A taxa com que um objeto absorve radiação térmica do ambiente a temperatura T_{amb} é: $H_{abs} = \sigma \varepsilon A T_{amb}^4$ e a taxa com que o corpo emite energia para o ambiente é $H_{emi} = \sigma \varepsilon A T^4$; dessa forma, a taxa líquida H absorvida do ambiente pelo corpo é dada por:

$$H = H_{emi} - H_{abs} = \sigma \varepsilon A (T_{amb}^4 - T^4)$$

A irradiação H, absorvida do ambiente, é positiva se a temperatura do ambiente é maior do que a temperatura do corpo, ou seja, a energia é transferida em forma de calor do ambiente para o corpo e, se a temperatura do ambiente é menor do que a temperatura do corpo, este perde energia para o ambiente, H é negativa, o objeto perde energia na forma de calor para o ambiente.

Exemplo X

Uma esfera de cobre pintada de preto (irradiador ideal $\varepsilon = 1$), com 2 cm de raio, é mantida no interior de um recipiente onde se fez vácuo com as paredes a 100 °C. Determine a potência que deve ser fornecida à esfera para mantê-la a temperatura constante de 127 °C.

Dados:

$T_e = 127°\text{C} = 400\text{K}$ temperatura da esfera;

$T_{\text{R}} = 100\,°\text{C} = 373\,\text{K}$ temperatura do recipiente;

$A_{\text{e}} = 4\pi\text{R}^2 = 50,24\,\text{cm}^2$ área da esfera.

Solução:

$$H = \sigma\varepsilon\text{A}(\text{T}_{\text{e}}^4 - \text{T}_{\text{R}}^4)$$

$$H = 5,67\cdot10^{-12}\,\frac{\text{W}}{\text{cm}^2\cdot\text{K}^4}\cdot 50,24\text{cm}^2\cdot(25,6\cdot10^9 - 19,4\cdot10^9)\text{K}^4$$

$$H = 1,76\text{W}$$

EXERCÍCIOS RESOLVIDOS

1) Quantas calorias devem ser cedidas a 60 g de gelo, a –15 °C, para que se funda e se transforme em água líquida 22 °C?

   Dados:

   $$T_i = -15°\text{C};\ T_f = 22°\text{C};\ c_{\text{gelo}} = 0,5\,\frac{\text{cal}}{\text{g}\cdot°\text{C}};$$

   $$L_{f,\text{água}} = 79,5\,\frac{\text{cal}}{\text{g}};$$

Solução:

A solução deste problema deve levar em conta os dois processos de absorção de calor, o calor sensível, para o intervalo de temperaturas entre –15 °C e 0 °C; o calor de transformação durante a fusão do gelo e, novamente, o calor sensível ente 0 °C e 22 °C:

$$Q_1 = \text{mc}\Delta\text{T} = 60\text{g}\cdot0,5\,\frac{\text{cal}}{\text{g}\cdot°\text{C}}\cdot15°\text{C} = 450\text{cal}$$

$$Q_2 = \text{mL}_f = 60\text{g}\cdot79,5\,\frac{\text{cal}}{\text{g}} = 4.770\text{cal}$$

$$Q_1 = \text{mc}\Delta\text{T} = 60\text{g}\cdot1\,\frac{\text{cal}}{\text{g}\cdot°\text{C}}\cdot22°\text{C} = 1.320\text{cal}$$

$$Q = Q_1 + Q_2 + Q_3 = \left(450 + 4.770 + 1.320\right)\text{cal} = 6.540\,\text{cal}$$

2) O calor específico de um material metálico pode ser determinado da seguinte maneira: depois de aquecida, uma amostra do metal é colocada em um calorímetro termicamente isolado, contendo água, com o vaso feito do mesmo material metálico da amostra. Considere que uma amostra do metal de massa 100 g, aquecida a 100 °C, seja utilizada. As massas do vaso e a da água contida no vaso são 200 g e 550 g, respectivamente, na temperatura inicial de 21 °C. Se a temperatura de equilíbrio é 22,4 °C, determinar o calor específico desse metal.

Solução:

Dados:

$m_m = 100$ g (massa da amostra); $m_v = 200$ g (massa do vaso); $m_a = 550$ g (massa da água); $T_{im} = 100$ °C (temperatura inicial do metal); $T_{i, va} = 21,0$ °C (temperatura inicial do vaso e da água), $T_e = 22,4$ °C (temperatura de equilíbrio) e $c = 1,0 \frac{cal}{g \cdot °C}$ (calor específico da água)

$$m_m \cdot c_m \cdot \Delta T_m + m_v \cdot c_m \cdot \Delta T_v + m_a \cdot c_a \cdot \Delta T_z = 0$$

$$100\,g \cdot c_m \cdot (-77,6)°C + 200\,g \cdot c_m \cdot 1,4°C$$
$$+550\ g \cdot 1\frac{cal}{g \cdot °C} \cdot 1,4°C = 0$$

$$-7.760\,g \cdot c_m \cdot °C + 280\,g \cdot c_m \cdot °C + 770\ cal = 0$$

$$7.480\,g \cdot c_m \cdot °C = 770\ cal$$

$$c_m = 0,103\ \frac{cal}{g \cdot °C}$$

---

3) Dois recipientes, A e B, com a mesma capacidade térmica, contêm a mesma quantidade de água a 30 °C. No recipiente A colocam-se 200 g de cobre, e no recipiente B 600 g de uma liga na mesma temperatura do cobre. No equilíbrio, a temperatura é a mesma para as duas situações. Determinar o calor específico da liga.

Solução:

Dados:

$m_{Cu} = 200$ g (massa do cobre); $m_1 = 600$ g (massa da liga); $c_{Cu} = 0,0924 \frac{cal}{g \cdot °C}$ (calor específico do cobre)

$$C_A \Delta T + 200\,\text{g} \cdot 0{,}0924\,\frac{\text{cal}}{\text{g} \cdot {}^\circ\text{C}} \Delta T\,{}^\circ\text{C} =$$

$$= C_B \Delta T + 600\,\text{g} \cdot c_l \cdot \Delta T\,{}^\circ\text{C}$$

$$200\,\text{g} \cdot 0{,}0925\,\frac{\text{cal}}{\text{g} \cdot {}^\circ\text{C}} \Delta T\,{}^\circ\text{C} = 600\,\text{g} \cdot c_l \cdot \Delta T\,{}^\circ\text{C}$$

$$c_l = 0{,}0308\,\frac{\text{cal}}{\text{g} \cdot {}^\circ\text{C}}$$

4) Um objeto de 100 g, inicialmente sólido, tem a variação de sua temperatura registrada na Figura 5.13:

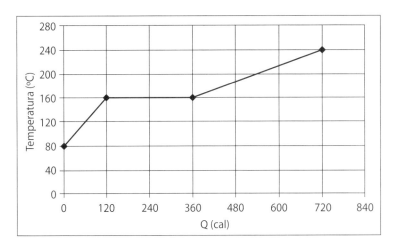

Figura 5.13

Determinar:

a) a temperatura de fusão da substância;

b) o calor latente;

c) o calor específico no estado sólido e

d) o calor específico no estado líquido.

Solução:

a) O objeto se encontra inicialmente no estado sólido, o que nos permite concluir que a fusão ocorre no patamar de temperatura 160 °C, pois, durante a transformação de estado físico, a temperatura permanece constante.

b) Durante a fusão, a quantidade de calor recebida é de 240 cal:

$$Q = mL_f; \quad L_f = \frac{Q}{m} = \frac{240\,cal}{100\,g}$$

$$L_f = 2,4\frac{cal}{g}$$

c) A substância em estudo se encontra no estado sólido entre as temperaturas 80 e 160 °C:

$$Q = mc\Delta T = 100\,g \cdot c \cdot 80\,°C = 120\,cal$$

$$c = \frac{120\,cal}{100\,g \cdot 80\,°C}$$

$$c = 0,015\frac{cal}{g \cdot °C}$$

d) A substância se apresenta na fase líquida entre as temperaturas 160 e 240 °C:

$$Q = mc\Delta T = 100\,g \cdot c \cdot 80\,°C = 360\,cal$$

$$c = \frac{360\,cal}{100\,g \cdot 80\,°C}$$

$$c = 0,045\frac{cal}{g \cdot °C}$$

5) Um bloco de 150 g de gelo a 0 °C é colocado em um recipiente com 450 g de água a 20 °C; o recipiente tem capacidade térmica desprezível e o sistema se encontra termicamente isolado. Determinar: (a) a temperatura de equilíbrio do sistema e (b) a quantidade de gelo fundida.

Solução:

Devemos, primeiramente, verificar se a quantidade de calor necessária para reduzir a temperatura da água a 0 °C é maior ou menor que aquela necessária para fundir totalmente o bloco de gelo:

$$Q_1 = m_{gelo} \cdot L_f = 150\,g \cdot 79,5\frac{cal}{g} = 11.925\,cal$$

$$Q_2 = m_{água} \cdot c \cdot \Delta T = 450\,g \cdot 1\frac{cal}{g \cdot °C} \cdot 20\,°C = 9.000\,cal$$

$Q_2 < Q_1$ indica que a quantidade de calor necessária para fundir totalmente o bloco de gelo é maior do que aquela necessária para reduzir a temperatura da água a 0 °C, o que nos permite concluir que a temperatura de equilíbrio do sistema é 0 °C. A quantidade de gelo fundida libera **9.000 cal**; assim, podemos calcular a quantidade de gelo fundida:

$$Q = m \cdot L_f = m \cdot 79{,}5 \frac{cal}{g} = 9.000 \, cal$$

$$m = 113{,}2 \, g$$

113,2 g é a quantidade de gelo fundida.

6) Considere um cilindro de raio interno r e raio externo R; determinar o fluxo de calor através da parede do cilindro, considerando $T_1 > T_2$. T_2 e T_1 são, respectivamente, as temperaturas externa e interna do cilindro.

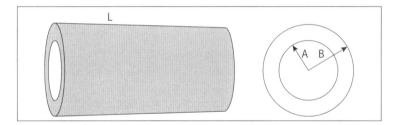

Figura 5.14

Solução:

O fluxo de calor é de dentro para fora do cilindro, pois a temperatura interna é maior do que a externa e a área através da qual o calor é transferido não é constante, de acordo com a Figura 5.15 a área A corresponde aquela da superfície cilíndrica de raio r e comprimento L:

$A = 2\pi r L$

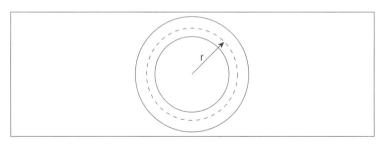

Figura 5.15

Conforme o calor avança radialmente para fora do cilindro, a área da superfície através da qual o calor é transferido é cada vez maior; o gradiente de temperatura é $\dfrac{dT}{dr}$ e o fluxo de calor que no regime estacionário é constante em todas as superfícies é dado por $H = -k \cdot A \cdot \dfrac{dT}{dr}$, logo:

$$H = k(2\pi r L)\dfrac{dT}{dr}$$

As variáveis são r e T. Então, separando as variáveis de integração, temos:

$$H \cdot \dfrac{dr}{r} = -k \cdot 2\pi \cdot L dT \Rightarrow H \cdot \int_A^B \dfrac{dr}{r} = -k \cdot 2\pi \cdot L \int_{T_1}^{T_2} dT$$

$$H = \dfrac{k \cdot 2\pi \cdot L \cdot (T_1 - T_2)}{\ln\left(\dfrac{B}{A}\right)}$$

---

7) Uma parede plana é composta por uma camada de material com condutividade térmica k_1 e espessura L_1 sobreposta à outra, de material diferente da primeira, com condutividade térmica k_2 e espessura L_2, como mostra a Figura 5.16. As temperaturas nas superfícies das camadas são, respectivamente, T_1, T_2 e T_3.

Figura 5.16

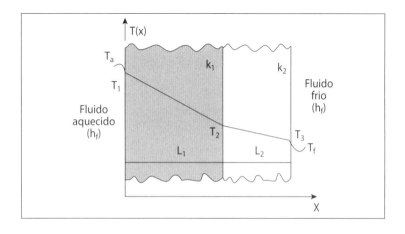

As temperaturas nas superfícies da parede são mantidas por dois fluidos diferentes, um que mantém a superfície esquerda da parede esquerda aquecida e outro que mantém a superfície do outro lado da parede resfriada, o coeficiente de transferência de calor para os fluidos e suas temperaturas são respectivamente: h_a, T_a e h_f, T_f. Para a configuração descrita, determinar a corrente térmica que atravessa, em regime estacionário, a parede na direção x.

Solução:

Em regime estacionário, que é um dado do problema, o fluxo de calor em qualquer posição horizontal da placa é o mesmo, então:

$$H_x = h_a \cdot A \cdot (T_a - T_1) = \frac{k_1 \cdot A}{L_1}(T_1 - T_2) = \frac{k_2 \cdot A}{L_2}(T_2 - T_3) =$$

$$= h_f \cdot A \cdot (T_3 - T_f)$$

$$(T_a - T_1) = H_x \cdot \left(\frac{1}{h_a \cdot A}\right); \quad (T_1 - T_2) = H_x \cdot \left(\frac{L_1}{k_1 \cdot A}\right);$$

$$(T_2 - T_3) = H_x \cdot \left(\frac{L_2}{k_2 \cdot A}\right); \quad (T_3 - T_f) = H_x \cdot \left(\frac{1}{h_f \cdot A}\right)$$

Somando as quatro últimas equações obtém-se:

$$(T_a - T_f) = H_x \left(\frac{1}{h_a \cdot A} + \frac{L_1}{k_1 \cdot A} + \frac{L_2}{k_2 \cdot A} + \frac{1}{h_f \cdot A}\right)$$

O que resulta em:

$$H_x = \frac{(T_a - T_f)}{\dfrac{1}{h_a \cdot A} + \dfrac{L_1}{k_1 \cdot A} + \dfrac{L_2}{k_2 \cdot A} + \dfrac{1}{h_f \cdot A}}$$

EXERCÍCIOS COM RESPOSTAS

1) A temperatura de um bloco de alumínio se eleva desde $T = 20\ °C$ até $T = 30\ °C$, quando o bloco recebe uma quantidade de calor $Q = 440$ cal. Calcular a capacidade térmica média do bloco de alumínio.

Resposta: 44 cal/°C.

2) Determinar a capacidade térmica de:

a) 200 g de água e

b) 400 g de água.

Repostas: a) 200 cal/°C; b) 400 cal/°C.

---

3) A capacidade térmica de um vaso é C = 10 cal/°C. Qual a variação de energia interna do vaso quando a sua temperatura variar desde 20 °C até 15 °C?

Resposta: –50 cal.

---

4) Um recipiente está a 20 °C. Nele, são introduzidos 200 g de água a 30 °C. O sistema (isolado termicamente do meio ambiente) atinge o equilíbrio térmico à temperatura de 28 °C. Calcular:

a) a variação de energia interna da água;

b) a quantidade de calor recebida pelo recipiente;

c) a capacidade térmica média do recipiente.

Respostas:

a) –400 cal; b) 400 cal; c) 50 cal/°C.

---

5) A capacidade térmica de um corpo varia segundo a lei C = (200+50T) cal/°C. Calcular a quantidade de calor necessária para variar a temperatura do corpo desde 0 °C até 100 °C.

Resposta: 270 kcal.

---

6) Que quantidade de calor Q é necessário fornecer a 200 g de gelo a –20 °C para "aquecê-lo" até 0 °C?

Resposta: 2 kcal.

---

7) Uma porção de 500 g de mercúrio varia sua temperatura desde 20 °C até 0 °C. Qual a quantidade de calor liberado? Qual a variação da energia interna?

Respostas: 330 cal; –330 cal.

Calorimetria e transferência de calor

8) Um bloco de 400 g de ferro, que está inicialmente a 200 °C, é esfriado até 20 °C. Se todo o calor liberado for fornecido a 100 g de água à temperatura de 10 °C, qual a temperatura final da água? Qual a variação de energia interna do ferro e da água?

Respostas: T = 87 °C; Q_{ferro} = –7.704 cal; $Q_{água}$ = 7.704 cal.

---

9) Uma porção de 1 kg de água a 50 °C é misturada com 2 kg de álcool, inicialmente a 10 °C. Qual é temperatura final de mistura, sabendo-se que a troca de calor ocorreu apenas entre a água e o álcool?

Resposta: 28,5 °C.

---

10) Um bloco de alumínio de 200 g é aquecido até 100 °C e imerso em 500 g de óleo contido em um recipiente de cobre de massa 100 g. A temperatura final de equilíbrio é 40 °C. Desprezando-se perdas de calor, qual o calor específico do óleo, sabendo-se que a temperatura inicial do óleo e do cobre é 20 °C?

Resposta: 0,24 cal/g °C.

---

11) Um corpo de certo metal com massa igual a 60 g, à temperatura de 80 °C, é misturado com 20 g de água a 10 °C. Observa-se que a temperatura de equilíbrio térmico é 15 °C. Não há perdas de calor para outros corpos. Determinar o calor específico do corpo.

Resposta: 0,0256 cal/g °C.

---

12) Um bloco de 50 g de ferro a 140 °C e outro de 10 g de alumínio a 100 °C são misturados com 20 g de água a 50 °C. A troca de energia térmica se dá apenas entre os três corpos. Qual a temperatura final do sistema, quando se atinge o equilíbrio térmico?

Resposta: 70,7 °C.

---

13) Um bloco de 60 g é aquecido a 100 °C e é colocado dentro de um calorímetro contendo 80 g de água a 18 °C. O vaso e

o agitador são de alumínio e a massa combinada é de 50 g. O termômetro acusa a temperatura de equilíbrio de 24 °C. Calcular o calor específico do material do bloco.

Resposta: 0,119 cal/g °C.

14) Um bloco de cobre de 600 g a 80 °C é introduzido dentro de um calorímetro, cujo vaso é de alumínio e com massa 50 g, e que contém 60 g de água a 18 °C. Calcular a temperatura final de equilíbrio térmico.

Resposta: 45 °C.

15) Um calorímetro contém 100 g de água a 20 °C. Despeja-se dentro do calorímetro 150 g de água a 80 °C. Observa-se que a temperatura final de equilíbrio é 50 °C. Determinar a capacidade térmica C do calorímetro.

Resposta: 50 cal/°C.

16) A capacidade térmica de um calorímetro é C = 10 cal/°C, o qual contém 190 g de água a 20 °C. Um bloco de 100 g de latão a 200 °C é introduzido na água do calorímetro. Determinar a temperatura final de equilíbrio do sistema. O calor específico do latão é 0,092 cal/g °C.

Resposta: 28 °C.

17) Qual a quantidade de calor necessária para fundir totalmente 200 g de gelo a –20 °C, obtendo-se 200 g de água a 0 °C?

Resposta: 17.900 cal.

18) Qual a quantidade de calor necessária para transformar 1 litro de água a 50 °C em vapor d'água a 100 °C?

Resposta: 589.000 cal.

19) Uma porção de 10 g de gelo a 0 °C é colocada em 50 g de água a 30 °C. Qual a temperatura final se não houver perda de calor para o meio ambiente?

Resposta: 11,8 °C.

Calorimetria e transferência de calor

20) Uma porção de 10 g de gelo a –5 °C é misturada com 5 g de vapor d'água a 100 °C. Qual a temperatura final da mistura? Admitir desprezível a perda de calor para o ambiente.

Resposta: 100 °C (sobrando 1,6 g de vapor).

21) Uma porção de 40 g de certo líquido a 20 °C é misturada com 8 g de gelo a 0 °C. Observa-se que todo o gelo se derrete e, ao final, tem-se uma mistura a 0 °C. Qual o calor específico do líquido?

Resposta: 0,8 cal/g °C.

22) Uma porção de 8 g de vapor d'água a 100 °C é adicionada a uma mistura de 200 g de água e 70 g de gelo. Determinar a temperatura final da mistura. Adotar sistema adiabático.

Resposta: 0 °C (sobrando 6 g de gelo).

23) Qual a quantidade de calor que se pode obter com a queima completa de 10 kg de carvão?

Resposta: $67 \cdot 10^6$ cal.

24) Um queimador de óleo deve fornecer a um forno 8.480 kcal de energia térmica por hora. Se o rendimento do combustor (queimador) for 10%, qual o gasto diário de óleo?

Resposta: 192 kg.

25) Qual a quantidade de calor liberado na queima de 1 litro de gasolina? ($\rho = 0,75$ g/cm^3)

Resposta: 8.625 kcal.

26) Um aquecedor elétrico de 4.000 W aquece 400 g de água. Se, originalmente, tem-se água a 15 °C,

a) depois de quanto tempo, no mínimo, a água começa a ferver?

b) qual o tempo mínimo necessário para vaporizar toda a água?

Respostas: a) 36 s; b) 261 s.

27) Uma resistência elétrica é imersa em 530 g de um líquido e dissipa 50 W de energia elétrica durante 100 s. Como consequência, a temperatura do líquido sobe de 17,64 °C para 20,77 °C. Desprezando-se a perda de calor para outros corpos, determinar o calor específico do líquido.

Resposta: 0,721 cal/g °C.

28) Em uma torneira elétrica a água penetra a 20 °C e sai a 50 °C com vazão de 6 litros/minuto. Se o rendimento fosse 100%, qual a potência, em W, dessa torneira?

Resposta: 12,5 kW.

29) Uma barra de ferro tem 30 cm de comprimento e secção transversal 5 cm^2. Qual a quantidade de calor que fluirá na unidade de tempo ao longo da barra se uma de suas extremidades for mantida a 10 °C e a outra a 85 °C?

Resposta: 1,5 cal/s = 6,3 W.

30) O diâmetro de uma barra de cobre é 6 cm. Na barra, é mantido um gradiente de temperatura constante igual a 2,5 °C/cm. Qual a quantidade de calor conduzida pela barra em um intervalo de tempo de 30 min.?

Resposta: 117 kcal.

31) Uma placa de alumínio de 10 cm de espessura transmite, para cada cm^2, 10 cal/s. Qual a diferença de temperatura entre as faces dessa placa?

Resposta: 204 °C.

32) Uma barra de alumínio de 36 cm de comprimento e com 10 cm^2 de secção transversal é rigidamente ligada a outra barra de cobre de mesma secção e comprimento de 40 cm. A

Calorimetria e transferência de calor

extremidade livre do cobre é mantida em contato térmico com água em ebulição a pressão normal, e a extremidade livre da barra de alumínio é mantida a 40 °C.

a) Qual a temperatura na junção das duas barras?

b) Qual a quantidade de calor transmitida pelas barras no intervalo de tempo de 1 min.

Repostas: a) 77,4 °C; b) 312 cal.

---

33) Uma barra é composta por duas partes: uma de cobre, medindo 100 cm, e outra de aço, de comprimento X. A secção é comum e é igual a 5 cm². A extremidade de aço é mantida em uma mistura de gelo e água à pressão atmosférica normal e a extremidade de cobre é mantida em contato com vapor d'água em ebulição à pressão normal. A temperatura da junção é 60 °C, depois de atingido o estado estacionário.

a) Qual a corrente térmica estabelecida na barra?

b) Qual o comprimento X da barra de aço?

Respostas: a) 1,84 cal/s; b) 20 cm.

---

34) O fundo de um vasilhame de aço tem 1,5 cm de espessura e 1.500 cm² de área, e é colocado sobre a chapa de um fogão. A água dentro do vasilhame está a 100 °C e 750 g são evaporados em cada 5 minutos. Calcular a temperatura da face da chapa de aço que está em contato com o fogão.

Resposta: 111,25 °C.

---

35) Determinar a potência necessária para manter a diferença de temperatura de 20 °C entre as faces de uma janela de vidro de 2 m² de área e 3 mm de espessura. Resposta em kW.

Resposta: 11,2 kW.

---

36) Uma parede plana é mantida a uma temperatura constante de 100 °C e o ar em ambos os lados está à pressão atmosférica e a 20 °C. Calcular a quantidade de calor perdido, por convecção natural, por m² da parede (nas duas faces) em 1 h, nos casos:

a) a parede é vertical;

b) a parede é horizontal.

Respostas: a) $7,2 \cdot 10^5$ cal; b) $7,85 \cdot 10^5$ cal.

37) Um tubo vertical tem 7,5 cm de diâmetro externo e 4 m de altura. Ele conduz vapor e a sua superfície externa se mantém a 95 °C enquanto o ar que o envolve, à pressão atmosférica, se mantém a 20 °C. Qual a quantidade de calor, fornecida ao ar, por convecção natural durante o período de 1 h?

Resposta: 450 kcal.

6 A PRIMEIRA LEI DA TERMODINÂMICA

Francisco Tadeu Degasperi

6.1 INTRODUÇÃO

Neste capítulo, iremos sistematizar e aplicar os conceitos de temperatura e calor nos processos físicos em geral. A termodinâmica trata do estudo e pesquisa da energia e de suas transformações. Sabemos, de nosso cotidiano, da importância da energia. Sem energia e sem alteração de um tipo de energia em outro tipo de energia não ocorrem transformações; sem energia não há vida! A todo o momento, temos transformações ocorrendo com o envolvimento de várias formas possíveis de energia. No simples gesto de pegar um lápis sobre a mesa, temos variação de energia potencial e variação de energia cinética; entram em ação vários músculos de nosso corpo para pegar o lápis; esses músculos são supridos de energia, a partir da energia química (reações químicas). As reações químicas são rearranjos dos átomos, tendo o envolvimento de energia eletromagnética. Nosso corpo consegue absorver alimentos e estes são processados de forma que haja extração de energia para a sustentação da nossa vida. Os animais que comemos se alimentam de plantas e estas conseguem absorver energia do Sol (fazem fotossíntese). A energia luminosa, que é formada por ondas eletromagnéticas, tem origem no Sol, e é produzida a partir de reações nucleares dos constituintes do Sol. A energia solar, chegando à Terra, faz evaporar a água que se condensa e chove nas cabeceiras das montanhas e, assim, com a energia da mecânica da água, podemos mover as turbinas de uma usina hidroelétrica, gerando energia elétrica.

Poderíamos continuar escrevendo inúmeras páginas descrevendo os vários tipos de energia e suas transformações. O assunto é vasto e muito importante.

Ouvimos, com muita frequência, comentários e notícias sobre questões que envolvem diretamente a energia, como, por exemplo, o efeito estufa e o aquecimento global.

A energia é crucial para a vida, não somente a energia em si, mas a possibilidade de transformá-la em outro tipo de energia. A energia tem sido a motivação de muitos conflitos bélicos atuais, o que evidencia sua relação direta com o mundo contemporâneo.

Pretendemos sistematizar uma área da física – a termodinâmica –, fundamental para a compreensão de todos os processos que ocorrem na natureza, não somente nos fenômenos físicos, mas também nos biológicos e químicos. Ideias da termodinâmica são usadas no estudo da economia e em outras áreas do conhecimento, não ligadas aos fenômenos naturais.

As leis da termodinâmica têm validade para todos os fenômenos da natureza, sendo a termodinâmica a área da física com maior abrangência.

Para iniciar o estudo dos princípios da termodinâmica, iniciando pela 1ª lei da termodinâmica vamos resgatar alguns conceitos básicos já vistos nos capítulos anteriores.

6.2 TEMPERATURA E CALOR

Foram vistos os conceitos de temperatura e calor, mas retomaremos esses conceitos para recordar as principais ideias, uma vez que eles são determinantes para a termodinâmica. Como visto no Capítulo 4, a temperatura é uma grandeza associada a um corpo que expressa objetivamente o quão frio ou quão quente ele está. A temperatura é uma propriedade do corpo. Foram estudadas as escalas de temperatura que utilizaremos intensamente. É interessante notar que a termodinâmica, ela mesma, não consegue dar uma explicação física sobre o que é a temperatura. A termodinâmica lida com grandezas macroscópicas, como: temperatura, calor, calor específico, massa e número de mols do corpo, energia interna, trabalho, entropia, volume, pressão, condutividade térmica, viscosidade, e outras. Essas grandezas macroscópicas, do ponto de vista microscópico, são manifestações de médias de grandezas físicas associadas aos átomos e às moléculas.

Uma equação de estado, de um particular sistema termodinâmico, expressa como as variáveis que intervêm no processo termodinâmico estão relacionadas entre si. Por exemplo, na equação de estado dos gases perfeitos ou gases ideais:

$$p \cdot V = n \cdot R \cdot T$$

Nesta expressão, p é a pressão exercida pelo gás, V o volume ocupado pelo gás, e n o número de mols, T a temperatura do gás e R é a constante dos gases ideais. Dentro de certos valores de p, V e T os gases comportam-se com boa precisão, segundo a equação de estado apresentada.

O calor, por sua vez, é uma forma de energia que passa de um corpo para outro, em virtude, exclusivamente, da diferença de temperatura entre os corpos. Se dois corpos estão à mesma temperatura, não haverá troca de calor entre eles. Quando dois corpos estão à mesma temperatura dizemos que eles estão em equilíbrio térmico entre si.

A unidade no Sistema Internacional de Unidades – SI – é joule. Outra unidade é a caloria, simbolizada por cal. Não devemos confundir com a unidade caloria, simbolizada por Cal, muito usada na indústria alimentícia: 1 Caloria equivale a 1.000 calorias, assim

$$1 \text{ Cal} = 1 \text{ kcal}$$

Considere esquematicamente um sistema termodinâmico conforme mostrado na Figura 6.1

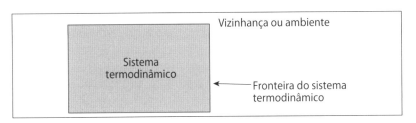

Figura 6.1

Podemos definir três partes de interesse para realizar o estudo termodinâmico: o sistema termodinâmico que é a parte a ser estudada especificamente. A fronteira, que é a região que separa o sistema termodinâmico em estudo e, finalmente, o ambiente ou vizinhança, que é tudo o mais que existe no Universo. Certamente, não levaremos em conta todo o Universo, mas somente a região externa ao sistema termodinâmico que interage com esse sistema termodinâmico. A definição e a escolha do sistema termodinâmico a ser estudado – e, assim, o delimitando – é o primeiro passo para a solução do problema. Uma vez iniciada a solução do problema termodinâmico, podemos constatar que ajustes deverão ser feitos no sentido de melhor definir o sistema termodinâmico e assim traçar uma nova fronteira. Uma escolha adequada do sistema termodinâmico e sua fronteira poderão levar a uma solução mais simples do problema. Vale a pena investirmos algum tempo nessa parte inicial da solução do problema; inclusive, se a definição de sistema termodinâmico estiver clara, isso significará que estamos com o problema bem posto, como se costuma dizer em física, condição necessária para atingirmos a solução de problemas em geral.

A fronteira de um sistema termodinâmico pode variar; ela não precisa ser fixa nem no tempo nem no espaço. Por exemplo, ao estudar um motor a combustão interna – motor a álcool, gasolina, diesel, gás – vemos que é justamente pela variação de volume que a energia, devida à combustão, é transformada em energia mecânica, que movimenta o carro.

Usaremos a seguinte convenção, nos problemas a serem estudados, conforme esquematizado na Figura 6.2.

Figura 6.2

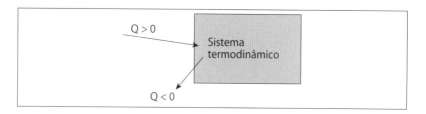

Se o sistema termodinâmico receber energia térmica na forma de calor, o calor será positivo. Se o sistema termodinâmico liberar calor para o ambiente, o calor será negativo. Veja que esta é uma definição. Podemos encontrar, em outros livros, definições diferentes desta. Isto não trará problema algum desde que não mudemos a convenção durante a resolução dos problemas. As leis da termodinâmica serão as mesmas, independentemente das definições relativas ao fluxo de calor entrando ou saindo de corpos.

Reforçando, calor é uma forma de energia em trânsito, devida exclusivamente à diferença de temperatura entre corpos, ou entre os meios. Não podemos dizer que um corpo tem calor. O corpo tem energia térmica, além de possíveis outras formas de energia. A temperatura e o calor são grandezas físicas intimamente ligadas, porém grandezas físicas diferentes. Como no caso da mecânica, a posição de uma partícula e sua velocidade são grandezas físicas intimamente ligadas, porém diferentes. Outro exemplo, na eletricidade, voltagem e corrente elétricas são grandezas físicas intimamente ligadas entre si, mas certamente muito distintas. Para podemos tratar os problemas físicos é de fundamental importância termos os conceitos claros.

6.3 TRABALHO

O conceito de trabalho foi estudado em mecânica. Retomaremos o conceito de trabalho e o colocaremos em uma forma mais apropriada ao estudo da termodinâmica.

Dizemos que uma força realiza trabalho quando ela se desloca com o corpo, e ainda, há um componente da força paralela ao deslocamento. Temos esquematicamente mostrado na Figura 6.3.

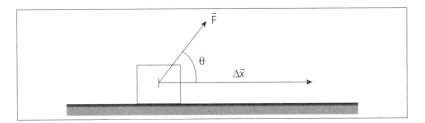

Figura 6.3

Matematicamente, o trabalho de uma força $\vec{F}$ é dado por:

$$\tau = F \cdot \cos \theta \cdot \Delta x$$

Para recordar o assunto, veja o Capítulo 6 do volume 1 de *Física com aplicação tecnológica*.

Na termodinâmica, em vez de lidar com o conceito de força, é mais interessante lidar com o conceito de pressão. Entre os sistemas termodinâmicos, os mais intensamente estudados são os gases e líquidos – os fluidos. Assim, consideremos um recipiente com gás, e, ainda, com êmbolo, conforme a Figura 6.4.

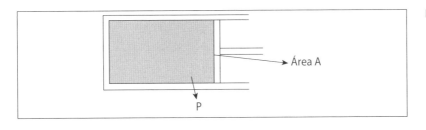

Figura 6.4

O gás à pressão p empurra o êmbolo do recipiente. A força aplicada ao êmbolo tem intensidade.

$$F = p \cdot A$$

Sendo A a área do êmbolo. Com o deslocamento do êmbolo de uma distância Δx, temos que o trabalho realizado pela força é dado por:

$$\tau = F \cdot \Delta x$$

Expressando em termos da pressão e da variação do volume, temos,

$$\tau = p \cdot A \cdot \Delta x = p \cdot \Delta V$$

Assim, o trabalho realizado em um processo termodinâmico fica expresso por meio de variáveis usadas na termodinâmica. A expressão conseguida não é uma nova forma de trabalho, mas a adaptação da expressão original da mecânica à termodinâmica.

Convencionamos, de acordo com a Figura 6.5, que se um sistema termodinâmico realiza trabalho para o ambiente, o trabalho é positivo, e se o ambiente realiza trabalho para o sistema termodinâmico ele é negativo.

Figura 6.5

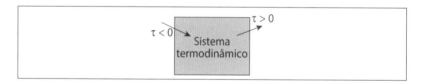

Considerando o calor e o trabalho, que são duas formas diferentes de transferência de energia, temos esquematicamente a seguinte convenção de sinais.

Figura 6.6

Como no caso do calor, não poderíamos dizer que um sistema termodinâmico tem trabalho. O sistema termodinâmico tem energia, nas formas térmica, mecânica (cinética e potencial), nuclear, eletromagnética, e outros tipos possíveis.

Calor e trabalho são formas de energia em trânsito, isto é, formas de energia que passam de um corpo para outro. Um corpo não pode ter calor ou trabalho. O calor e o trabalho podem fornecer energia a um corpo ou retirar dele energia.

No Sistema Internacional de Unidades, a unidade de trabalho é o joule. Existe uma unidade ainda em uso que é herança da Revolução Industrial na Inglaterra, o BTU (British Thermal Unit), equivalente a:

$$1 \text{ BTU} = 1.055 \text{ J} = 252,04 \text{ cal}$$

Ainda vemos um ar-condicionado sendo anunciado nos jornais em unidades de BTU! Um tecnólogo precisa estar atento às unidades, e, mais ainda, às unidades fora do SI. Em contato com equipamentos de várias origens, as unidades podem ser as mais variadas possíveis. Errar em uma unidade, em última instância, é errar o problema. Como explicar que uma ponte que ruiu foi muito bem projetada, apenas houve erro nas unidades?

Como complemento aos conceitos vistos anteriormente, temos as seguintes definições:

- **Sistema Termodinâmico Aberto** – O sistema poderá trocar matéria e energia com o ambiente.

- **Sistema Termodinâmico Fechado** – O sistema não troca matéria com o ambiente, mas pode trocar energia.

- **Sistema Termodinâmico Isolado** – O sistema não troca matéria nem energia com o ambiente.

Ainda:

Definimos uma fronteira diatérmica aquela que permite a troca de calor do sistema termodinâmico com o ambiente e fronteira adiabática aquela que impede a troca de calor.

Podemos ter, ainda, paredes móveis, que permitem a realização de trabalho e paredes fixas, que não o permitem.

6.4 ENERGIA INTERNA

Os sistemas termodinâmicos estão sujeitos a variações de energia: calor entrando e saindo, trabalho entrando e saindo. Além de trabalho e calor, podemos ter outras formas de energia entrando ou saindo do sistema termodinâmico, como, por exemplo, luz. Podemos ter uma reação química ocorrendo em um recipiente e no decorrer do processo, luz é emitida do sistema termodinâmico. No momento, vamos tratar somente do calor e do trabalho podendo cruzar a fronteira do sistema termodinâmico.

Verificamos que o sistema termodinâmico pode sofrer variação em sua temperatura. Quando colocamos uma panela com água no fogo, vemos que a água tem a sua temperatura aumentada (além da própria panela!). Digamos que não haja variação significativa do volume da água e nem da panela, ou seja, a dilatação do sistema termodinâmico (água mais a panela) é muito pequena. Sendo assim, não havendo variação do volume do sistema termodinâmico, não há realização de trabalho. Trabalho, isto é, energia em trânsito na forma de trabalho, não entra e nem sai do sistema termodinâmico (água + panela). Consideremos ainda, que a panela esteja fechada, (por exemplo, panela de pressão); assim, não ocorre saída de água na forma de vapor. Certamente, algum calor sai da panela. Se colocarmos a mão em torno da panela, poderemos nos queimar. Mas a pergunta que se coloca é: para onde foi a parte do calor que sai da chama do fogo e entra no sistema termodinâmico? Vemos que a água sofreu aumento de temperatura, assim como a panela. No caso, dizemos que o sistema termodinâmico recebeu energia na forma de calor, e essa energia ficou armazenada no sistema. Dizemos que houve aumento da energia interna do sistema. Esquematicamente, temos:

Figura 6.7

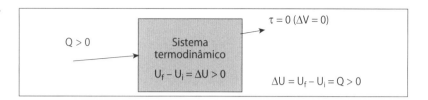

Se, por exemplo, tivéssemos colocado o sistema termodinâmico na geladeira, sua temperatura teria diminuído e, assim, o sistema teria perdido calor. Verificamos que a energia interna do sistema termodinâmico, nesse caso, teria diminuído.

A variação da temperatura do sistema é um indicativo da variação de sua energia interna (não o único!).

O sistema termodinâmico, por meio de algum mecanismo, acumula ou cede energia. Qual é esse mecanismo? É interessante notar que a termodinâmica não sabe dizer qual é o mecanismo pelo qual houve certa variação de energia. O que a termodinâmica consegue é relacionar as várias formas de energia existentes na natureza, quaisquer que sejam. As formas de energia devem ser determinadas ou experimentalmente, ou pela teoria mecânica e eletromagnetismo. Somente como informação, mas fora do escopo da termodinâmica, quando fornecemos energia, e o corpo tem aumentada a sua temperatura, ocorre que a energia cinética das moléculas (ou átomos), que formam o corpo, aumenta. Pode também aumentar a sua energia potencial interna.

Sempre há um mecanismo no nível molecular que explica a variação da energia interna do sistema. A termodinâmica, teoria que trabalha com propriedades macroscópicas do sistema, não analisa as formas físicas de armazenamento ou de redução de energia do sistema.

Consideremos, agora, um sistema termodinâmico que possa variar bastante de volume. Se isolarmos termicamente o sistema termodinâmico, por exemplo, colocando em torno dele lã de vidro, não haverá troca de calor, o calor não entra nem sai dele. Consideremos um gás confinado em um recipiente munido de um êmbolo. O volume do sistema poderá variar, conforme a Figura 6.8.

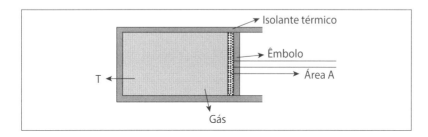

Figura 6.8

Verificamos experimentalmente que, ao comprimir o gás, temos a sua temperatura aumentada e, aumentando o volume ocupado pelo gás, temos a sua temperatura diminuída. Esquematicamente temos:

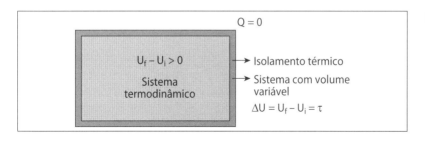

Figura 6.9

Veja que, pela convenção de sinais considerada para o trabalho, se o sistema termodinâmico recebe energia sob a forma de trabalho o valor da quantidade de energia recebida é negativo. Como verificamos experimentalmente a temperatura do gás, no exemplo considerado, aumenta, a sua energia interna também aumenta. Assim, matematicamente, temos $\Delta U = -\tau > 0$, o sinal negativo na quantidade do trabalho se faz necessário para expressar a variação positiva da energia interna do sistema termodinâmico.

Das muitas experiências realizadas e sistematizadas, em praticamente todas as áreas das ciências naturais, Física, Química e Biologia e também, hoje tão em evidência, as ciências ambientais, verificamos experimentalmente que há uma relação geral entre energia interna, calor e trabalho nos sistemas termodinâmicos.

6.5 PRIMEIRA LEI DA TERMODINÂMICA

Considere um processo qualquer sendo realizado por um sistema termodinâmico:

Figura 6.10

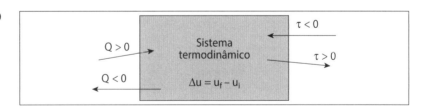

Verificamos, experimentalmente, que, em tudo o que é possível ocorrer na natureza, sejam os processos físicos, os químicos ou os biológicos, temos a seguinte igualdade:

$$\Delta U = Q - \tau \qquad (6.1)$$

Esta é expressão matemática da primeira lei da Termodinâmica. Ela expressa que, se considerarmos um sistema termodinâmico que interage com o ambiente, as trocas possíveis de calor e trabalho farão com que haja variação da energia interna desse sistema termodinâmico. Veja que nós definimos o sistema termodinâmico, ele pode ser de extensão muito pequena ou muito grande. No sistema termodinâmico definido, podemos ter a sua energia interna passando de uma forma para outra. Podemos ter sistemas termodinâmicos cujas energias internas sejam dependentes de outras grandezas, não somente da temperatura. Falando do ponto de vista microscópico, atômico e molecular, há muitas maneiras de os átomos e moléculas, em seus muitos arranjos (sólido, líquido, gasoso, plasma, coloide e muitos outros), armazenarem energia. Para cada uma dessas formas, as experiências e as teorias mecânica e eletromagnética podem criar expressões matemáticas. Cabe à termodinâmica relacioná-las, segundo a primeira lei da Termodinâmica.

A primeira lei da Termodinâmica é também chamada de Princípio de Conservação de Energia. Na natureza, todos os processos que ocorrem têm a energia conservada. Veja que isto não é provado. Verificamos experimentalmente que, em todos os possíveis processos que ocorrem na natureza, nunca foi verificada a criação e nem a destruição de energia; sempre se verificou que a energia pode passar de uma forma para outra forma, ou de maneira mais geral, formas de energias podem passar para outras formas de energia. Mas, verificamos empiricamente que a energia se conserva. Quando consideramos um sistema termodinâmico, ele pode sofrer vários processos termodinâmicos, com todos eles partindo da mesma energia interna U_i e chegando, em todos os processos termodinâmicos, à mesma energia interna U_f, de acordo com a Figura 6.11.

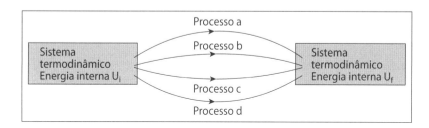

Figura 6.11

Em todos esses casos é verificada a Primeira lei da Termodinâmica, ou seja, $\Delta U = U_f - U_i = Q - \tau$; assim, escrevendo a Primeira lei da Termodinâmica para os processos termodinâmicos esquematizados anteriormente, temos:

Processo a: $\Delta U = U_f - U_i = Q_a - \tau_a$

Processo b: $\Delta U = U_f - U_i = Q_b - \tau_b$

Processo c: $\Delta U = U_f - U_i = Q_c - \tau_c$

Processo d: $\Delta U = U_f - U_i = Q_d - \tau_d$

Nesses casos, os calores e os trabalhos envolvidos nos respectivos processos termodinâmicos são diferentes entre si, ou seja:

$$Q_a \neq Q_b \neq Q_c \neq Q_d \text{ e } \tau_a \neq \tau_b \neq \tau_c \neq \tau_d$$

mas, verificamos experimentalmente que:

$$\Delta U = U_f - U_i = Q_a - \tau_a = Q_b - \tau_b = Q_c - \tau_c = Q_d - \tau_d$$

Dessa forma, em todos os processos termodinâmicos, o sistema termodinâmico saiu de uma mesma situação termodinâmica e foi levado a outra situação termodinâmica.

As grandezas físicas que definem a situação de um sistema termodinâmico são chamadas de variáveis de estado. Assim, definimos estado termodinâmico uma situação termodinâmica cujas variáveis de estado são muito bem definidas. Estamos falando de estado termodinâmico de equilíbrio, que significa que há equilíbrio térmico (a temperatura é bem definida no sistema termodinâmico), e há equilíbrio mecânico (a pressão é bem definida no sistema termodinâmico). Um estado termodinâmico de um sistema tem todas as suas propriedades termodinâmicas (macroscópicas) bem definidas. Para haver estado termodinâmico há a necessidade de se ter equilíbrio. Digamos que o sistema termodinâmico em estudo seja um gás ideal. A equação de estado do sistema termodinâmico é dada pela expressão:

$$p \cdot V = n \cdot R \cdot T$$

Do ponto de vista termodinâmico, de posse desta equação de estado, sabendo também se o gás é monoatômico, diatômico ou poliatômico, toda a informação sobre o sistema termodinâmico está disponível. Assim, para a especificação completa do sistema, temos de conhecer a sua equação de estado e a sua equação de energia. Como os tipos de sistemas termodinâmicos são inúmeros, há uma grande quantidade de equações de estado. Mesmo a equação de estado $p \cdot V = n \cdot R \cdot T$ só é válida para faixas de pressão e temperatura restritas. Para se ter uma ideia, há a proposta de mais de 200 equações de estado para os gases e vapores. Essas equações de estado são válidas para restritas faixas de pressão e temperatura, para vários tipos de gases e vapores. No plano p-V podemos representar um gás ideal, como mostrado na Figura 6.12.

No estado termodinâmico A, todas as variáveis termodinâmicas p, V, T, n, m, U estão muito bem definidas. O mesmo ocorre para o estado termodinâmico B.

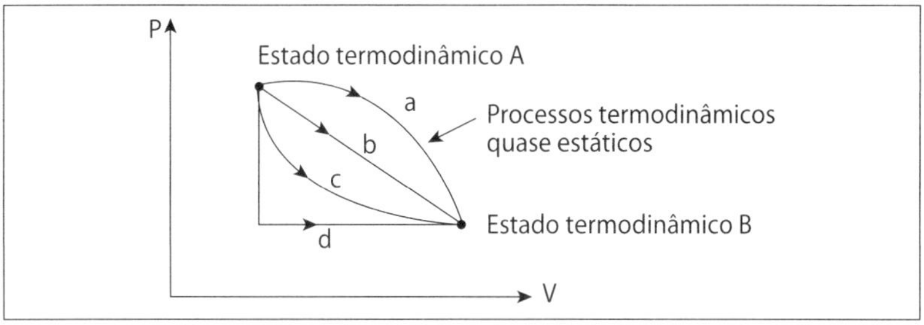

Figura 6.12

Quando saímos do estado termodinâmico A e chegamos ao estado termodinâmico B, podemos seguir vários caminhos termodinâmicos. Esses caminhos termodinâmicos são chamados de processos termodinâmicos. Os processos termodinâmicos devem ser realizados de forma suficientemente lenta para que todas as variáveis termodinâmicas sejam muito bem definidas, neste caso chamamos de processos quase estáticos. Se ainda, não houver atrito nos mecanismos de volume do recipiente quando houver sua variação, dizemos que o processo é reversível. A termodinâmica que estamos estudando é válida para os processos reversíveis. Certamente, muitos processos reais (processo irreversíveis) podem ser bem aproximados por processos quase estáticos e reversíveis para podermos fazer cálculos termodinâmicos. Os conceitos de reversibilidade e irreversibilidade estão entre os mais difíceis e importantes na física. Para um estudo ulterior mais aprofundado da termodinâmica é requerido um melhor entendimento de fenômenos reversíveis e irreversíveis. Por enquanto, ficamos com os processos quase estáticos e reversíveis.

Voltando ao diagrama p–V, vemos que, em cada processo termodinâmico representado (processos termodinâmicos a, b, c e d), temos que:

$$Q_a - \tau_a = Q_b - \tau_b = Q_c - \tau_c = Q_d - \tau_d = U_B - U_A = \Delta U$$

6.6 PROCESSOS TERMODINÂMICOS NOTÁVEIS

Alguns processos termodinâmicos específicos são notáveis na termodinâmica. Os processos termodinâmicos notáveis são de simples definição. São eles:

- **Processo Isobárico** – O processo termodinâmico ocorre a pressão constante.

- **Processo Isocórico ou isométrico ou, ainda, isovolumétrico** – O processo termodinâmico ocorre a volume constante. Não ocorrendo variação de volume, não há trabalho sendo realizado.

- **Processo Isotérmico** – O processo termodinâmico ocorre a temperatura constante.

- **Processo Adiabático** – O processo termodinâmico ocorre sem troca de calor.

Fechando este capítulo, podemos reforçar a importância dos conceitos aqui vistos para o estudo de fenômenos da natureza. A extensão da termodinâmica é do tamanho do Universo, não há fenômeno macroscópico real que ocorra sem a intervenção da temperatura e do calor. Assim, reforçamos as palavras vistas no início deste capítulo.

Certamente, dependendo da área de atuação do tecnólogo, a termodinâmica será mais ou menos importante. No caso de uso intenso da termodinâmica, outros textos mais aprofundados deverão ser consultados.

EXERCÍCIOS RESOLVIDOS

1) Considere um calorímetro, assumido como ideal, contendo 1,9 kg de água à temperatura de 22 °C. Colocamos no calorímetro um bloco de alumínio de massa 0,25 kg à temperatura de 299 K e ainda um bloco de ferro de massa 480 g à temperatura de 78 °C. Determinar a temperatura de equilíbrio térmico do sistema. Fazer uma discussão sobre as hipóteses consideradas e os princípios físicos utilizados.

Solução:

Consideremos, como sistema em estudo, o calorímetro com os componentes colocados. Esquematicamente, temos o arranjo experimental mostrado a seguir.

Figura 6.13

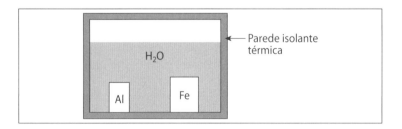

Admitimos que o calorímetro é ideal, assim, não há entrada de calor e de matéria durante o processo de medição. Sua capacidade térmica é considerada desprezível. Assim, durante a troca de calor entre as partes do sistema termodinâmico (água, bloco de alumínio e bloco de ferro) a energia se mantém constante; somente há troca de energia entre as partes que compõem o sistema termodinâmico.

O calor desenvolvido pela água do calorímetro é:

$$Q_{\text{água}} = m_{\text{água}} \cdot c_{\text{água}} \cdot (T_f^{\text{água}} - T_i^{\text{água}})$$

O calor desenvolvido pelo bloco de ferro é:

$$Q_{\text{ferro}} = m_{\text{ferro}} \cdot c_{\text{ferro}} \cdot (T_f^{\text{ferro}} - T_i^{\text{ferro}})$$

O calor desenvolvido pelo bloco de alumínio é:

$$Q_{\text{alumínio}} = m_{\text{alumínio}} \cdot c_{\text{alumínio}} \cdot (T_f^{\text{alumínio}} - T_i^{\text{alumínio}})$$

Consideramos que os calores específicos dos materiais são constantes, isto é, não mudam com a temperatura. Essa aproximação é boa para uma faixa extensa de temperatura.

Após um tempo, alguns minutos em geral, a temperatura de equilíbrio é atingida e as temperaturas finais dos três corpos são iguais, ou seja, $T_f^{\text{água}} = T_f^{\text{ferro}} = T_f^{\text{alumínio}} = T_f$. Considerando a Primeira lei da Termodinâmica, escrevemos:

$$Q_{\text{água}} + Q_{\text{alumínio}} + Q_{\text{ferro}} = 0$$

$$m_{\text{água}} \cdot c_{\text{água}} (T_f - T_i^{\text{água}}) + m_{\text{ferro}} \cdot c_{\text{ferro}} (T_f - T_i^{\text{ferro}}) +$$
$$+ m_{\text{alumínio}} \cdot c_{\text{alumínio}} (T_f - T_i^{\text{alumínio}}) = 0$$

Esta equação explicita a conservação de energia, no caso, a transferência de calor dos corpos entre si.

Admitimos os seguintes valores de calores específicos:

$$c_{\text{água}} = 1 \text{ cal} \cdot \text{g}^{-1} \cdot {}^{\circ}\text{C}^{-1}$$

$$c_{\text{alumínio}} = 0{,}25 \text{ cal} \cdot \text{g}^{-1} \cdot {}^{\circ}\text{C}^{-1}$$

$$c_{\text{ferro}} = 0{,}11 \text{ cal} \cdot \text{g}^{-1} \cdot {}^{\circ}\text{C}^{-1}$$

Devemos tomar cuidado com as unidades. No enunciado do problema, colocamos as massas em gramas e kg e temperaturas em graus Celsius e em kelvin; uma vez que os calores específicos estão em cal $\cdot$ g^{-1} $\cdot$ °C^{-1},

$$1.900 \cdot 1 \, (T_f - 22) + 250 \cdot 0{,}251 \, (T_f - 26) +$$
$$+ 480 \cdot 0{,}1 \, (T_f - 78) = 0$$

Matematicamente, temos uma equação de primeiro grau, com a incógnita T_f, a temperatura final de equilíbrio. Daí:

$$T_f = \frac{1900 \cdot 1 \cdot 22 + 250 \cdot 0,25 \cdot 26 + 480 \cdot 0,11 \cdot 0,78}{1900 \cdot 1 + 250 \cdot 0,25 + 480 \cdot 0,11}$$

$$T_f = 23,6\ °C$$

Vemos, assim, que a água esquentou, o bloco de alumínio esfriou e o bloco de ferro esfriou. Do ponto de vista energético, a água recebeu energia térmica, o bloco de alumínio cedeu energia térmica e também o bloco de ferro cedeu energia térmica.

Veja que o cálculo para obtenção da temperatura final de equilíbrio é simples, e seu equacionamento dá origem a uma equação de primeiro grau. Com a utilização da Primeira lei da Termodinâmica obtivemos a temperatura final. O que ocorre desde a colocação dos corpos no calorímetro até se atingir a temperatura final não pode ser descrito pelo equacionamento feito aqui. Para obter o que ocorre em cada ponto do calorímetro, considerando também a temperatura dos corpos, ou seja, a temperatura em cada ponto do sistema termodinâmico, deveríamos usar as relações dos fenômenos de transporte de massa e energia. O equacionamento, no caso, é bastante complicado e, certamente, a solução do problema deverá ser obtida com a ajuda de programas computacionais.

Outro comentário pertinente sobre o problema se refere ao tempo para atingir o equilíbrio térmico, na verdade o equilíbrio termodinâmico. No equacionamento do problema não aparece a variável tempo; assim, não podemos obter informação sobre o tempo necessário para atingir o equilíbrio. Na prática, devemos ficar atentos ao termômetro e esperar até que não haja mais alteração na temperatura. Dessa forma, consideramos, por julgamento próprio, que o sistema termodinâmico atingiu o equilíbrio. Como podemos saber se demorará muito ou pouco tempo para atingir o equilíbrio? O problema, na essência, é uma questão de transmissão de calor, assim, se os materiais colocados no calorímetro, conduzirem bem o calor, então, rapidamente será atingido o equilíbrio térmico. Agora, se tivéssemos colocado no calorímetro pedaços de madeira e plástico, esses materiais são péssimos condutores de calor, teríamos de esperar um tempo bem superior àquele necessário no caso de metais, que, em geral, são bons condutores térmicos.

Outro comentário é que vemos que o valor do calor específico da água é quase dez vezes maior do que o valor dos metais. Como consequência, a água pode ser um bom reservatório de energia térmica. Por isto, a água é bastante usada nos processos de resfriamento e aquecimento. Também por essa razão, cidades à beira-mar sofrem menores variações de temperatura que regiões desérticas, por exemplo.

---

2) Qual o significado das grandezas: calor específico, coeficiente de dilatação linear, condutividade térmica e capacidade térmica de um material?

Solução:

Essas quatro grandezas são extremamente usadas na tecnologia, com definições e significados bem distintos um do outro, e devemos ter uma conceituação bastante clara sobre elas.

O calor específico de uma substância é a quantidade de energia necessária para elevar a temperatura de uma unidade (em sua escala), para uma quantidade unitária de matéria. Assim, pela expressão:

$$Q = m \cdot c \cdot \Delta T = m \cdot c \cdot (T_f - T_i)$$

$$c = \frac{Q}{m(T_f - T_i)}$$

Um material com calor específico grande necessita de muita energia, ou calor, para fazer aumentar a temperatura, para uma dada massa unitária. A água tem calor específico aproximadamente dez vezes maior do que o calor específico dos metais.

A capacidade térmica é definida como $C = m \cdot c$, assim, vemos que $Q = C \cdot \Delta T = C(T_f - T_i)$ e $C = Q/(T_f - T_i)$, ou seja, a capacidade térmica expressa o quanto de energia térmica é necessária para fazer aumentar a temperatura de uma unidade na escala de temperatura utilizada. Essa grandeza expressa a capacidade que um corpo tem de armazenar energia térmica.

A condutividade térmica é uma grandeza que expressa a facilidade com que o calor flui em um corpo. Em geral, ela expressa a quantidade de calor que flui em um comprimento unitário de certo material, considerando a diferença de temperatura em ambas as faces do material de uma unidade, e o calor fluindo, em uma área unitária na unidade de tempo. Graficamente temos que:

Figura 6.14

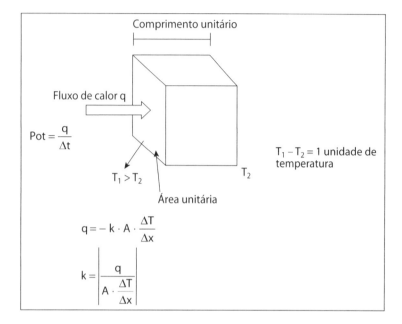

O sinal negativo aparece, pois o fluxo de calor se dá no sentido da temperatura maior para a temperatura menor.

O coeficiente de dilatação linear é uma grandeza associada à dilatação térmica dos materiais. Sabemos que, quando aquecemos uma barra de alumínio, observamos um aumento de seu tamanho; o quanto a barra se dilata é dado pela expressão:

$$\Delta L = \alpha \cdot L_0 \cdot \Delta T = \alpha \cdot L_0 \cdot (T_f - T_i)$$

Verifica-se que o coeficiente de dilatação linear depende do material e da temperatura. Para uma faixa de temperatura de trabalho podemos, em geral, considerar α constante para um dado material.

A unidade do coeficiente de dilatação linear é $°C^{-1}$ ou K^{-1}. Como exemplo, o valor de α para o alumínio é $2,3 \cdot 10^{-5} K^{-1}$, para temperaturas próximas à temperatura ambiente. Em geral, o coeficiente de dilatação linear depende da temperatura; neste caso, a dilatação térmica linear é dada pela expressão:

$$\Delta L = L_o \cdot \int_{T_i}^{T_f} \alpha(T) dT$$

Sendo, L_o o comprimento na temperatura T_i.

Nos projetos estruturais e mecânicos, o tecnólogo precisa estar atento aos coeficientes de dilatação linear, uma vez que as dilatações e as contrações podem comprometer o desempenho dos materiais.

Complementando: os corpos são tridimensionais, assim podemos, em primeira aproximação, considerar que o coeficiente de dilatação volumétrica é três vezes o coeficiente de expansão linear.

Na tecnologia moderna, com novos materiais sendo propostos, podemos encontrar materiais que apresentam coeficientes de expansão diferentes para cada direção do corpo. Este assunto deve, caso necessário, ser aprofundado pelo profissional tecnólogo.

3) Em um centro metrológico de uma indústria automobilística faz-se medição do comprimento de uma biela (peça de que faz parte do motor de combustão) que se encontra à temperatura de 32 °C enquanto a temperatura na sala do centro metrológico é mantida a 20 °C. Qual a diferença de comprimento da peça quando medida a 20 °C? Ao entrar em equilíbrio térmico com o ambiente, qual o comprimento da peça? A medida, à temperatura de 32 °C, é 278,067 mm (medida com micrômetro digital). Considere o coeficiente de dilatação linear o material da biela $\alpha = 1{,}2 \cdot 10^{-4}\,°C^{-1}$.

Solução:

Veremos que este problema mostrará a importância de considerarmos a temperatura nas medições de comprimento, uma vez que as peças, em geral, mudam seu comprimento com a temperatura.

Podemos nos perguntar se é preciso levar a dilatação em consideração no ato de medir o comprimento. A resposta é: isso depende do grau de precisão na medição desejada. A melhor maneira de responder é atribuir um número, isto é, calcular o efeito da dilatação térmica do material trabalhado. Assim, para fazer a estrutura metálica de uma cozinha, certamente a dilatação não trará nenhum efeito na sua montagem ou em seu funcionamento. Mas, se estivermos montando uma turbina de avião, ou outro equipamento sofisticado mecânico, certamente as dilatações deverão ser levadas em conta.

Vamos ao cálculo do efeito da dilatação ou contração na biela. A variação no comprimento pode ser calculada como:

$$\Delta L = \alpha \cdot L_o \cdot \Delta T$$

Assim,

$$\Delta L = (1,2 \cdot 10^{-4}) \cdot (278,067) \cdot (20 - 32)$$

$$\Delta L = -0,400 \text{ mm}$$

O sinal negativo significa que houve contração na peça, e a contração foi de 0,400 mm. Este valor é 400 vezes a menor divisão do micrômetro digital. Assim, certamente a dilatação térmica deverá ser considerada nas medições de comprimento em mecânica de precisão. Este cálculo simples mostra que, nas oficinas mecânicas de precisão e nos laboratórios metrológicos, a temperatura dos equipamentos e das peças a serem medidas, deverá ser considerada. No melhor procedimento, deveremos ter as temperaturas controladas, e as peças a serem medidas deverão ficar várias horas (dependendo da norma vigente) na sala de medição para estabilizar na temperatura dos equipamentos de medição.

Existem outras aplicações referentes à dilatação, por exemplo, podemos encaixar e fixar um rolamento em um eixo, fazendo a contração do eixo em baixa temperatura e a dilatação do rolamento em alta temperatura. A operação deve ser feita rapidamente, e quando as duas peças atingirem a temperatura ambiente haverá forte fixação por interferência.

Há fusíveis elétricos que funcionam por dilatação térmica. Com dois metais diferentes solidários, quando ocorrer aumento na temperatura, as diferenças de dilatação entre os dois materiais farão com que eles se curvem. Assim sendo, colocando-os de forma adequada, o contato elétrico é desfeito.

4) Discutir a interferência do termômetro na medição de temperatura.

Solução:

Os termômetros por contato térmico deverão trocar calor com o corpo do qual se deseja medir a temperatura, isto significa que, se o termômetro estiver a uma temperatura menor do que a temperatura do corpo, então, no contato térmico, o corpo fornecerá energia térmica ao termômetro, até que ambos atinjam o equilíbrio térmico – pressuposto para haver uma medição de temperatura.

O fato de o corpo fornecer energia térmica ao termômetro fará com que o corpo tenha a sua temperatura diminuída. Esse fato trará um erro intrínseco na medição da temperatura. A questão é saber se o termômetro irá interferir significativamente na medição da temperatura. Podemos argumentar fisicamente fazendo uso do conceito de capacidade térmica. Se o corpo cuja temperatura se quer medir tiver capacidade térmica bem maior do que a do termômetro, então praticamente não haverá interferência na medição de temperatura. Por exemplo, medir a temperatura de um litro de água ou do bloco de um motor com um termômetro de bulbo de mercúrio, certamente não afetará significativamente a medição da temperatura. Por outro lado, se tivéssemos de medir a temperatura de uma gota de água, certamente ao encostarmos o bulbo de termômetro de mercúrio haveria uma interferência tal que iria mascarar completamente a temperatura a ser medida.

Essa questão exibe a necessidade de ficarmos sempre atentos às medições. A escolha do equipamento de medição adequado é fundamental para obtermos uma medição confiável. Isso deve ser levado em conta em todas as áreas da tecnologia e também da ciência.

No caso da medição da temperatura de uma gota de água, poderíamos tentar um termômetro do tipo termopar. Este tem uma massa muito pequena, sendo a sua região de medição de temperatura do tamanho da cabeça de um alfinete. Como poderíamos testar se a medição é confiável? Podemos esquentar ou esfriar uma porção grande de água e, em seguida, medir a temperatura. A seguir, separar uma gota de amostra e verificar se a temperatura da gota é a mesma. Certamente, separar uma gota da amostra e considerar que a temperatura não muda não é uma tarefa fácil. Este simples exemplo mostra que medir pode não ser uma tarefa imediata e simples.

O conhecimento dos conceitos físicos envolvidos no fenômeno é fundamental para uma medição confiável e com suficientes algarismos significativos.

Tenha sempre em mente que você deverá dominar o processo de medição. Assim, a escolha adequada da instrumentação e a metodologia do trabalho são fundamentais. A medição de qualquer grandeza física se sustenta no tripé: profissional–instrumentação–metodologia. Os três pontos são importantes. Se um desses "pés" cair, a "mesa" cairá! Na verdade, acreditamos que um profissional, muito competente e conhecedor do assunto, poderá fazer excelentes medições, mesmo com uma instrumentação não tão sofisticada.

Completando, nem sempre um instrumento de medição sofisticado é o mais indicado. O que você escolheria para medir um campo de futebol? Um micrômetro digital ou uma fita métrica de tecido? Pense no assunto.

Um tecnólogo deve ter uma boa formação para poder encarar as medições. Cabe notar que, cada vez mais, as medições assumem um papel fundamental na tecnologia, na ciência e em todas as atividades econômicas. Com as facilidades atuais de comércio e com a mobilidade das partes de equipamentos, que podem ser construídas em lugares bem diferentes, os padrões de medidas devem ser equivalentes e confiáveis. Afinal, não se esqueça, as partes precisam se encaixar!

---

5) Transformar as temperaturas de 20 °C, – 80 °C, e 180 °C, 72 °C em kelvin (K) e na escala Fahrenheit. Discutir as variações de temperaturas nas várias escalas.

Solução:

A equação que transforma valores da escala Celsius para a escala Kelvin é $T_c = T_k - 273,15$ °C. Assim,

$$T_k = T_c + 273,15 = 20 + 273,15 => T_k = 293,15 \text{ K}$$

$$T_k = T_c + 273,15 = -80 + 273,15 => T_k = 193,15 \text{ K}$$

$$\text{e, } T_k = T_c + 273 = 180,72 + 273,15 => T_k = 453,87 \text{ K}$$

Para a transformação da escala Celsius para a escala Fahrenheit, temos a equação

$T_f = T_c + 32$. Desta forma,

$T_f = T_c +32 = \cdot 20 + 32 => T_f = 68\ {}^{\circ}F$

$T_f = T_c +32 = \cdot -80 + 32 => T_f = -112\ {}^{\circ}F$

$T_f = T_c + 32 = \cdot 180,72 + 32 => T_f = 357,80\ {}^{\circ}F$

Veja que, se precisarmos transformar de Kelvin para Fahrenheit, basta transformar por partes, isto é, da escala Kelvin para a escala Celsius e depois da Celsius para a Fahrenheit.

Para complementar, vejamos os valores das temperaturas nas escalas vistas acima para as temperaturas notáveis, o ponto triplo da água e o zero absoluto. Ponto triplo da água:

$T_{\text{água triplo}} = 273,16\ K = 32,02\ {}^{\circ}F = 0,01\ {}^{\circ}C$

- Temperatura zero absoluto.

$T_{\text{zero absoluto}} = 0\ K = -459,67\ {}^{\circ}F = -273,15\ {}^{\circ}C$

Veja que de posse das relações entre as várias escalas de temperatura, podemos discutir a variação de uma unidade de temperatura de uma escala em relação a outras escalas. Assim, a variação de 1 grau de temperatura na escala Celcius equivale a 1 kelvin. Um grau de temperatura na escala Celcius equivale à variação de temperatura na escala Fahrenheit de $1\ {}^{\circ}C = \dfrac{9}{5}\ {}^{\circ}F$.

Devemos estar sempre atentos às unidades utilizadas nas expressões que utilizamos em nossos estudos. No caso da tecnologia, a atenção deve ser constante, pois temos, em geral, o emprego de várias unidades para a mesma grandeza física. Nem sempre é utilizado o Sistema Internacional de Unidades.

6) Definir as seguintes grandezas fundamentais da termodinâmica: energia térmica, calor, trabalho, temperatura e energia interna.

Solução:

A energia térmica é considerada a energia do sistema termodinâmico associada à energia cinética das partículas (átomos e moléculas) que formam o sistema. Também é associada à energia potencial entre os átomos e moléculas do sistema termodinâmico.

Cabe mencionar que a termodinâmica é uma teoria macroscópica, isto é, não faz nenhuma hipótese sobre a estrutura da matéria. Do ponto de vista exclusivamente termodinâmico, definimos energia térmica de um sistema termodinâmico como sendo a energia acumulada nele, em decorrência das trocas de calor e trabalho com a vizinhança.

Calor é uma forma de energia (em trânsito), devida a diferença de temperatura. Veja que dissemos que é uma energia em trânsito; isto significa que o calor pode ser transferido de um corpo para outro, sendo necessário que os corpos estejam a temperaturas diferentes. É errado dizer que um corpo tem calor. Os corpos têm energia térmica, e, se esses corpos estiverem a temperaturas diferentes, poderá haver fluxo de energia entre eles, isto é: calor. Esquematicamente temos:

Figura 6.15

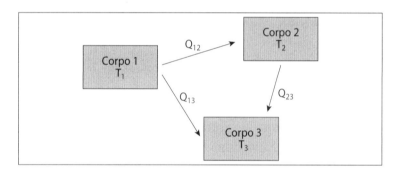

Por exemplo, se $T_1 > T_2 > T_3$, temos os fluxos de energia (calor) conforme as setas indicam. Quando os corpos atingirem a mesma temperatura, cessará o transporte de energia térmica, isto é, o calor.

Trabalho é também uma transferência de energia de um corpo para o outro. Na termodinâmica é mais conveniente expressar o trabalho em termos da pressão e do volume. Assim, havendo variação de volume de um sistema termodinâmico – necessariamente o sistema termodinâmico deverá "empurrar ou puxar" uma parede que oferece resistência mecânica e haverá realização de trabalho. Da mesma forma, no caso do calor, é errado dizer que um corpo tem trabalho. Trabalho é uma forma de a energia transitar de um corpo para o outro. Assim, um sistema termodinâmico poderá variar seu conteúdo energético (energia térmica ou energia interna) trocando calor e trabalho com a vizinhança. Este fato está explicitamente contido na Primeira Lei da Termodinâmica.

Energia interna é essencialmente a energia térmica de um sistema termodinâmico. Podemos ter além das energias cinéticas e potencial dos átomos e moléculas que interagem entre si, outras energias; como, por exemplo, as energias no núcleo atômico. Essas últimas energias não são consideradas no estudo dos sistemas termodinâmicos, caso elas não variem. Ou seja, consideramos apenas as energias das partes do sistema físico em estudo, que podem ser trocadas com a vizinhança. Na maioria dos sistemas termodinâmicos, as energias envolvidas são aquelas que se devem ao movimento dos átomos e moléculas em si e os seus potenciais ligantes. Dessa forma, a energia térmica coincide com a energia interna do sistema termodinâmico. Quando falamos em energia cinética das partículas (átomos e moléculas) que compõem o sistema termodinâmico, estamos considerando as velocidades dos átomos e moléculas medidas em relação ao recipiente que contém o sistema termodinâmico. Não consideramos o movimento do recipiente como um todo.

A interpretação física da temperatura (veremos este resultado no próximo capítulo referente à Teoria Cinética dos Gases) é que ela está relacionada à energia cinética média de translação dos átomos e moléculas. Assim, se colocarmos um litro de água, a certa temperatura, em cima de um caminhão que se move a uma velocidade em relação ao referencial do solo, isso não significa que a temperatura sofrerá elevação, uma vez que cada átomo ou molécula teve um acréscimo de velocidade. A temperatura está relacionada à energia cinética média de translação dos átomos e moléculas, referente ao movimento caótico dessas partículas.

---

7) Calcular o trabalho e o calor envolvidos nos seguintes processos termodinâmicos representados pelos diagramas no plano pressão–volume (p–V).

Considere o sistema termodinâmico formado por um gás ideal. Considere, ainda, que as temperaturas nos estados termodinâmicos (1) e (2) são iguais.

Solução:

Antes de calcular os trabalhos e calores envolvidos nos processos termodinâmicos esquematizados acima, podemos de imediato tirar uma conclusão importante, considerando as informações do enunciado. O gás é ideal e as temperaturas $T(1)$ = $T(2)$, assim a energia interna do sistema termodinâmico é a mesma nos pontos (estados termodinâmicos) (1) e (2).

Figura 6.16

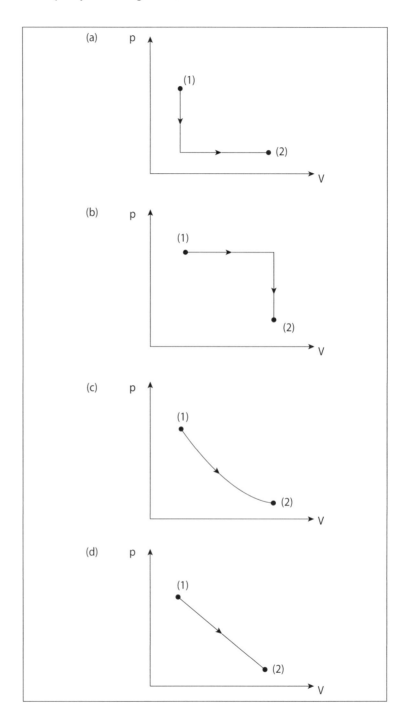

Como vimos na teoria, um gás ideal tem a sua energia dependente exclusivamente da temperatura. Experimentalmente, esse fato foi verificado pela experiência de Joule-Thomson. Com essas informações disponíveis no enunciado do problema, poderemos empreender a solução desejada.

O trabalho é dado pela expressão:

$$\tau = \int_{V_1}^{V_2} p\, dV$$

Para o cálculo do trabalho, o caminho termodinâmico do processo deve ser explicitado. Como vimos na teoria, a variação de temperatura, a variação de pressão e a variação de energia interna dependem somente da diferença das respectivas grandezas nos estados termodinâmicos final e inicial; assim

$\Delta T = T_f - T_i$,

$\Delta V = V_f - V_i$,

$\Delta p = p_f - p_i$ e,

$\Delta U = U_f - U_i$

O mesmo não ocorre com as grandezas termodinâmicas calor e trabalho, isto é, **não** podemos escrever $\Delta \tau = \tau_f - \tau_i$ ou $\Delta Q = Q_f - Q_i$.

Como já frisamos o corpo ou o sistema termodinâmico não tem calor ou trabalho. O calor e o trabalho são energias em trânsito, ocorrendo durante a realização de um processo termodinâmico. Precisamos necessariamente especificar o caminho em que está ocorrendo o processo termodinâmico. Veremos que, apesar de termos saído do mesmo ponto (1) no plano p–V e termos chegado ao mesmo ponto (2), teremos os valores de calor e trabalho envolvidos dependentes do caminho termodinâmico particular. Esse assunto é de importância central na termodinâmica.

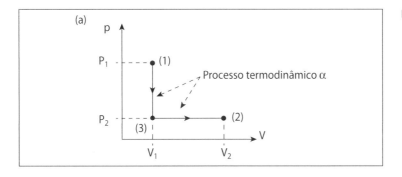

Figura 6.17

Para melhor compreensão, vamos considerar o estado termodinâmico intermediário (3); nesse estado termodinâmico a pressão é p_2 e o volume correspondente é V_1. Podemos calcular o trabalho realizado no processo termodinâmico como o trabalho realizado pelo sistema termodinâmico do estado (1) para o estado (3), somado ao trabalho realizado pelo sistema termodinâmico do estado (3) para o (2). Assim, matematicamente,

$$\tau_2 = \int_{V_1}^{V_1} p\,dV + \int_{V_1}^{V_2} p\,dV$$

Os caminhos são mostrados no diagrama p–V. Deve ficar claro e explicitado o caminho de integração para o cálculo do trabalho realizado pelo sistema termodinâmico sobre as vizinhanças.

$$\int_{V_1}^{V_1} p\,dV = 0$$

Como os extremos de integração são iguais, podemos interpretar fisicamente o valor igual a zero como segue: sendo a variação do volume do sistema termodinâmico igual a zero, não há realização de trabalho.

Agora o valor da integral:

$$\int_{V_1}^{V_2} p\,dV = p_2 \int_{V_1}^{V_2} dV = p_2\, V\Big|_{V_1}^{V_2} = p_2\left(V_2 - V_1\right)$$

Pudemos colocar o valor da pressão fora do sinal de integração, pois nesse trecho do caminho termodinâmico α a pressão não varia com o volume. Desta forma,

$$\tau_\alpha = \int_{V_1}^{V_2} p\,dV = p_2\left(V_2 - V_1\right)$$

Como $V_2 > V_1$ temos que $V_2 - V_1 > 0$, assim $\tau_\alpha > 0$. Isto significa, conforme a convenção que adotamos, que o trabalho realizado pelo sistema termodinâmico para a vizinhança é positivo.

Como a energia interna não muda, uma vez que a temperatura no estado termodinâmico (1) é a mesma que a temperatura no estado termodinâmico (2), temos, pela Primeira lei da Termodinâmica:

$\Delta U_{1 \to 2} = U_2 - U_1 = Q_{1 \to 2} - \tau_{1 \to 2} \to 0 = Q_{1 \to 2} - \tau_{1 \to 2} =$

$Q_{1 \to 2} = \tau_{1 \to 2}$

Assim,

$Q_{1 \to 2} = \tau_{1 \to 2} = p_2 (V_2 - V_1)$

Isso significa que, uma vez que o sistema termodinâmico realiza trabalho sobre a vizinhança, a energia deve, de alguma maneira, para o sistema termodinâmico, ser fornecida com a energia interna constante. Assim, foi fornecida energia, sob forma de calor ao sistema termodinâmico.

Continuando, vamos analisar o caso b), cujo processo termodinâmico é mostrado esquematicamente a seguir.

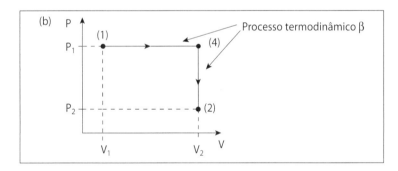

Figura 6.18

Vamos mais uma vez analisar o caminho do processo termodinâmico decompondo-o em duas partes: do estado termodinâmico (1) até o estado termodinâmico (4), e, depois, do estado termodinâmico (4) até o estado termodinâmico (2). Assim,

$$\tau_\beta = \int_{V_1}^{V_2} p\,dV + \int_{V_2}^{V_2} p\,dV$$

conforme os caminhos termodinâmicos mostrados no diagrama anterior.

Enfatizando: deve ficar claro o caminho de integração para o cálculo do trabalho realizado pelo sistema termodinâmico em questão.

Observação:

No caminho termodinâmico (processo termodinâmico) β os valores de Q e τ são maiores que no (a). Geometricamente identificamos esse fato. Analise a área sob a curva da pressão em função do volume. Podemos tirar muitas conclusões importantes analisando o processo termodinâmico no plano pressão–volume.

Compare e reveja os comentários feitos no exemplo anterior. Prosseguindo, estudaremos o caso representado pelo processo termodinâmico da Figura 6.19 (c).

Assim,

$$\int_{V_1}^{V_2} p\, dV = p_1 \int_{V_1}^{V_2} dV = p_1(V_2 - V_1)$$

Veja que nessa parte do processo termodinâmico definido do estado termodinâmico (1) para o (4), a pressão é mantida constante (processo isobárico) no valor de p_1. Agora, a integral:

$$\int_{V_2}^{V_2} p\, dV = 0$$

Nesse trecho do processo termodinâmico, do estado termodinâmico (4) para o (2), o volume é mantido constante (processo isovolumétrico); assim, o sistema termodinâmico não realiza trabalho para a vizinhança.

Então,

$$\tau_\beta = \int_{V_1}^{V_2} p\, dV = p_1(V_2 - V_1)$$

Com o trabalho positivo, é o sistema termodinâmico que realiza trabalho sobre a vizinha.

Pela primeira lei da Termodinâmica, temos a relação:

$$\Delta U_{1\to 2} = U_2 - U_1 = Q_{1\to 2} - \tau_{1\to 2}$$

$$0 = Q_{1\to 2} - \tau_{1\to 2} = Q_{1\to 2} = \tau_{1\to 2} = p_1(V_2 - V_1)$$

Figura 6.19

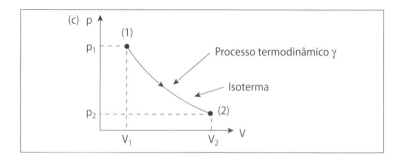

Como dissemos que o sistema termodinâmico, neste caso, sofre uma transformação ou processo isotérmico, isso significa que a temperatura ao longo do caminho termodinâmico γ é mantida constante. Para calcular o trabalho realizado

A primeira lei da Termodinâmica 265

pelo sistema termodinâmico ao longo do caminho γ deveremos resolver a integral.

$$\tau_\gamma = \int_{V_1}^{V_2} p\,dV$$

E para resolver esta integral, deveremos relacionar a pressão em relação ao volume, mantida em temperatura constante. As variáveis termodinâmicas, para o gás ideal estão relacionadas pela equação dos gases perfeitos $pV = nRT$. Assim,

$$\tau_\gamma = \int_{V_1}^{V_2} p\,dV = \int_{V_1}^{V_2} \frac{nRT}{V}\,dV = nRT \int_{V_1}^{V_2} \frac{dV}{V}$$

pois n é constante, R é a constante dos gases e T é a temperatura que não varia ao longo do caminho termodinâmico γ. Continuando o cálculo,

$$\tau_\gamma = nRT \int_{V_1}^{V_2} \frac{dV}{V} = nRT\ln \left|\begin{array}{c} V_2 \\ V_1 \end{array}\right.$$

$$\tau_\gamma = nRT\left(\ln V_2 - \ln V_1\right) = nRT\ln \frac{V_2}{V_1}$$

$$\tau_\gamma = nRT\cdot\ln \frac{V_2}{V_1}$$

Pela primeira lei da Termodinâmica

$$\Delta U_{1\rightarrow 2} = U_2 - U_1 = Q_{1\rightarrow 2\,(\gamma)} - \tau_{1\rightarrow 2\,(\gamma)}$$

$$0 = Q_{1\rightarrow 2\,(\gamma)} - \tau_{1\rightarrow 2\,(\gamma)}$$

$$Q_{1\rightarrow 2\,(\gamma)} = W_{1\rightarrow 2\,(\gamma)} = nRT\ln \frac{V_2}{V_1}$$

Cabem os comentários feitos nos casos anteriores para este caso, ou seja, analise a curva e compare com os casos anteriores. Também, veja que na exposição dos resultados referentes ao trabalho e calor desenvolvidos no processo termodinâmico γ, explicitamos nos valores obtidos os caminhos termodinâmicos. Devemos ter em conta que não é exagero, é necessário especificar e explicitar os resultados.

$$Q_{1\rightarrow 2(\gamma)} = W_{1\rightarrow 2(\gamma)} = nRT\ln \frac{V_2}{V_1}$$

Para calcular o trabalho realizado pelo sistema termodinâmico, no caso uma porção de gás ideal com n mols, é fundamental especificarmos o caminho termodinâmico.

Figura 6.20

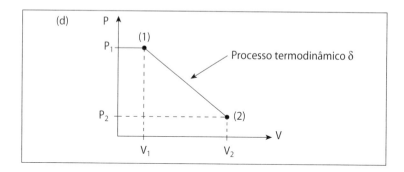

Neste caso, o caminho que define o processo termodinâmico δ, é dado por uma variação linear entre os estados termodinâmicos (1) até o (2).

Para calcular o trabalho τ_δ precisamos resolver a integral

$$\tau_\delta = \int_{V_1}^{V_2} p\, dV$$

com o integrando sendo colocado em função do volume e, ainda, sendo expresso de forma que a pressão percorra a linha reta que liga os estados termodinâmicos (1) e (2). Podemos escrever a seguinte relação de semelhança entre triângulos ou os conhecimentos adquiridos na disciplina de geometria analítica, ou, ainda, nas disciplinas de cálculo diferencial. Vamos explicitar a obtenção da pressão em função do volume no caminho termodinâmico δ. O raciocínio empregado é muito utilizado em tratamento de sistemas tecnológicos. Assim, por semelhança de triângulos, temos que

Figura 6.21

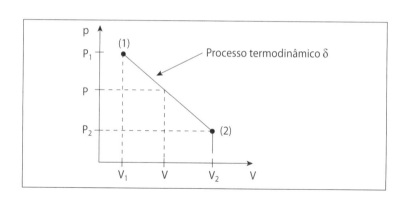

$$\frac{p_1 - p}{p_1 - p_2} = \frac{V_1 - V}{V_1 - V_2} \Rightarrow p_1 - p = \frac{V_1 - V}{V_1 - V_2} \cdot (p_1 - p_2)$$

$$p(V) = -\frac{p_1 - p_2}{V_1 - V_2} \cdot (V_1 - V) + p_1$$

$$p(V) = -\frac{p_1 - p_2}{V_1 - V_2} \cdot (V_1 - V) + p_1 = +\frac{p_1 - p_2}{V_1 - V_2}(V - V_1) + p_1$$

Veja que $\left(\frac{p_1 - p_2}{V_1 - V_2} \right)$ é a inclinação do segmento da reta que define o processo termodinâmico δ, e a grandeza $\left(\frac{p_1 - p_2}{V_1 - V_2} \right)$ é negativa, pois, como $p_1 > p_2$ e $V_2 > V_1$, temos que $\left(\frac{p_1 - p_2}{V_1 - V_2} \right) < 0$. Podemos colocar a expressão acima na forma usual da equação de uma reta, ficamos assim com

$$p(V) = -\left(\frac{p_1 - p_2}{V_1 - V_2} \right) \cdot (V_1 - V) + p_1$$

que pode ser escrita como

$$p(V) = -\left(\frac{p_1 - p_2}{V_1 - V_2} \right) \cdot V_1 + \left(\frac{p_1 - p_2}{V_1 - V_2} \right) \cdot V + p_1$$

$$p(V) = \left(\frac{p_1 - p_2}{V_1 - V_2} \right) \cdot V + \left[p_1 - \left(\frac{p_1 - p_2}{V_1 - V_2} \right) V_1 \right]$$

Calculando a derivada da função $p = p(V)$ temos que $\frac{dp(V)}{dV} = \frac{p_1 - p_2}{V_1 - V_2}$, que como dissemos é numericamente igual inclinação da curva, no caso o segmento de reta.

Para certificar se a função $p = p(V)$ realmente está correta, devemos ver se aplicadas aos pontos V_1 e V_2 reproduz respectivamente p_1 e p_2. Verifiquemos:

$$p(V_1) = \left(\frac{p_1 - p_2}{V_1 - V_2} \right) \cdot V_1 + \left[p_1 - \left(\frac{p_1 - p_2}{V_1 - V_2} \right) V_1 \right] = 0 + p_1 = p_1 \text{ e}$$

$$p(V_2) = \left(\frac{p_1 - p_2}{V_1 - V_2} \right) \cdot V_2 + \left[p_1 - \left(\frac{p_1 - p_2}{V_1 - V_2} \right) V_1 \right] =$$

$$= (p_1 - p_2) + p_1 = p_2.$$

O que confere. De posse da função $p = p(V)$ podemos calcular o trabalho realizado pelo sistema termodinâmico, a partir do estado termodinâmico (1) até chegar ao estado termodinâmico (2) seguindo o caminho que define o processo termodinâmico δ. Assim,

$$\tau_\delta = \int_{V_1}^{V_2} p\,dV = \int_{V_1}^{V_2} p(V)\,dV = \int_{V_1}^{V_2}\left[-\left(\frac{p_1-p_2}{V_1-V_2}\right)\cdot(V_1-V)+p_1\right]dV$$

$$= \int_{V_1}^{V_2}\left[-\left(\frac{p_1-p_2}{V_1-V_2}\right)(V_1)\right]dV + \int_{V1}^{V_2}\left[-\left(\frac{p_1-p_2}{V_1-V_2}\right)(-V)\right]dV +$$

$$+\int_{V1}^{V_2} p_1\,dV =$$

$$= -\left(\frac{p_1-p_2}{V_1-V_2}\right)V_1\int_{V_1}^{V_2}dV + \left(\frac{p_1-p_2}{V_1-V_2}\right)\int_{V1}^{V_2}V\,dV + \int_{V1}^{V_2}p_1\,dV$$

$$= -\left(\frac{p_1-p_2}{V_1-V_2}\right)V_1\cdot V\Big|_{V_1}^{V_2} + \left(\frac{p_1-p_2}{V_1-V_2}\right)\cdot\frac{V^2}{2}\Big|_{V_1}^{V_2} + p_1\,V\Big|_{V_1}^{V_2} =$$

$$\tau_\delta = -\left(\frac{p_1-p_2}{V_1-V_2}\right)V_1(V_2-V_1) + \left(\frac{p_1-p_2}{V_1-V_2}\right)\cdot\frac{1}{2}\left(V_1^2-V_2^2\right)+$$

$$+ p_1(V_2-V_1)$$

$$= -(p_1-p_2)\cdot V_1\cdot\frac{V2-V1}{-(V2-V1)}+\frac{1}{2}\left(\frac{P1-P2}{V1-V2}\right)\cdot(V_2-V_1)\cdot$$

$$\cdot(V_2+V_1)+p_1(V_2-V_1)$$

$$= (p_1-p_2)\cdot V_1\frac{1}{2}(p_1-p_2)\left[-(V_2+V_1)\right]+ p_1\left(V_2-V_1\right)=$$

$$= (p_1-p_2)\cdot V_1+\frac{1}{2}(p_2-p_1)\cdot(V_2-V_1)+ p_1\left(V_2-V_1\right)=$$

$$= (p_1-p_2)\cdot V_1+\frac{1}{2}(p_2-p_1)\cdot V_2+\frac{1}{2}(p_2-p_1)\cdot V_1+ p_1\cdot$$

$$\cdot\left(V_2-V_1\right)=$$

$$=\frac{1}{2}(p_2-p_1)\cdot V_1-\frac{1}{2}(p_1-p_2)V_2+ p_1\left(V_2-V_1\right)=$$

$$\tau_\delta = -\frac{1}{2}(p_1-p_2)(V_2-V_1)+ p_1\left(V_2-V_1\right)=$$

$$\tau_\delta = p_1(V_2-V_1)-\frac{1}{2}(p_1-p_2)\cdot(V_2-V_1)$$

Veja que este valor, como pode ser interpretado a integral calculada em um trecho, é o valor da área sob a curva que representa a transformação termodinâmica com caminho δ. Esquematicamente:

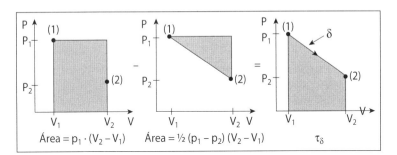

Figura 6.22

Como nos casos anteriores, não houve variação da energia interna do sistema termodinâmico, assim:

$$Q_{1\to 2}(\delta) = \tau_{1\to 2}(\delta) = \tau_\delta = p_1(V_2 - V_1) - \frac{1}{2}(p_1 - p_2)\cdot(V_2 - V_1)$$

Comparando a quatro curvas que representam os quatro processos termodinâmicos, partindo do estado termodinâmico (1) e chegando ao estado termodinâmico (2) vemos que:

$\tau_\beta > \tau_\delta > \tau_\gamma > \tau_\alpha$.

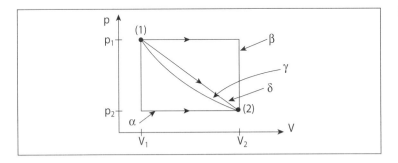

Figura 6.23

A resolução deste problema exibe como podemos calcular o trabalho para situações comumente encontradas em ciclos motores e refrigeradores de máquinas térmicas (este assunto será tratado em maior profundidade no próximo capítulo). Vimos também como aplicar conceitos de cálculo diferencial e integral para obter solução de problemas termodinâmicos. Pudemos comparar o trabalho realizado por um sistema termodinâmico em quatro processos termodinâmicos diferentes. Vimos que o trabalho, assim como o calor envolvido em processos termodinâmicos, depende do particular processo termodinâmico realizado.

Uma suposição fundamental para termos realizado os cálculos foi considerar que cada um dos processos termodinâmicos é formado por uma sucessão de estados termodinâmicos. Isto significa que as grandezas termodinâmicas são muito bem definidas. Os processos são realizados em um tempo suficientemente longo para que as variáveis termodinâmicas estejam bem definidas.

8) Calcular o trabalho, o calor e a energia interna envolvidos no processo termodinâmico de um gás ideal monoatômico representado abaixo no plano p–V.

Figura 6.24

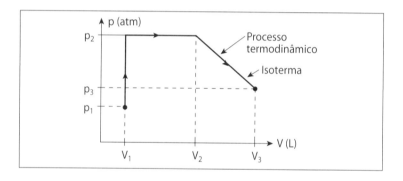

Dados:

$p_1 = 0{,}20$ atm;

$V_1 = 7{,}0$ litros;

$p_2 = 0{,}95$ atm;

$V_2 = 12{,}6$ litros;

$T_1 = 22{,}0$ °C;

$p_3 = 0{,}67$ atm.

Solução:

Antes de iniciarmos os cálculos, vamos organizar os dados disponíveis no enunciado do problema e, ainda, vamos nomear os estados termodinâmicos notáveis (nosso julgamento) no processo termodinâmico δ disponível. Graficaremos as partes notáveis nas quais realizaremos os cálculos. Uma boa maneira de cálculo, que no fundo é uma boa metodologia de trabalho, é considerarmos o processo termodinâmico como sendo composto ou formado por processos termodinâmicos de menor extensão, com extremos tendo estados termodinâmicos especificados. Cada trecho termodinâmico deve ser de fácil cálculo, este aspecto deve nortear a escolha desses trechos. Assim, pelo problema proposto, podemos esquematizar os trechos termodinâmicos adotados (escolhidos), e mais, vamos nomear os seus extremos.

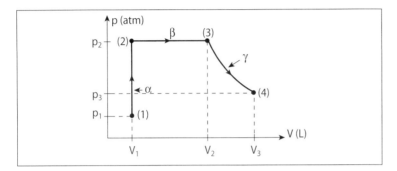

Figura 6.25

Assim, dividimos o processo termodinâmico δ em três partes. Iniciando no estado termodinâmico (1) e finalizando no estado termodinâmico (2), temos especificado o processo termodinâmico α. Entre os estados termodinâmicos (2) e (3) definimos o processo β. E finalmente, o terceiro trecho, o processo δ é extremado pelos estados termodinâmicos (3) e (4).

Sabemos que em cada ponto, no plano p–V, no caminho que define o processo termodinâmico δ, as grandezas termodinâmicas p, V, T, n, m, U, e muitas outras são muito bem determinadas. Como vimos no estudo teórico, essas grandezas termodinâmicas não dependem de qual particular processo termodinâmico foi realizado para chegarmos até esses valores. O que importa são os valores considerados em um determinado estado termodinâmico. Ao contrário, o calor e o trabalho envolvidos em um determinado processo termodinâmico, são dependentes deste processo. Não faz sentido dizer qual é o trabalho ou qual é o calor de um determinado estado termodinâmico. Faz sentido dizer qual é o trabalho e qual é o calor desenvolvido em um determinado processo termodinâmico. Assim, entre dois estados termodinâmicos, digamos os estados termodinâmicos (2) e (3), existe uma infinidade de processos termodinâmicos possíveis. A variação de temperatura entre os estados termodinâmicos (1) e (2) é $\Delta T = T_2 - T_1$, não importa como partimos do estado termodinâmico (1) e chegamos ao estado termodinâmico (2). O mesmo raciocínio ocorre no cálculo da variação da pressão $\Delta p = p_2 - p_1$; no volume $\Delta V = V_2 - V_1$ e em muitas outras grandezas termodinâmicas. Mas, para calcular o trabalho e o calor desenvolvidos, ao iniciarmos o processo termodinâmico no estado termodinâmico (1) e finalizarmos o processo termodinâmico no estado termodinâmico (2), NECESSARIAMENTE precisamos especificar o processo termodinâmico para calcular o calor e o trabalho realizados. Depois destas considerações conceituais, calcularemos as grandezas termodinâmicas na realização do processo termodinâmico δ.

Iniciaremos considerando o processo termodinâmico α, processo termodinâmico que ocorre em volume constante (processo isobárico), esquematicamente mostrado a seguir.

Figura 6.26

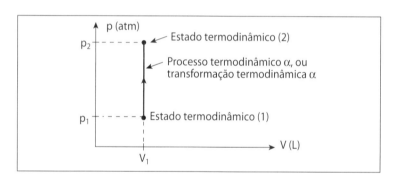

O sistema termodinâmico é gás ideal monoatômico, assim, a equação de estado do sistema termodinâmico $pV = nRT$, considerando p em atm, V em litros, T em kelvin, a constante dos gases é $R = 0{,}08206$ atm $\cdot$ mol^{-1} $\cdot$ K^{-1}. Veja que as unidades devem ser observadas. No caso, a constante R (Constante Universal dos Gases) foi apresentada com a unidade que está de acordo com as unidades apresentadas nas grandezas volume e pressão no enunciado do problema. Nos cálculos envolvendo sistemas tecnológicos temos, em geral, a participação de muitas unidades que não são as do SI. Como por exemplo, BTU, galão, °F, polegada, e muitas outras. Assim, devemos sempre estar atentos às unidades, pois erros enormes poderão ser cometidos se não fizermos as transformações corretamente. Como recomendação geral e segura, faça as transformações de unidades de forma explícita e passo a passo. Também, tenha sempre disponível um formulário confiável com as várias unidades disponíveis e suas relações de transformação.

A primeira lei da Termodinâmica

Podemos agora calcular o trabalho e o calor envolvidos na transformação termodinâmica α do estado termodinâmico (1) até o estado termodinâmico (2). O trabalho pode ser calculado como:

$$\tau^{\alpha}_{1\to2} = \int_{V_1}^{V_2} p\,dV = 0$$

pois, não houve variação no volume durante toda a transformação termodinâmica α. Agora, o calor desenvolvido no processo termodinâmico α é dado por:

$$Q^{\alpha}_{1\to2} = n \cdot c_v \cdot \Delta T$$

Onde c_v é o calor específico molar a volume constante. Para um gás monoatômico,

$$c_v = \frac{3}{2}R = \frac{3}{2} \cdot 0{,}0821\,\text{atm} \cdot \text{L} \cdot \text{mol}^{-1} \cdot \text{K}^{-1}$$

assim, $c_v = 0{,}123$ atm $\cdot$ L $\cdot$ mol^{-1} $\cdot$ K^{-1}. Assim, como $Q^{\alpha}_{1\to2} = n \cdot c_v \cdot \Delta T$, deveremos determinar o número de mols e a variação da temperatura no processo termodinâmico α.

Como estamos diante de um gás ideal

$$p_1 \cdot V_1 = n \cdot RT_1 \Rightarrow 0{,}20 \cdot 7{,}0 = n \cdot R \cdot (273{,}15 + 22{,}0) =$$

$R = 0{,}08206$ atm $\cdot$ L $\cdot$ mol^{-1} $\cdot$ K^{-1}, então

$$0{,}20 \cdot 7{,}0 = n \cdot 0{,}08206 \cdot 295{,}15$$

$$n = \frac{0{,}20 \cdot 7{,}0}{0{,}08206 \cdot 295{,}15} \Rightarrow n = 5{,}78 \cdot 10^{-2}\,mols$$

Podemos agora, calcular a temperatura T_2, assim:

$$p_2 \cdot V_1 = n \cdot RT_2 \Rightarrow \frac{0{,}35 \cdot 7{,}0}{5{,}78 \cdot 0{,}08206} \Rightarrow T_2 = 516{,}5 \text{ K}$$

Desta forma,

$$Q^{\alpha}_{1\to2} = n \cdot c_v \cdot \Delta T = 5{,}78 \cdot 10^{-2} \cdot 0{,}08206\,(516{,}5 - 295{,}15)$$

$$Q^{\alpha}_{1\to2} = 1{,}05 \text{ atm} \cdot \text{L}$$

Veja que atm $\cdot$ L é unidade de energia, e equivale a

$$1 \text{ atm} \cdot \text{L} = 1 \cdot 10^5 \text{ Pa} \cdot 10^{-3} \text{ m}^3 = 10^2 \text{ J}$$

Pela primeira lei da Termodinâmica,

$$\Delta U_{1 \to 2} = U_2 - U_1 = Q^{\alpha}{}_{1 \to 2} - \tau^{\alpha}{}_{1 \to 2} \Rightarrow$$

$$Q^{\alpha}{}_{1 \to 2} - \tau^{\alpha}{}_{1 \to 2} = 1{,}05 - 0 = \Delta U_{1 \to 2} = U_2 - U_1 = 1{,}05 \text{ atm} \cdot \text{L}$$

Assim, houve aumento da energia interna do sistema termodinâmico (gás ideal). O aumento de energia interna se traduz pelo aumento de temperatura do gás. Como não ocorreu realização de trabalho no processo termodinâmico α, todo o calor fornecido ao gás foi armazenado como energia interna do gás. Vamos agora para o cálculo da quantidade de calor e o cálculo do trabalho no processo termodinâmico β, esquematicamente mostrado a seguir.

Figura 6.27

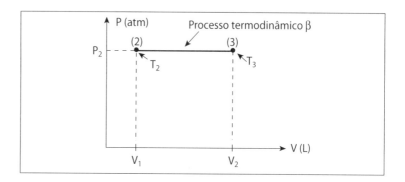

Explicitando, o processo termodinâmico β é definido neste problema como sendo um processo realizado à pressão constante (processo isocórico) que se inicia no estado termodinâmico (2) e finaliza no estado termodinâmico (3). Vemos que, nesse processo termodinâmico, o volume varia (aumenta), assim, o sistema termodinâmico, formado por um gás ideal monoatômico) realiza trabalho sobre a vizinhança quando se expande. Também vemos que o sistema termodinâmico passa da temperatura T_2 para a temperatura T_3, com $T_3 > T_2$, assim sua energia interna aumenta. Vamos explicitar os cálculos do calor e do trabalho envolvidos no processo termodinâmico β.

O trabalho pode ser calculado por:

$$\tau^{\beta}{}_{2 \to 3} = p_2(V_2 - V_1) = 0{,}35 \cdot (12{,}6 - 7{,}0)$$

$$\tau^{\beta}{}_{2 \to 3} = 1{,}96 \text{ atm} \cdot \text{L}$$

Que equivale no SI a $\tau^\beta_{2 \to 3} = 196$ J

O calor desenvolvido no processo termodinâmico é dado por:

$$Q^\beta_{2 \to 3} = n \cdot c_p \cdot \Delta T = 5{,}78 \cdot 10^{-2} \cdot c_p \cdot (T_3 - T_2)$$

O calor específico molar a pressão constante de gás ideal monoatômico é obtido pela expressão:

$$c_p = c_v + R = \frac{3}{2}R + R = \frac{5}{2}R = \frac{5}{2} \cdot 0{,}0821$$

$$c_p = 0{,}2053 \; \text{atm} \cdot \text{L} \cdot \text{mol}^{-1} \cdot \text{K}^{-1}$$

A temperatura T_3 pode ser encontrada por meio da equação dos gases perfeitos. Assim, no estado termodinâmico (3),

$$P_2 \cdot V_2 = n \cdot R \cdot T_3 \to 0{,}35 \cdot 12{,}6 = 5{,}78 \cdot 10^{-2} \cdot 0{,}08206 \cdot T_3$$

$$T_3 = \frac{0{,}35 \cdot 12{,}6}{5{,}78 \cdot 10^{-2} \cdot 0{,}08206}$$

$T_3 = 929{,}8$ K

Assim, finalmente podemos encontrar o calor desenvolvido no processo termodinâmico, como segue,

$$Q^\beta_{2 \to 3} = n \cdot c_p \cdot \Delta T = 5{,}78 \cdot 10^{-2} \cdot 0{,}2053 \cdot (929{,}8 - 516{,}5)$$

$$Q^\beta_{2 \to 3} = 4{,}904 \; \text{atm} \cdot \text{L}$$

Esta energia equivale a $Q_{\beta \, 2 \to 3} = 490{,}4$ J.

Assim, pela primeira lei da Termodinâmica, temos que a variação na energia interna do sistema termodinâmico em estudo é dada pela expressão:

$$\Delta U_{2 \to 3} = U_3 - U_2 = Q^\beta_{2 \to 3} - \tau^\beta_{2 \to 3} = 4{,}904 - 1{,}96 \to$$

$$\Delta U_{2 \to 3} = U_3 - U_2 = 2{,}944 \; \text{atm} \cdot \text{L}$$

Essa energia equivale a:

$$\Delta U_{2 \to 3} = U_3 - U_2 = 294{,}4 \; \text{J}$$

Vemos que parte do calor fornecido ao sistema termodinâmico aumentou sua energia interna e a outra parte realizou trabalho sobre a vizinhança do sistema termodinâmico.

Finalmente, vamos determinar o trabalho e o calor desenvolvidos no processo termodinâmico γ, que se inicia no estado termodinâmico (3) e finaliza no estado termodinâmico (4) esquematicamente mostrado a seguir.

Figura 6.28

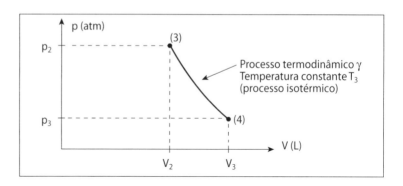

Podemos determinar o volume V_3, que não foi fornecido no enunciado do problema, por meio da equação de estado dos gases ideais. Assim, no estado termodinâmico (4), podemos escrever a equação dos gases perfeitos (equação de Clapeyron-Mendeleev),

$p_3 \cdot V_3 = n \cdot R \cdot T_3$

$0{,}25 \cdot V_3 = 5{,}78 \cdot 10^{-2} \cdot 0{,}0821 \cdot 929{,}8$

$V_3 = \dfrac{5{,}78 \cdot 10^{-2} \cdot 0{,}0821 \cdot 929{,}8}{0{,}25}$

$V_3 = 17{,}65 \text{ L}$

Podemos calcular o trabalho no processo termodinâmico γ, processo isotérmico à temperatura $T_3 = 929{,}8$ K. Assim,

$$\tau^{\gamma}_{3 \to 4} = \int_{V_2}^{V_3} p \, dV$$

Vemos que, para calcular o trabalho, precisamos expressar a pressão ou termos o volume. Da equação $p \cdot V = n \cdot R \cdot T$, podemos escrever:

$p = \dfrac{n \cdot R \cdot T}{V}$

e assim,

$$\tau^{\gamma}_{3 \to 4} = \int_{V_2}^{V_3} \dfrac{nRT}{V} \, dV$$

No caso de estarmos realizando processo termodinâmico a temperatura constante, podemos escrever:

$$\tau^{\gamma}_{3\to4} = \int_{V_2}^{V_3} \frac{nRT_3}{V} \, dV = nRT_3 \cdot \int_{V_2}^{V_3} \frac{dV}{V}$$

uma vez que T_3 é constante, e não varia no processo termodinâmico γ. Continuando,

$$\tau^{\gamma}_{3\to4} = nRT_3 \int_{V_2}^{V_3} \frac{dV}{V} = nRT_3 \ln V \Big|_{V_2}^{V_3}$$

$$= n \cdot R \cdot T_3 \left(\ln V_3 - \ln V_2 \right) \Rightarrow \tau^{\gamma}_{3\to4} = n \cdot R \cdot T_3 \ln \frac{17,65}{12,6}$$

$$\tau^{\gamma}_{3\to4} = 1,49 \, \text{atm} \cdot \text{L}$$

Esta energia equivale no SI, a 149 J.

Sabemos que a energia interna de um gás ideal somente depende da temperatura; como o processo termodinâmico γ é realizado à temperatura constante temos que a energia interna não varia neste processo termodinâmico. Assim, pela primeira lei da Termodinâmica,

$$\Delta U^{\gamma}_{3\to4} = U_4 - U_3 = Q^{\gamma}_{3\to4} - \tau^{\gamma}_{3\to4} = 0$$

$$Q^{\gamma}_{3\to4} = \tau^{\gamma}_{3\to4} \Rightarrow Q^{\gamma}_{3\to4} = 1,49 \, \text{atm} \cdot \text{L}$$

Agora, podemos determinar o trabalho total e o calor total envolvidos no processo termodinâmico δ. A energia é uma grandeza escalar, assim, podemos adicionar as partes envolvidas nos processos termodinâmicos α, β, γ. Numa visão geral temos,

	Processo Termodinâmico α	Processo Termodinâmico β	Processo Termodinâmico γ	Processo Termodinâmico δ
Trabalho τ (atm · L)	0	+1,96	+ 1,49	+ 3,45
Calor Q (atm · L)	+ 1,05	+ 4,904	+ 1,49	+ 7,444
Energia Interna ΔU (atm · L)	+ 1,05	+2,994	0	+ 3,994

Vemos que no processo termodinâmico δ, definido pelo caminho mostrado na figura no início deste problema, o sistema recebe calor $Q^{\delta}_{1 \to 4} = 7{,}444$ atm $\cdot$ L; parte dessa energia é usada para realizar trabalho do sistema termodinâmico para a vizinhança (trabalho que convencionamos positivo) $\tau^{\delta}_{1 \to 4} = 3{,}45$ atm $\cdot$ L, e o restante é fornecido ao sistema termodinâmico para aumentar a sua energia interna $\Delta U_{1 \to 4} = U_4 - U_1 = +3{,}994$ atm $\cdot$ L.

Recordando e chamando a atenção, temos que para o cálculo do calor fornecido nos processos termodinâmicos α e β respectivamente, processo a volume constante e a pressão constante, utilizamos as expressões:

$$Q^{\alpha}_{1 \to 2} = n \cdot c_V \cdot \Delta T_{\alpha}$$

e

$$Q^{\beta}_{2 \to 3} = n \cdot c_p \cdot \Delta T_{\beta}$$

Ao resolver este problema, como nos problemas anteriores, procuramos ser bem detalhistas e escrevendo as expressões, expondo os raciocínios de forma bem cuidadosa. Certamente as frases foram se tornando longas. Mas devemos ter em conta que a linguagem, tanto científica como tecnológica, deve ser precisa e devemos evitar ambiguidades, mesmo que precisemos ser um tanto repetitivos.

Vemos que a primeira lei da Termodinâmica é de validade geral – válida para todos os processos físicos, químicos e biológicos ocorrendo na natureza –, e devemos observar algumas especificidades que dependem do sistema termodinâmico em questão. Por exemplo, usamos o fato de a energia de um gás ideal depender exclusivamente da temperatura. Então, se estivéssemos diante de outro sistema termodinâmico, poderia ocorrer que a energia interna dependesse de outras variáveis termodinâmicas, além da temperatura. Como exemplo notável, temos que para o gás de van der Waals, a energia interna depende, além da temperatura, do volume do recipiente.

Devemos estar atentos às especificidades dos sistemas termodinâmicos. Além das leis da termodinâmica, devemos ter as equações de estado dos sistemas termodinâmicos e da sua energia para resolver totalmente o sistema termodinâmico em questão.

9) Considere que uma porção de água líquida, de 680 g, está à temperatura de 60 °C. A porção de água está em um recipiente com êmbolo, com a parte externa sujeita à pressão atmosférica da cidade de São Paulo.

A massa do êmbolo é desprezível. Determinar as energias envolvidas no processo termodinâmico, considerando que a água líquida se transforma completamente em vapor a 98 °C, ocupando o volume de 1,1 m³. Situação aproximada.

Solução:

Vamos representar esquematicamente o sistema termodinâmico.

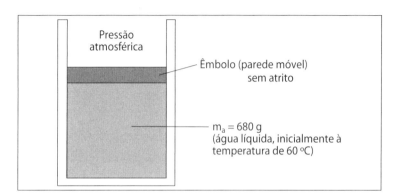

Figura 6.29

Não foi mencionado no enunciado do problema, mas consideramos que as paredes laterais do recipiente são de um isolante térmico; assim, não haverá transmissão de calor através delas. Na parte inferior do recipiente, temos uma parede de material condutor térmico e por meio dela aquecemos a água.

A situação física pode ser descrita como segue. Fornecemos energia, por meio de calor, ao sistema termodinâmico e, dessa forma, a água se aquecerá. Partimos da temperatura de 60 °C. Assim, devemos fornecer calor para fazer variar a temperatura da água líquida de 60 °C até 98 °C. Veja que na cidade de São Paulo a água entra em ebulição na temperatura de 98 °C. A pressão atmosférica na cidade de São Paulo é de 700 torr, que equivale a aproximadamente $93,9 \cdot 10^3$ Pa.

Dessa forma, inicialmente, calcularemos o calor necessário para aquecer a quantidade de 680 g de água líquida da temperatura de 60 °C até 98 °C.

$Q_1 = m_a \cdot c_v^{\text{água líquida}} \cdot \Delta T = 680 \cdot 1 \cdot (98 - 60)$

$Q_1 = 25.840$ calorias

No Sistema Internacional de unidades,

$Q_1 = 25.840 \cdot 4,184 = 108.115$ joules

Consideramos o calor específico da água líquida a volume constante igual a $c_v = 1$ cal $\cdot$ g^{-1} $\cdot$ °C^{-1}. Veja que a água líquida praticamente não muda o volume quando varia a temperatura, a variação é muito pequena comparada ao volume original, assim, o calor específico da água líquida é quase igual ao calor específico da água líquida à pressão constante. O mesmo raciocínio vale para a água sólida, o gelo. Agora, para o vapor d'água, os seus calores específicos a volume constante e à pressão constante são bem diferentes entre si. Isto se deve ao fato dos gases e vapores poderem se expandir muito.

A seguir, mostramos esquematicamente as três fases principais que ocorrem com o sistema termodinâmico.

Figura 6.30

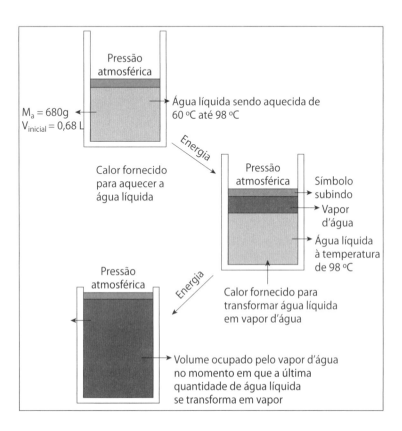

A água líquida a 98 °C continua a receber calor e, aos poucos, se transforma em água na forma de vapor. Nesse caso, não haverá mudança de temperatura, somente haverá mudança da fase líquida para a fase de vapor. A outra parte da energia fornecida para o sistema termodinâmico é para ele "empurrar" a atmosfera, isto significa que o sistema termodinâmico (água no recipiente com êmbolo) aumentará de volume, após a água líquida se transformar em vapor. Iniciaremos calculando o calor necessário para transformar 680 g de água líquida à temperatura de 98 °C em vapor de água à temperatura de 98 °C.

Esse é o calor latente de vaporização. Adotaremos $L_{vap} = 539{,}1 \text{ cal} \cdot \text{g}^{-1}$. Assim, o calor necessário para passar 680 g de água do estado líquido à forma de vapor é dado pela expressão:

$$Q_2 = m_a \cdot L\text{vap} = 680 \cdot 539{,}1 = 366.588 \text{ cal}$$

Na unidade de energia do SI, $Q_2 = 1.533 \cdot 804$ joules

Como a água sofre uma expansão, ela realiza trabalho sobre a vizinhança:

$$\tau_{\text{expansão}} = \int_{V_{\text{inicial}}}^{V_{\text{final}}} p \, dV$$

essa expansão ocorre à pressão constante, a pressão atmosférica na cidade de São Paulo, que é 700 torr. Assim,

$$\tau_{\text{expansão}} = p_{\text{atm}} \left(V_{\text{final}} - V_{\text{inicial}} \right)$$

Como $V_{\text{final}} = 1{,}1 \text{ m}^3$ e o volume inicial é igual ao volume ocupado por 680 gramas de água líquida, que é $V_{\text{inicial}} = 0{,}68 \text{ L}$,

$$\tau_{\text{expansão}} = 0{,}92 \cdot (1.100 - 0{,}68),$$

onde $p_{\text{atm}} = 0{,}92$ atm, assim ficamos com

$$\tau_{\text{expansão}} = 0{,}92 \cdot 1.099{,}32 \Rightarrow \tau_{\text{expansão}} = 1.011{,}4 \text{ atm} \cdot \text{L}$$

Transformando esta unidade

$$\tau_{\text{expansão}} = 1{,}01 \cdot 10^5 \text{ joules}$$

ou ainda,

$$\tau_{\text{expansão}} = 2{,}4 \cdot 10^4 \text{ cal}$$

Finalmente, pela primeira lei da Termodinâmica, temos

$\Delta U_{\text{sist.term}} = Q_{\text{total}} - \tau_{\text{total}},$

Mas,

$Q_{\text{total}} = Q_1 + Q_2 = 25.840 + 366.588$

$Q_{\text{total}} = 392.428$ calorias

Ou, na unidade de energia SI

$Q_{\text{total}} = 1.641.919$ joules

Assim,

$\Delta U_{\text{sist.term}} = 392.428 - 2,4 \cdot 10^4$

$\Delta U_{\text{sist.term}} = 368.428$ calorias

Que podemos aproximar para $\Delta U_{\text{sist.term}} = 3,7 \cdot 10^5$ calorias

Apesar de ser um exemplo de aplicação ainda simples, veja que aplicamos a primeira lei da Termodinâmica no processo geral do aquecimento da água líquida e na passagem da água líquida para a forma vapor, e também no processo da realização do trabalho feito pelo vapor na atmosfera. Veja que a termodinâmica, ela mesma, não consegue dizer como é a expressão para calcular o calor necessário para esquentar a água, nem consegue dizer qual é a expressão para calcular o calor latente, e nem mesmo qual deve ser a expressão para calcular o trabalho realizado pelo sistema termodinâmico. Agora, o que ela consegue fazer é relacionar as grandezas calculadas aqui e dizer qual foi o aumento da energia interna do sistema termodinâmico.

Muitos consideram a primeira e segunda leis da Termodinâmica as mais importantes e abrangentes leis dos fenômenos da natureza. As leis da termodinâmica se aplicam a todos os fenômenos físicos, químicos e biológicos, a sua validade é geral. Até hoje nenhuma das duas leis da termodinâmica, (a segunda lei da Termodinâmica veremos no próximo capítulo), foi violada nas experiências realizadas e nos processos em geral. As duas leis da termodinâmica são um guia, e nos dizem quais são os processos na natureza possíveis de serem realizados. As duas leis da termodinâmica não fazem uso da suposição de como é a constituição mais íntima da matéria, elas não usam conceitos de átomo e molécula.

Nossa visão do mundo atômico pode mudar, com novas teorias atômicas, mas isso não causará nenhum "arranhão" na teoria da termodinâmica.

10) Seja a seguinte situação comum em nosso cotidiano. Estamos em uma sala de aula, e o dia está "quente". Como estamos estudando a termodinâmica, deveríamos dizer que o ambiente está com temperatura alta! Para tornar o ambiente mais adequado ao estudo, pede-se para ligar o ventilador. A questão que se coloca é: O ventilador ligado esquenta ou esfria o ambiente? Veja: não estamos considerando, nesse caso, o motor que se aquece em virtude da passagem de corrente elétrica em seus condutores. Estamos querendo saber se o fato de ocorrer a movimentação forçada do ar, pela ação das pás girantes do ventilador, aquece ou esfria o ar dentro da sala.

Solução:

Este problema é interessante sob vários aspectos. Mostra que o nosso senso comum e nossos sentidos não são confiáveis para uma análise objetiva dos fenômenos da natureza. Apesar de termos um primeiro contato em geral com os fenômenos da natureza por meio dos nossos sentidos, eles não são confiáveis para procedermos a um estudo aprofundado e objetivo. Neste caso, deveremos fazer uso de métodos analíticos e do chamado método científico, além, certamente, de uma profunda reflexão e experiências muito bem controladas. Vamos analisar o problema proposto. Considere o esquema da situação.

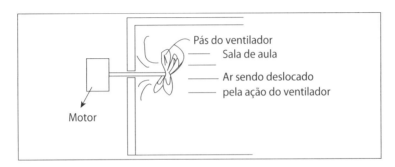

Figura 6.31

Quando ligamos o ventilador sentimos o nosso corpo mais frio e, em um dia com temperatura alta, um dia "quente", o vento (deslocamento de ar) criado pela ação do ventilador torna o ambiente termicamente mais confortável. O motivo é que o ar em movimento faz com que nossa pele troque calor mais eficientemente com o meio, por convecção forçada. Mas, a ação das pás do ventilador no ar, realizando trabalho sobre esse ar, faz com que haja um aumento da temperatura do ar. Assim, na verdade, o ar é aquecido pela ação do ventilador e não resfriado!

Nosso sentido nos faz pensar de forma errada. Veja que estamos sendo realmente esfriados pela ação do vento criado pelo ventilador, em virtude da maior eficiência da troca de calor da nossa pele para o ar do meio ambiente, apesar de estar havendo um aumento da temperatura da sala. Se deixássemos o ventilador ligado por muito tempo a temperatura da sala aumentaria tanto que, mesmo havendo a troca de calor por convecção, o ambiente não seria termicamente mais confortável.

Vamos avaliar qual é o aumento de temperatura de uma sala de aula com 5 m · 4 m · 3 m, na pressão ambiente da cidade de São Paulo. Vamos considerar a sala vazia e as paredes e janelas isoladas, de forma que podemos considerá-la um sistema termodinâmico isolado. Dessa forma, vamos considerar que apenas o ar da sala se aquece. Não há pessoas na sala de aula, o que simplifica o problema, pois se sabe que uma pessoa parada, sem atividade física, dissipa, em média, 70 watts. Isso deve ser levado em conta no projeto de uma instalação de ar condicionado, por exemplo.

Vamos considerar que o motor que aciona o ventilador consome uma potência de 500 W; digamos que 400 W seja a potência transmitida às pás do ventilador, assim, esquematicamente, temos o seguinte sistema termodinâmico:

Figura 6.32

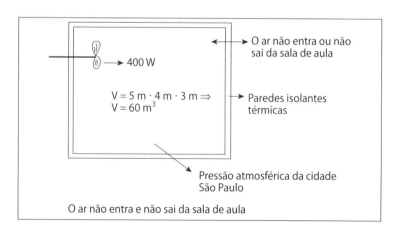

No nível do mar – pressão de 760 torr – temos que a densidade do ar é de 1,21 kg $\cdot$ m^{-3}, na cidade de São Paulo – pressão de 700 torr – a densidade é aproximadamente $\rho_{ar} = 1,12$ kg $\cdot$ m^{-3}. Usando o modelo de gás ideal, $pV = n \cdot R \cdot T$, considerando a mesma temperatura, vemos que a densidade é diretamente proporcional à pressão $p = \dfrac{n}{v} RT = \dfrac{m}{v} \dfrac{RT}{M}$, onde M é a massa molecular média da atmosfera.

Assim, fornecendo energia ao sistema termodinâmico, no caso a sala de aula isolada, temos que

$$\Delta E = m_{ar} \cdot c_{ar} \Delta T$$

onde a energia ΔE fornecida é para aumentar a energia interna de gás. Desta forma, pela primeira lei da Termodinâmica.

$$\Delta U = Q - \tau = m_{ar} \cdot c_{ar} \Delta T$$

sendo m_{ar} a massa de ar na sala de aula, c_{ar} o calor específico do ar a volume constante e ΔT a elevação da temperatura do ar na sala de aula.

Vamos considerar o calor específico do ar a volume constante, uma vez que o ar confinado tentará empurrar paredes quando aumentar a temperatura do ar, mas as paredes são fixas, assim a variação do volume do ar na sala é zero e não haverá realização de trabalho ao aquecer o ar da sala de aula.

Procurando em uma tabela, encontramos o calor específico do ar a volume constante, $c_v = 714,4$ J kg$^{-1} \cdot$ K^{-1}. Podemos considerar a mistura gasosa formada pelo ar atmosférico como sendo 20% de oxigênio e 80% de nitrogênio, que são dois gases diatômicos. Assim, temos:

$$\Delta U = m_{ar} \cdot c_{ar}^{vol} \cdot \Delta T$$

Com

$$m_{ar} = \rho_{ar} \cdot V = 1,12 \cdot 60 => m_{ar} = 67,2 \text{ kg}$$

Desta forma:

$$\Delta U = 67,2 \cdot 714,4 \cdot \Delta T = 48.007,7 \cdot \Delta T$$

Pela primeira lei da Termodinâmica, a energia fornecida pelas pás do ventilador em 12 horas deve ser a energia fornecida para o ar da sala de aula. As pás do ventilador transferem a potência de 400 W para o ar da sala de aula. Vamos considerar que a sala de aula está totalmente isolada da vizinhança; assim, não há troca de energia e o ar não entra e nem sai da sala. Por isso, consideramos o calor específico a volume constante.

Vamos assim considerar que a potência dissipada pelas pás do ventilador, em 12 horas de funcionamento, foi para aumentar a energia interna do ar na sala de aula. Dessa forma, escrevemos:

$$\Delta U = 67{,}2 \cdot 714{,}4 \cdot \Delta T = 400 \cdot 12 \cdot 60 \cdot 60 = 48.007{,}7 \cdot \Delta T \Rightarrow$$

$$\Delta T = \frac{400 \cdot 12 \cdot 60 \cdot 60}{48.007{,}7}$$

$$\Delta T = 359 \text{ K}$$

Considerando que a temperatura inicial fosse em torno de 30 °C (um dia "quente"), teríamos que a temperatura chegaria a 389 °C! Todos ficariam torrados na sala de aula 12 horas depois que o ventilador começasse a funcionar. O cálculo parece absurdo, mas estamos apenas considerando a primeira lei da Termodinâmica! Há energia, não importa a sua forma original, sendo dissipada na sala de aula, que tem 67,2 kg de massa de ar. Se, em vez de o ventilador ligado, tivéssemos ligado um aquecedor, elétrico ou a gás, com a mesma potência de 400 W sendo dissipada, ou, ainda, tivéssemos ligado quatro lâmpadas de 100 W cada uma, ou qualquer outro mecanismo que dissipasse 400 W durante 12 horas, e ainda, não houvesse nenhuma troca de energia com o meio externo, teríamos o mesmo aumento de temperatura.

Parece estranho que a temperatura aumente tanto. Vejamos a seguinte situação: 67,2 kg de água sendo aquecida por um resistor que dissipa 400 W durante 12 h. Qual a variação da temperatura da água?

Considerando novamente a primeira lei da Termodinâmica, temos que:

$$400 \cdot 12 \cdot 3.600 = \Delta E = m_{\text{água}} \cdot c_{\text{água}} \cdot \Delta T_{\text{água}}$$

$$400 \cdot 12 \cdot 3.600 = 67{,}2 \cdot 4184 \cdot \Delta T_{\text{água}}$$

$$\Delta T_{\text{água}} = \frac{400 \cdot 12 \cdot 3.600}{67{,}3 \cdot 4.184}$$

$$\Delta T_{\text{água}} = 61{,}5 \text{ K}$$

Ou seja, se tivéssemos iniciado o aquecimento da água com a temperatura de 20 °C, teríamos atingido a temperatura de 81,5 °C, depois de 12 horas, com a potência fornecida à água de 400 W, sem perdas para o ambiente.

Voltando ao gás, se tivéssemos confinado o gás contido na sala de aula em um volume de 0,1 m³ (volume aproximado de um botijão de gás de cozinha) teria uma pressão aproximada de 600 atm. Agora, com 0,1 m³, é mais fácil isolar o gás em um invólucro e fazer aquecimento de forma mais controlada e concentrada. Fornecendo ao gás uma energia de 400 W · 12 horas · 3.600 teremos 17,28 MJ. Neste caso, como no caso do gás espalhado na sala de aula, a elevação de temperatura seria de 359 K. Estamos considerando o modelo e a suposição de gás ideal.

Fica a pergunta: Por que não se observa a elevação de temperatura em uma sala considerando o ventilador ligado? Ocorre que, em geral, há ar entrando e saindo da sala, há também a troca de calor através das paredes e janelas da sala, e outros possíveis efeitos. Como por exemplo, na sala há móveis, estes móveis têm capacidade térmica maior do que a do ar. Assim, parte da energia dissipada pelo ventilador será para aquecer os móveis e outros objetos da sala.

Poderíamos fazer uma experiência controlada, considerando ainda o gás na sala de aula, concentrando um gás em um volume menor que o da sala, digamos que 4 m³ e isolar completamente e recipiente hermeticamente fechado, com lã de vidro, e em seguida aquecer por 7,2 minutos, com os resistores de aproximadamente 10 chuveiros domésticos, potência aproximada de 40.000 watts no total. Mediríamos, no fim de 7,2 minutos, a elevação da temperatura de aproximadamente 359 K.

Como podemos fazer todas essas afirmações feitas aqui? Será que os professores da FATEC-SP fizeram essas experiências? Não fizemos essas experiências em particular, mas na quase totalidade dos trabalhos de pesquisa desenvolvidos por muitos professores das Fatecs, e certamente de muitos pesquisadores de todo mundo, fazemos uso da primeira lei da Termodinâmica. A confiança na validade desta lei da física, mais ainda, de toda natureza é enorme. Em nenhuma experiência realizada e registrada verificou-se a violação da primeira lei da Termodinâmica. Em virtude de sua extensão e generalidade, a termodinâmica, baseada em poucos princípios experimentais, é segura e de grande confiança.

Temos que os fenômenos que ocorrem na natureza são em geral muito complexos. Tomemos novamente o caso do ventilador soprando na sala de aula. Há movimentações vigorosas do ar, e, certamente, em algumas regiões da sala podem ocorrer turbulências; ainda há a interação dos gases do ar, por meio dos choques, com as superfícies da sala. Há uma série de efeitos bastante complexos ocorrendo, e seria difícil, ou até dificílimo explicá-los ou modelá-los a partir de uma visão microscópica, ou ainda baseados na mecânica dos fluidos. Mas usando a termodinâmica temos relações, envolvendo grandezas macroscópicas e mensuráveis diretamente, com relativa facilidade (temperatura, pressão, volume, massa do ar etc.), baseadas em princípios gerais e já muito bem testados ao longo de décadas envolvendo a primeira lei da Termodinâmica.

EXERCÍCIOS COM RESPOSTAS

1) Definir temperatura, pressão, volume e número de mols. Definir energia interna de um gás ideal. Definir energia interna de um gás real.

Resposta:

Apontando apenas as respostas que podem ser encontradas nos capítulos pertinentes podemos dizer que: temperatura é uma propriedade dos corpos e está relacionada ao quente e ao frio. Pressão é uma grandeza indicada por manômetros e sabemos que, quanto maior a pressão, maior a força exercida por unidade de área (conforme a própria definição de pressão). Volume é o espaço ocupado por um sistema. Há de se tomar cuidado, pois para o caso dos gases o volume pode ser definido como o que realmente está disponível para a movimentação do gás. Pesquise esse fato considerando o modelo de gás de van der Waals. Número de mols é igual a massa da amostra dividida pela massa molar do material que compõe a amostra. Energia interna de um gás ideal é energia armazenada pelo gás, em decorrência exclusivamente de sua temperatura. Certamente as respostas poderão ser mais bem trabalhadas, o exposto aqui é apenas um indicativo de resposta. Inclusive com estudos mais aprofundados, há a necessidade de sofisticar as definições.

A primeira lei da Termodinâmica

2) Enunciar a primeira lei da Termodinâmica.

   Resposta:

   Para todos os processos que ocorrem na natureza – sejam físicos, químicos ou biológicos – a energia se conserva. Não há destruição e nem criação de energia em todos os processos que ocorrem na natureza.

3) A energia liberada pelo Sol é enorme. Considere que chegue até a Terra uma potência de 1 kW/m². A luz leva em torno de oito minutos para chegar até a Terra. Avaliar a energia liberada pelo Sol em um minuto. Qual a origem da energia do Sol? Você acredita que a fonte de energia do Sol tem origem em combustível fóssil, por exemplo, a gasolina? Discutir a questão.

   Resposta:

   Considere a energia que sai do Sol em um minuto, como sendo a potência em um metro quadrado multiplicada pela superfície esférica de raio igual à viagem da luz em quase oito minutos. Para produzir tamanha energia deveria haver muita gasolina ou madeira, e, ainda, muito oxigênio, para produzir reações químicas. Certamente, a energia tem outra origem. No caso, é a energia nuclear (fusão nuclear). A energia liberada pelo Sol em um minuto é de aproximadamente 10^{28} J. O grande atrativo da energia nuclear (fissão nuclear e fusão nuclear) é que, com pequenas quantidades de material físsil pode-se produzir muita energia. A base para entender o montante de energia disponível é a conversão de massa em energia (o contrário também é possível), cálculo possível por meio da famosa equação de Einstein $E = mc^2$. O principal problema da energia nuclear está nas radiações produzidas e nos rejeitos, o chamado lixo atômico. Faça uma pesquisa sobre o assunto. É fascinante!

4) Considere uma quantidade de água em uma garrafa térmica. Com a agitação da garrafa térmica fechada, o que você espera que ocorra com a temperatura da água na garrafa? Se, em vez de água, colocássemos álcool, ou óleo, o que você espera que ocorra? Discutir a questão à luz da primeira lei da Termodinâmica. Analisar também o fato de em uma queda d'água ocorrer aquecimento da água, ao final da queda.

Resposta:

Haverá aquecimento da água, ou seja, ocorrerá elevação de temperatura. O mesmo ocorrerá com outro líquido. Na verdade, se colocássemos pedaços de pedra, ou qualquer outro material na garrafa térmica, agitando-a, teríamos o aquecimento das partes internas à garrafa, e da própria garrafa. Como estamos transferindo energia à garrafa, agitando-a, pela primeira lei da Termodinâmica, deverá ocorrer aumento da energia interna do sistema termodinâmico. Se tivermos uma queda d'água, a energia potencial é transformada em energia cinética e, em seguida, no choque com o chão, haverá conversão em energia térmica, aquecendo a água.

5) Em um dado processo termodinâmico, fornecemos energia de 487 J na forma de calor ao sistema termodinâmico. Durante o mesmo processo termodinâmico, o sistema termodinâmico realiza um trabalho de 356 J sobre a vizinhança. Qual foi a variação de energia interna do sistema termodinâmico? Se mudássemos o sistema termodinâmico, haveria alteração na energia interna? Discutir a questão.

Resposta:

Independemente do sistema termodinâmico; a primeira lei da Termodinâmica é de validade geral. Considerando a situação exposta temos que o aumento da energia interna é de 487 J – 356 J = 131 J. Estamos considerando estritamente o enunciado do problema.

6) Avaliar a temperatura que atinge os freios de um ônibus lotado, quando ele é freado até parar, estando a uma velocidade de 60 km/h. Suponha que as quatro rodas sejam freadas e que o sistema de freio de cada roda tenha massa de 5 kg e seja construído em ferro. Discutir o seu modelo físico e as suposições consideradas.

Resposta:

Assumimos um modelo simples para o caso exposto acima. Simples, porém capaz de captar a essência do processo de conversão de energia. A energia cinética do ônibus é transformada integralmente em energia térmica durante a frenagem. Vamos considerar que o aquecimento se dá na massa de 5 kg do sistema de freio do ônibus, nas quatro rodas (duas na frente e duas atrás). Variações no tipo de frenagem não mudam a essência do raciocínio. Para um ônibus cheio, digamos com massa de dez toneladas, o aquecimento é em torno de 170 °C.

7) Digamos que você faça um furo em um bloco de cobre e um bloco de madeira. Sendo a dureza do cobre maior que a da madeira, em qual dos materiais você acredita que haverá maior chance de estragar a broca? Discutir a questão.

Resposta:

Há grande chance de se estragar a broca quando furamos madeira. Apesar de a madeira ser menos dura que o ferro ou alumínio; ocorre que a dissipação de energia na madeira é mais difícil que nos metais. É um problema que conjuga a transformação de energia mecânica (trabalho da força de atrito durante o corte) com a transmissão de calor. O mesmo tipo de problema ocorre na soldagem. Soldar alumínio é difícil pelo fato de esse material ser um excelente condutor térmico. Nesse caso, precisamos aquecer muito o material para que ocorra a fusão. Esse tipo de problema ocorre em muitas situações na tecnologia. A dissipação de energia sempre está presente em todos os processos que ocorrem na natureza. Um dos temas centrais da moderna termodinâmica é o estudo dos sistemas dissipativos, sistemas geradores de entropia.

8) Considere um tiro de revólver dado em um bloco de madeira. Seja o projétil feito de chumbo e com massa de 20 gramas. Geralmente, a velocidade do projétil é de 300 m/s. Avalie a temperatura que atinge o projétil após o choque com o bloco de madeira. Discuta o modelo físico adotado. Quais as suposições simplificadoras adotadas? Como você poderia melhorar o modelo físico?

Resposta:

Vamos considerar que toda a energia do projétil seja energia cinética, e a energia cinética é mantida durante o percurso. Podemos imaginar que o tiro ocorre bem próximo ao alvo. A madeira é um péssimo condutor de calor, dessa forma, toda a conversão de energia, em primeira aproximação, será no sentido de aquecer o projétil. O aquecimento do projétil é de aproximadamente 357 °C.

Física com aplicação tecnológica – Volume 2

9) Avaliar qual o é trabalho realizado na atmosfera, quando um balão de festa é cheio. É o mesmo trabalho que é realizado por quem enche o balão? Discutir a questão.

Resposta:

Ao assoprarmos um balão, estamos realizando trabalho para a vizinhança (a atmosfera e tudo mais). Quando o balão estiver frouxo, todo o nosso esforço, ou melhor, o nosso dispêndio de energia é feito no sentido de vencer a atmosfera. Nesse caso, teremos que o trabalho por nós realizado é $p_{atm} \cdot \Delta V$. Consideramos que a pressão no interior do balão, no início do enchimento, é a pressão atmosférica (o balão está frouxo). Após o balão começar a tomar forma, além de vencer a pressão atmosférica, é necessário vencer a força elástica da borracha do balão.

10) Considerar uma torneira elétrica que é alimentada por uma tensão de 220 V, e consome uma corrente elétrica de 15 A. Se a torneira é aberta e despeja um litro de água por segundo, qual a elevação de temperatura? Expor o modelo físico adotado.

Resposta:

Vamos considerar que toda a potência elétrica fornecida à torneira seja dissipada e transferida à água corrente. Cuidado! Não confunda energia com potência. A elevação de temperatura é de 47 °C ou 47 K.

11) Considere uma garrafa térmica doméstica, contendo um litro de água à temperatura de 80 °C. Vamos supor que duas horas após você abra a garrafa – ainda com um litro de água – mas com a temperatura de 65 °C. Avaliar a "perda" de energia para o ambiente. Qual a parcela que foi transferida ao ambiente sob a forma de calor e sob a forma de trabalho? Discutir o problema.

Resposta:

Vamos considerar que não ocorra evaporação da água. A evaporação também é uma forma de transferência de energia. Por exemplo, quando transpiramos, o nosso corpo perde energia e procura manter sua temperatura em níveis aceitáveis. Assim, um dia pode estar "quente" – agora que estudamos termodinâmica devemos dizer que o dia está com a temperatura elevada.[1] O ambiente pode estar com

---

[1] Certamente, não devemos ser pedantes, mas precisamos cuidar da forma como falamos, pelo menos, dentro dos assuntos tecnológicos e científicos.

a temperatura elevada, mas, se estiver seco e com ventilação, não sentiremos tanto desconforto. Isso ocorre pelo fato de estarmos transpirando bastante, e o nosso corpo estar perdendo energia em decorrência da evaporação da água no corpo. Por isso devemos estar hidratados. No caso da garrafa térmica, não há realização de trabalho, a perda de energia se dá pela troca de calor com o ambiente. A transferência de energia com o meio depende da diferença de temperatura entre os meios interno e externo. Considerando uma média de perda de potência, teremos 8,8 W.

Francisco Tadeu Degasperi

7.1 A SEGUNDA LEI DA TERMODINÂMICA – INTRODUÇÃO

No Capítulo 6 vimos que, pela primeira lei da Termodinâmica, todos os fenômenos que ocorrem na natureza têm a energia conservada. Dessa forma, o Princípio de Conservação da Energia é uma imposição para que os fenômenos possam ocorrer. Podemos imaginar uma série de eventos nos quais ocorreria a conservação da energia, mas nunca vimos tais eventos acontecerem. Como exemplo, podemos citar:

- Considere dois corpos a temperaturas diferentes, colocados em contato térmico. Poderíamos imaginar certa quantidade de energia deixando o corpo frio e sendo recebida pelo corpo quente, de forma que o corpo quente fica mais quente e o corpo frio fica mais frio. Naturalmente, nunca foi constatada a ocorrência de tal fato.

- Quando soltamos uma massa, a certa altura, e a deixamos cair na água de uma piscina, verificamos que a energia potencial inicial do corpo é totalmente transformada em energia térmica, esquentando a água e o corpo. Poderíamos imaginar, obedecendo à primeira lei da Termodinâmica, que a água esfriasse, em seguida, e a energia saída dela fosse fornecida ao corpo e este se elevasse até certa altura, tendo energia potencial.

- Notícias referentes às questões ambientais sempre apelam para que não se desperdice energia, mas a energia se conserva nos processos que ocorrem na natureza; assim, qual o sentido de tal apelo?

- Nos movimentos que ocorrem nos mecanismos verificamos que energia mecânica se converte em energia térmica, fazendo, por exemplo, uma roda parar. Por que nunca verificamos que a roda e sua vizinhança ficassem mais frias e a roda voltasse novamente a girar?

Poderíamos imaginar ainda que uma peça de ferro enferrujada, como o passar do tempo, voltasse a ser uma peça nova. Ou, ainda, que certa quantidade gás confinada escapasse quando aberto o recipiente. Por que todo o gás não volta para o recipiente?

Todos os processos imaginados e citados aqui não violariam a primeira lei da Termodinâmica; entretanto, nunca os vimos acontecer na natureza.

Neste capítulo, estudaremos o conceito de entropia, uma função de estado, e a segunda lei da Termodinâmica. Para se ter uma ideia do seu alcance, muitos cientistas conceituados a consideram o mais importante princípio da natureza; todos os fenômenos biológicos, físicos, químicos e ambientais obedecem à segunda lei da Termodinâmica.

Assim, para que um dado evento tenha possibilidade de ocorrer na natureza, as duas leis da termodinâmica deverão ser obedecidas.

A termodinâmica é uma área em desenvolvimento e a sua aplicação em sistemas complexos, como os sistemas biológicos, que são sistemas termodinâmicos fora do equilíbrio, precisam do uso constante do conceito de entropia. Os sistemas termodinâmicos que estamos estudando são sistemas em equilíbrio.

7.2 PROCESSOS ESTÁTICOS E REVERSÍVEIS

Começamos definindo processo termodinâmico, quase estático. Ele deve ocorrer de modo bem lento, de forma que as variáveis termodinâmicas sejam muito bem definidas. Por exemplo, ao fazermos a variação de volume de um recipiente contendo gás, o movimento do pistão deve ser feito bem vagarosamente. Em qualquer instante, no decorrer da variação do volume, todas as grandezas termodinâmicas devem ser muito bem determinadas. Assim, ao movimentar o pistão, a temperatura do gás deve ser bem determinada, o mesmo ocorrendo para o volume, a pressão, e todas as outras variáveis termodinâmicas.

Continuando, definimos como processo termodinâmico reversível aquele que é quase estático e não há atrito no êmbolo ou pistão quando fazemos a variação do volume do recipiente. Dessa forma, como o sistema passa por uma sucessão de estados de equilíbrio, podemos inverter o andamento do processo, fazendo uma pequena alteração nas variáveis termodinâmicas.

O conceito de processo reversível é útil na termodinâmica, pois podemos construir processos que podem ser calculados. Os fenômenos que ocorrem na natureza são irreversíveis; como veremos, sempre há geração de entropia.

7.3 PRODUÇÃO DE CALOR E TRABALHO

Sabemos de nossa experiência diária que podemos "gerar" calor facilmente. Se esfregarmos duas superfícies, uma contra a outra, facilmente transformamos energia mecânica em energia térmica. Também, se acendermos um palito de fósforo, facilmente transformamos energia química (energia eletromagnética, em razão das ligações químicas) em energia térmica.

Agora, no caso das superfícies atritadas, uma vez aquecidas pela dissipação da energia mecânica, não temos de volta essa forma de energia, com esfriamento das superfícies. Ou seja, transformar trabalho em calor é fácil; agora, transformar calor em trabalho é algo completamente diferente. Veremos que a natureza impõe restrições severas neste último caso.

7.4 UMA FORMA PARA O ENUNCIADO DA SEGUNDA LEI DA TERMODINÂMICA

A situação é tão marcante e severa que a segunda lei da Termodinâmica pode ser enunciada da seguinte forma: "Em um processo ocorrendo em forma de ciclo, não pode haver transformação integral de calor em trabalho". Sabemos que em um processo termodinâmico acontecendo em ciclo, significa que o estado final do sistema coincide com o estado termodinâmico em que o ciclo termodinâmico se iniciou. Assim, o sistema volta ao que era, mas, se for irreversível, o processo deixa marcas profundas no Universo.

A declaração profunda da segunda lei da Termodinâmica é que nos processos irreversíveis – que são os que ocorrem, de fato, na natureza – o Universo jamais voltará a ser o que era antes do processo realizado. Apesar da grandeza energia se conservar também nos processos irreversíveis, a entropia aumenta. Veremos qual o significado de entropia. Essa grandeza é que dirá quais processos – aqueles processos em que haja a conservação da energia – poderão ocorrer na natureza. Em outras palavras, não basta que ocorra a conservação de energia em um processo na natureza, é necessário que haja aumento na entropia no Universo.

Iniciaremos por enunciar a segunda lei da Termodinâmica em uma das duas formas possíveis:

Em um ciclo termodinâmico não é possível transformar totalmente calor em trabalho. Ou, quando temos uma máquina térmica, por exemplo um motor operando em ciclos, não pode haver conversão total de calor em trabalho. Necessariamente, certa quantidade de calor deverá ser exaurida do motor para o ambiente.

Esquematicamente, podemos expressar a segunda lei da Termodinâmica da seguinte forma:

Figura 7.1

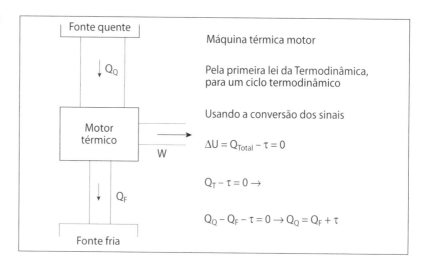

Um dos aspectos mais extraordinários da termodinâmica é que o esquema apresentado na Figura 7.1 pode representar qualquer sistema físico, biológico, químico, ou ainda ambiental.

A termodinâmica tem aplicação geral. É difícil, ou até quase impossível, apontar um fenômeno de ordem macroscópica que ocorra na natureza – em todo o Universo! – sem a intervenção das grandezas temperatura e calor. Mesmo nos fenômenos cósmicos – por exemplo, a Terra girando em torno de seu eixo –, parte da energia mecânica é dissipada em energia térmica em decorrência da movimentação do ar e das águas dos oceanos. Quando uma onda do mar quebra na praia, a sua energia mecânica é transformada em energia térmica. Dessa forma as porções de água da onda que rebenta na praia ficam com temperaturas maiores, e, por meio da convecção e da condução, ocorre fluxo de calor para as partes mais frias. Assim, o esquema mostrado na Figura 7.1 pode representar desde um simples motor a combustão interna até uma sofisticada turbina de jato supersônico, passando por reações químicas e nucleares e também ciclos biológicos.

7.5 MOTOR TÉRMICO

Considerando estritamente a energia térmica como fonte de energia; mas para realizar trabalho útil para alguma tarefa, temos que introduzir energia térmica no dispositivo chamado motor térmico. Em geral, as máquinas térmicas motores operam em ciclo, ou seja, o processo termodinâmico é realizado e, depois de completadas todas as fases, retorna ao mesmo estado termodinâmico.

Como exemplo, o ciclo termodinâmico mostrado na Figura 7.2 pode muito bem ser um motor térmico.

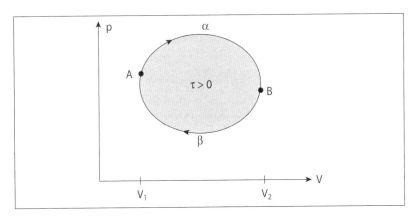

Figura 7.2

No estado termodinâmico A, digamos que partimos no sentido do aumento do volume, seguindo o processo α. Neste caso o sistema termodinâmico realizará trabalho, ou seja, ele fornecerá energia em forma de trabalho para vizinhança. Ou seja, o trabalho é realizado pelo sistema termodinâmico. Digamos que atinja o estado termodinâmico B. Agora o sistema termodinâmico retorna ao estado termodinâmico A, seguindo o processo β.

Vemos que o trabalho realizado em decorrência da variação do volume de V_1 para V_2 no processo termodinâmico α, tem módulo maior do que o módulo do trabalho realizado em decorrência da variação do volume de V_2 para V_1, no processo termodinâmico β. Assim:

$$|\tau^{\alpha}{}_{A\to B}| > |\tau^{\beta}{}_{B\to A}|$$

Sabemos que trabalho, assim como o calor, não são funções de estado, mas grandezas termodinâmicas que dependem do processo realizado.

Da mesma forma acontece com o calor; quando saímos do estado termodinâmico A e chegamos ao estado termodinâmico B, considerando um gás ideal, e o processo α, a temperatura em B é maior que a temperatura em A. Dessa forma, pela primeira lei da Termodinâmica:

$$\Delta U_{A\to B} = U_B - U_A = Q^{\alpha}{}_{A\to B} - \tau^{\alpha}{}_{A\to B}$$

Devemos fornecer ao sistema quantidade de calor

$$Q^{\alpha}{}_{A\to B} = \Delta U_{A\to B} + \tau^{\alpha}{}_{A\to B}$$

sendo $\Delta U_{A\to B} > 0$ e $\tau^{\alpha}{}_{A\to B} > 0$, temos $Q^{\alpha}{}_{A\to B} > 0$. Parte do calor fornecido irá aumentar a energia interna do sistema termodinâmico e parte irá realizar trabalho para o ambiente.

Agora, saindo do estado B para o estado A segundo o processo termodinâmico β, temos uma diminuição da energia interna do sistema termodinâmico e também o trabalho é realizado para o sistema termodinâmico. Mais uma vez, pela primeira lei da Termodinâmica, vemos que:

$$\Delta U_{B\to A} = U_A - U_B = Q^{\beta}{}_{B\to A} - \tau^{\beta}{}_{B\to A}$$

Com $\Delta U_{B\to A} < 0$ e $\tau_{B\to A} < 0$, temos $Q^{\beta}{}_{B\to A} < 0$, ou seja, o sistema termodinâmico libera calor para o ambiente. Se aplicarmos a primeira lei da Termodinâmica ao ciclo termodinâmico, por exemplo, saindo do estado termodinâmico A e retornando a ele mesmo, no sentido horário, temos:

$$\Delta U_{A \to A} = U_A - U_A = Q^{\alpha \, e \, \beta}{}_{A \to A} - \tau^{\alpha \, e \, \beta}{}_{A \to A}$$

com

$$\Delta U_{A \to A} = 0 => Q^{\alpha \, e \, \beta}{}_{A \to A} = \tau^{\alpha \, e \, \beta}{}_{A \to A}$$

Assim, o trabalho resultante realizado pelo sistema termodinâmico é igual ao calor total desenvolvido. Aqui cabe uma observação extremamente importante: $Q^{\alpha \, e \, \beta}{}_{A \to A}$ é calor total desenvolvido no ciclo. Não significa que entrou $Q^{\alpha \, e \, \beta}{}_{A \to A}$ e que todo ele foi usado para transformar em trabalho. Se voltarmos e analisarmos as duas partes, em que dividimos o ciclo termodinâmico, vemos que entrou a quantidade de calor (energia em trânsito) $Q^{\alpha}{}_{A \to B}$ no processo α, saindo a quantidade de calor $Q^{\beta}{}_{A \to B}$ no processo β. Assim, no ciclo termodinâmico:

$$Q^{\alpha \, e \, \beta}{}_{A \to A} = Q^{\alpha}{}_{A \to B} + Q^{\beta}{}_{B \to A}$$

e veja que

$$Q^{\alpha}{}_{A \to B} > 0 \text{ e } Q^{\beta}{}_{B \to A} < 0$$

Esta é a descoberta mais importante feita por Sadi Carnot, possivelmente o nome mais importante da termodinâmica: Sempre, em uma máquina térmica motor operando em ciclo, somente uma parte do calor fornecido na entrada da máquina térmica é transformada em trabalho, o restante é exaurido para a fonte fria junto à máquina térmica. Para que uma máquina térmica trabalhe em ciclos, necessariamente deve haver uma fonte quente (fornecendo calor ao motor térmico) e uma fonte fria (recebendo o calor exaurido do motor térmico). Fonte fria significa algo que esteja a uma temperatura menor que a fonte quente. Este é o ponto chave das máquinas térmicas. É interessante observar que, para o funcionamento de uma máquina térmica, necessariamente deve haver uma fonte quente e uma fonte fria. Não adianta colocar um motor térmico na superfície do Sol. A quantidade de energia térmica é fabulosa, mas o motor térmico não funciona, uma vez que não há uma fonte fria. Não haverá fluxo de energia térmica, ou seja, não haverá calor, pois não existe diferença de temperatura.

Cabe mencionar que a quantidade de calor que entra em um motor elétrico, em torno de 20% a 40% é transformada em trabalho nas máquinas térmicas que temos disponíveis no mercado. Isso não se deve a um projeto malfeito do motor, é algo intrínseco à natureza das máquinas térmicas. Certamente, uma parte da energia é dissipada por atrito entre as partes deslizantes do motor, mas, mesmo sem atrito ou outras formas de dissipativas de energia, o rendimento de um motor térmico é bastante inferior a 100%. O rendimento de um motor térmico é definido com

$$\eta = \frac{\tau \, \text{ciclo}}{Q \, \text{entra no motor}}$$

ou ainda,

$$\eta = 1 - \frac{Q \, \text{sai do motor}}{Q \, \text{entra no motor}}$$

7.6 CICLO DE CARNOT PARA O MOTOR TÉRMICO

Um motor térmico é um dispositivo que funciona em ciclo, que absorve calor de uma fonte quente; parte do calor é transformada em trabalho, e o restante é exaurido para uma fonte fria. O ciclo de Carnot é formado por quatro processos bem determinados: um processo isotérmico à temperatura T_2, seguido de um processo adiabático (ocorrendo da temperatura T_2 para a temperatura T_1, com $T_2 > T_1$), seguido de um processo isotérmico à temperatura T_1 e, finalmente, um processo adiabático da temperatura T_1 à temperatura T_2. Para um gás ideal, temos o ciclo de Carnot representado na Figura 7.3, no diagrama p–V.

Figura 7.3

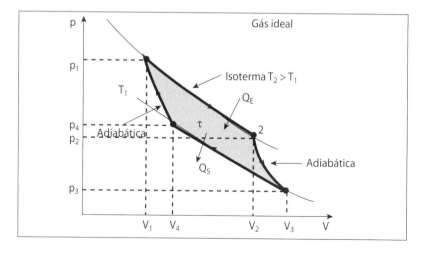

Aplicando-se a primeira lei da Termodinâmica a cada um dos processos notáveis, sendo quatro processos termodinâmicos: iniciando no estado termodinâmico 1 até o estado 2 (processo isotérmico), depois do estado 2 para o estado 3 (processo adiabático), a seguir do estado 3 para o estado 4 (processo isotérmico) e, finalmente, do estado termodinâmico 4 para o estado termodinâmico 1 (processo adiabático). Como os processos do estado termodinâmico 1 para o estado 2, e do estado 3 para o estado 4 são isotérmicos, temos como válidas as seguintes relações, obtidas dos gases ideais (lei de Boyle–Mariotte):

$$p_1 \cdot V_1 = p_2 \cdot V_2, \text{ à temperatura } T_2, \text{ e}$$

$$p_3 \cdot V_3 = p_4 \cdot V_4, \text{ à temperatura } T_1.$$

Os processos do estado termodinâmico 2 para o estado 3, e do estado termodinâmico 4 para o estado 1, são adiabáticos, sendo válidas as seguintes relações:

$$p_2 \cdot V_2{}^{\gamma} = p_3 \cdot V_3{}^{\gamma}, \text{ e}$$

$$p_4 \cdot V_4{}^{\gamma} = p_1 \cdot V_1{}^{\gamma}.$$

Ainda, temos as relações:

$$T_2 \cdot V_2{}^{\gamma-1} = T_1 \cdot V_3{}^{\gamma-1}, \text{ e}$$

$$T_1 \cdot V_4{}^{\gamma-1} = T_2 \cdot V_1{}^{\gamma-1},$$

e sendo $\gamma = \dfrac{c_p}{c_v}$, com c_p o calor específico a pressão constante e c_v o calor específico a volume constante. As relações para os processos adiabáticos, para um gás ideal, foram explicitadas aqui sem prova. Para mais informações, consulte a bibliografia.

Das relações:

$$T_2 \cdot V_2{}^{\gamma-1} = T_1 \cdot V_3{}^{\gamma-1}$$

$$T_1 \cdot V_4{}^{\gamma-1} = T_2 \cdot V_1{}^{\gamma-1}$$

Podemos escrever:

$$\frac{T_1}{T_1} \frac{V_3{}^{\gamma-1}}{V_4{}^{\gamma-1}} = \frac{T_2}{T_2} \frac{V_2{}^{\gamma-1}}{V_1{}^{\gamma-1}} \Rightarrow \frac{V_3{}^{\gamma-1}}{V_4{}^{\gamma-1}} = \frac{V_2{}^{\gamma-1}}{V_1{}^{\gamma-1}} \Rightarrow \frac{V_3}{V_4} = \frac{V_2}{V_1}$$

Vemos, assim, que as taxas de compressão devem ser iguais quando e ciclo de Carnot é realizado. Calculando os trabalhos realizados em cada processo termodinâmico, chegamos aos valores:

$$\tau_{1\to 2} = nRT_2 \ln\frac{V_2}{V_1}$$

$$\tau_{2\to 3} = \frac{nR}{\gamma-1}\left(T_2 - T_1\right)$$

$$\tau_{3\to 4} = nRT_1 \ln\frac{V_2}{V_1} = -nRT_1 \ln\frac{V_2}{V_1}, \text{ e}$$

$$\tau_{4\to 1} = \frac{nR}{\gamma-1}\left(T_1 - T_2\right) = \frac{n\cdot R}{\gamma-1}\left(T_2 - T_1\right)$$

O trabalho total realizado o ciclo de Carnot para um gás ideal é:

$$\tau_{\text{total}} = \tau_{1\to 2} + \tau_{2\to 3} + \tau_{3\to 4} + \tau_{4\to 1} \to$$

$$\tau_{\text{total}} = nRT_1 \cdot \ln\frac{V_2}{V_1} + \frac{nR}{-1}\left(T_2 - T_1\right) - nRT_1 \cdot \ln\frac{V_2}{V_1} - \frac{nR}{-1}\left(T_2 - T_1\right)$$

$$\tau_{\text{total}} = nR(T_2 - T_1) \cdot \ln\frac{V_2}{V_1} > 0$$

Assim, no ciclo motor, o trabalho é positivo, confirmando os resultados anteriores. Utilizando os conhecimentos obtidos no capítulo anterior, temos que, para um processo isotérmico, com gás ideal:

$\tau_{1\to 2} = Q_E$ pois não há variação de energia interna de um gás ideal. Ainda, $\tau_{3\to 4} = Q_S < 0$

Combinando $\tau_{1\to 2} = nRT \ln\frac{V_2}{V_1}$ e $\tau_{3\to 4} = nRT \ln\frac{V_2}{V_1}$, temos que

$$Q_E = nRT_2 \ln\frac{V_2}{V_1} \text{ e } Q_S = -nRT_2 \ln\frac{V_2}{V_1}$$

Fazendo

$$\frac{Q_E}{Q_S} = -\frac{T_2}{T_1} \Rightarrow \frac{Q_E}{T_2} = -\frac{Q_S}{T_1} \Rightarrow \frac{Q_E}{T_2} + \frac{Q_S}{T_1} = 0$$

T_1 e T_2 são as temperaturas absolutas, sempre números positivos. Veja que Q_E é o calor que entra no sistema termodinâmico em estudo, é uma grandeza positiva, conforme convenção adotada, pois o sistema recebe calor.

Q_S é o calor que o sistema cede ao ambiente (ou vizinhança), pela convenção adotada, grandeza negativa.

A eficiência do motor térmico é dada por:

$$\eta = 1 - \frac{|Q_s|}{|Q_E|} \Rightarrow \eta = 1 - \frac{T_1}{T_2} = \frac{T_2 - T_1}{T_2}$$

Vemos, assim, que o rendimento do ciclo de Carnot, para um motor térmico que usa um gás ideal, depende somente das temperaturas das fontes quentes (T_2) e fria (T_1). Esse resultado é surpreendente, pois não depende das particularidades da máquina térmica, não depende da pressão nem do volume, depende somente das temperaturas. Mas, quanto maior a diferença de temperatura entre a fonte quente e a fonte fria, maior é o rendimento do motor.

Apesar de termos feito os cálculos considerando um gás ideal como sistema termodinâmico, é possível mostrar que o rendimento do ciclo de Carnot é dado pela expressão: $\eta = \dfrac{T_2 - T_1}{T_2}$ para qualquer sistema termodinâmico. Esta é uma das mais importantes e impressionantes generalizações da física. As consequências desse resultado se dão tanto no âmbito técnico como no prático.

Considerando que qualquer motor térmico que realize o ciclo de Carnot, independentemente do sistema termodinâmico, tem seu rendimento exclusivamente pelas temperaturas da fonte quente para fonte fria, podemos usar esse fato para construir uma escala de temperatura absoluta.

Os resultados sobre o rendimento do ciclo de Carnot foram obtidos por Sadi Carnot na década de 1820. É interessante notar que o trabalho de Carnot foi feito sem o estabelecimento do Princípio de Conservação de Energia. Praticamente, do ponto de vista histórico, a segunda lei da Termodinâmica foi proposta antes da primeira lei da Termodinâmica. Sadi Carnot (1796-1832) morreu de cólera teve seus trabalhos expostos após sua morte, mostrando que já tinha enunciado o princípio da conservação de energia, apesar de fazê-lo sem muita clareza.

7.7 ENTROPIA

Rudolf Clausius, grande cientista alemão, em 1854, a partir dos trabalhos de Carnot introduziu o conceito de entropia. A entropia é uma nova função de estado termodinâmico e tem uma posição tão importante quanto a energia de um sistema.

A inspiração básica para a construção da função de estado entropia está na relação obtida do estudo do ciclo de Carnot.

$$\frac{Q_E}{T_2} + \frac{Q_S}{T_1} = 0$$

Ao longo do ciclo de Carnot temos uma grandeza termodinâmica com variação nula. Sabemos que a função termodinâmica energia interna tem essa propriedade. Dessa forma, Clausius propôs a função termodinâmica entropia, considerando uma transformação reversível (quase estática e sem forças dissipativas), a sua variação é dada por:

$$\Delta S = \frac{\Delta Q}{T}$$

Assim, considerando que à temperatura constante T, quando um sistema termodinâmico isotérmico recebe uma quantidade de calor ΔQ, a variação da entropia é $\Delta S = \dfrac{\Delta Q}{T}$. No caso geral, podemos definir a variação de entropia em processo reversível por meio da seguinte expressão: $dS = \dfrac{dQ}{T}$. Cabe notar que a denominação de dS significa uma pequena, muito pequena, quantidade de calor. Devemos especificar o caminho do processo termodinâmico para que a integral tenha sentido. A unidade de entropia no Sistema Internacional de unidades é o J/K.

Para um processo reversível, excursionando do estado termodinâmico 1 para o estado 2, calculamos a entropia pela expressão:

$$\Delta S_{1 \to 2} = S_2 - S_1 = \int_1^2 \frac{dQ}{T} \tag{7.1}$$

Até agora, temos estudado os quatro conceitos básicos para tratar os sistemas termodinâmicos em equilíbrio, a temperatura, o calor, o trabalho e a energia interna. Agora devemos considerar também outra grandeza, a entropia.

Vimos que a temperatura é uma grandeza relacionada ao quanto quente ou quanto frio está um corpo. A temperatura é uma propriedade do corpo. O calor é uma grandeza que indica o quanto de energia sai de um corpo quente e entra em um corpo frio. O calor é uma forma de energia em trânsito que aparece em decorrência da diferença de temperatura. O trabalho é uma grandeza que indica o quanto de energia sai de um corpo para o outro em razão do desequilíbrio de forças entre os corpos. O trabalho é uma forma de energia em trânsito que aparece em decorrência de desequilíbrios mecânicos. A energia interna é uma grandeza que indica o conteúdo de energia que um corpo tem, e que pode estar disponível para realizar algum processo. Agora, a entropia é uma grandeza cuja variação, em um processo termodinâmico irreversível, está relacionada à parcela de calor que não foi convertida em trabalho.

Apesar da dificuldade em definirmos energia, essa grandeza é mais próxima do nosso cotidiano. Pagamos pela energia elétrica consumida, pelo gás de cozinha, pelo combustível etc. Por outro lado, a entropia não é uma grandeza com a qual estamos acostumados associar aos fenômenos do cotidiano. Ela está tão presente quanto a energia, mas não é tão fácil quantificá-la em nosso cotidiano, apesar de termos uma boa ideia do que é possível ou não ocorrer. Praticamente, em um filme passado do fim para o começo (do futuro para o passado), em geral, as cenas absurdas exibidas violam a segunda lei de Termodinâmica.

A entropia não é um conceito simples de ser absorvido e aprendido, devemos ter insistência! Sua importância, generalidade e extensão nas aplicações justificam a necessidade de conhecer esse conceito fundamental. Assim, consideremos um diagrama no plano pV.

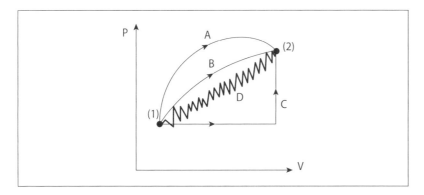

Figura 7.4

Os estados termodinâmicos (1) e (2) têm funções de estado muito bem definidas, e, mais, não importando como chegamos a estes estados termodinâmicos, a temperatura, a energia interna, o volume, a pressão, a entropia e outras grandezas têm os seus valores muito bem definidos em (1) e (2). Ainda mais, os processos termodinâmicos A, B e C mostrados na Figura 7.4 são processos reversíveis – em cada ponto nesses processos, todas as grandezas termodinâmicas apontadas aqui têm os seus valores muito bem definidos. Agora, na passagem do estado termodinâmico (1) para (2) considerando a região nebulosa D, temos que as grandezas termodinâmicas não são definidas. No entanto, saindo do estado (1) para o estado (2), por meio da região nebulosa D, a variação de entropia pode ser determinada por meio das expressões:

$$\Delta S_{1 \to 2} = S_2 - S_1 = \int_A \frac{dQ_A}{T} = \int_B \frac{dQ_B}{T} = \int_C \frac{dQ_C}{T}$$

onde dQ_A são os calores desenvolvidos no processo A, dQ_B são os calores desenvolvidos no processo B, e assim por diante. Mas **não** podemos escrever:

$$\Delta S_{1 \to 2} = S_2 - S_1 = \int_{"D"} \frac{dQ_D}{T}$$

pois este "caminho" "D" não é reversível; não tem sentido a integral, é impossível calculá-la em "D".

7.8 REFRIGERADOR E BOMBA DE CALOR

Uma das constatações mais básicas que adquirimos nos primeiros anos de nossas vidas é que, ao tirarmos um cubo de gelo do congelador e o deixarmos em contato com um pequeno corpo quente, parte do cubo de gelo se derreterá e o corpo quente ficará mais frio. Aprendemos com a primeira lei da Termodinâmica que, em decorrência da diferença de temperatura, há passagem de calor do corpo quente para o corpo frio. Podemos imaginar que, se a energia recebida pelo corpo frio retornasse para o corpo quente, poderíamos ter água líquida novamente solidificada. Nunca vimos isso ocorrer. Se alguém filmasse um evento e passasse o filme do fim para o início, saberíamos que é um truque.

Figura 7.5

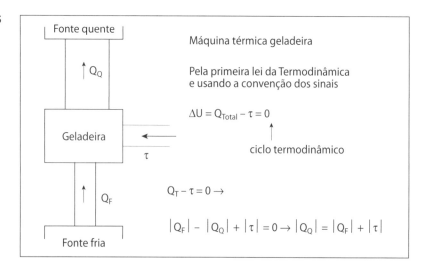

Esta questão é a questão levantada anteriormente, sabemos de nossa experiência diária que a solidificação da água em um ambiente quente não é possível. Se isso ocorresse, haveria diminuição da entropia do Universo.

Analisemos o funcionamento de uma geladeira, que é uma máquina capaz de remover energia térmica de um corpo frio (alimentos) e despejar essa energia em um corpo quente (cozinha). Dessa forma, a geladeira bombeia o calor de corpos frios para corpos quentes. Esquematicamente:

Temos, assim, a característica de uma geladeira ou de uma bomba de calor – para poder retirar energia térmica de uma fonte fria e exaurir para uma fonte quente deve haver a intervenção de trabalho. Se você tirar o "plug" da geladeira da tomada ela não gela.

Pela segunda lei da Termodinâmica, como temos diminuição da entropia das partes dentro da geladeira, uma vez que elas estão ficando frias, deverá haver um aumento da entropia nas vizinhanças da geladeira. Vemos que a parte externa da geladeira, em forma de uma longa serpentina pintada de preto, fica quente. A energia que sai da serpentina é a soma da energia interna que sai dos corpos dentro da geladeira com o trabalho necessário para fazer funcionar a geladeira. Não importa qual a base física para o funcionamento da geladeira, qualquer uma segue o esquema descrito aqui.

As bombas de calor são máquinas térmicas, como a representada na Figura 7.5, com o interesse de utilizar a energia térmica que sai para a fonte quente. Em geral, são usadas para aquecer ambientes, uma ideia interessante, pois elas esfriam mais ainda o exterior frio e descarregam no ambiente o calor retirado da fonte fria somado ao trabalho injetado. Certamente, o assunto referente à entropia é tão vasto como importante. Assumindo cada vez mais um papel importante no estudo dos fenômenos da natureza. Devemos manter em mente que é praticamente impossível imaginar um processo macroscópico ocorrendo na natureza sem que haja a intervenção da temperatura e do calor. Os efeitos dissipativos são inexoráveis, não há como escapar deles. Praticamente em todas as transformações energéticas de corpos macroscópicos que ocorrem no Universo a conversão de algum tipo de energia em energia térmica está presente.

7.9 TEORIA CINÉTICA DOS GASES

Como enfatizamos no estudo da termodinâmica, ela lida com grandezas macroscópicas. Pretendemos, com a teoria cinética dos gases, interpretar grandezas termodinâmicas, como pressão e temperatura, a partir das grandezas ligadas ao movimento e às interações dos átomos e moléculas. É possível mostrar que as grandezas termodinâmicas são manifestações macroscópicas de médias de muitas ocorrências de grandezas físicas ligadas diretamente ao movimento de átomos e moléculas.

A conexão do mundo microscópio (atômico) com o mundo macroscópico (objetos palpáveis ao nosso redor) foi uma das grandes conquistas da física. Hoje, um dos grandes programas da física é tentar explicar as manifestações que ocorreram na natureza, a partir das interações atômicas e moleculares. A física sempre procura generalizar e estudar a sua atuação. Apesar desse programa de ação, a termodinâmica não é obsoleta ou desnecessária. Para verificar experimentalmente os modelos microscópicos, a termodinâmica se encarrega de fazer os testes de validação.

A grandeza temperatura, usada há muito tempo, de forma um pouco confusa, teve sua interpretação física somente em meados do século XIX. Vamos construir um modelo simples para o gás ideal, e, a partir da aplicação das leis de Newton a um conjunto de partículas (átomos) que formam o gás, procurar chegar à interpretação física da temperatura e da pressão.

Consideremos como modelos de gás, uma coleção de átomos ou moléculas do mesmo tipo, por exemplo, um gás formado por hélio (He), hidrogênio (H_2), nitrogênio (N_2), argônio (Ar), átomos e moléculas ou de outro tipo. As partículas estão em perpétuo movimento caótico no recipiente, se chocando com as paredes do recipiente e entre si. Do ponto de vista estritamente mecânico, para poder encontrar a velocidade das partículas e, assim, obter a transferência de momento com as paredes dos recipientes vamos considerar que os átomos e moléculas têm massa e velocidade, e podemos aplicar a mesma mecânica usada nas colisões de bolas de bilhar. Apesar de os resultados que encontramos a partir de um modelo extremamente simples estarem de acordo com os resultados experimentais para um gás ideal, a mecânica do átomo adequada é a mecânica quântica. Vamos considerar um recipiente em forma de cubo e as partículas se chocando com as paredes, conforme a Figura 7.6.

Consideremos que as partículas estão confinadas em uma caixa de volume v, e a caixa tem geometria cúbica com lado e.

Temos assim uma caixa em forma cúbica com lado l, portanto com volume dado pela expressão $V = \ell \cdot \ell \cdot \ell = \ell^3$.

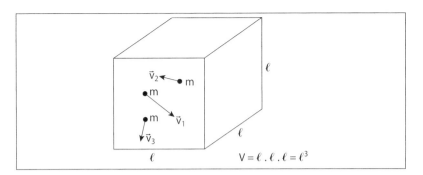

Figura 7.6

Nessa caixa há N moléculas idênticas, com massa m para cada molécula. Podemos considerar, de forma equivalente, que na caixa há n mols de partículas, ou moléculas. A relação que liga o número de mols com o número de moléculas é:

$$n = \frac{N}{N_{Avog}}$$

Com, n o número de mols, N o número de partículas, no caso moléculas e N_{Avog} o número de Avogadro. O valor do número de Avogadro é $N_{Avog} = 6{,}02 \cdot 10^{23}$ moléculas $\cdot$ mol^{-1}. Ainda, podemos escrever que a massa total de gás no recipiente do volume $V = \ell^3$ é $M = N \cdot m$, com N o número de moléculas e m a massa de cada molécula. Nosso próximo passo, para conseguir um modelo cinético-molecular para o gás ideal, é aplicar as leis de Newton ao movimento das moléculas, e também aplicar, de forma equivalente, a conservação do movimento linear às moléculas chocando-se com as paredes do recipiente cúbico. Como já expressado anteriormente o objetivo deste trabalho é construir um modelo de gás ideal utilizando as leis da mecânica de Newton, mas iremos adiante, pois uma vez de posse da equação de estado do gás ideal, por meio da termodinâmica, compararemos com a equação obtida pela teoria cinética-molecular. Dessa forma, poderemos interpretar a temperatura e a pressão em um gás ideal. Em outras palavras, iremos relacionar a velocidade das partículas moleculares com a temperatura T em que se encontra o gás. Dessa forma, ligaremos o mundo macroscópico ao mundo microscópico.

Em nossa concepção mecânica das moléculas que compõem o gás, consideramos as moléculas se movimentando em todas as direções e, portanto, o que ocorre em uma direção ocorre exatamente em outras direções. Com isto queremos expressar o fato de não haver direções preferenciais. Como estamos diante de um número muito grande de moléculas, esperamos que, na média, o que ocorre em uma direção deverá ocorrer igualmente em outras direções. Assim, a pressão exercida em uma parede do recipiente deverá ser a mesma que a exercida em outra parede, fato observado experimentalmente.

Com as moléculas se chocando entre si e com as paredes do recipiente, vamos inicialmente prestar atenção aos choques das moléculas com as paredes do recipiente. Esquematicamente, podemos representar o choque de uma molécula com a parede do recipiente como segue.

Figura 7.7

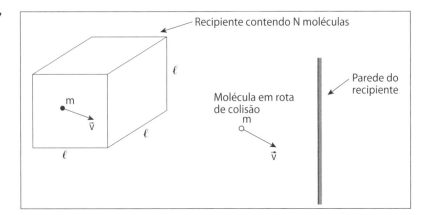

As paredes do recipiente e o gás estão à temperatura T. Consideremos que uma molécula de massa m está em trajetória de colisão com a parede vertical direita do recipiente, conforme esquematizado a seguir.

Figura 7.8

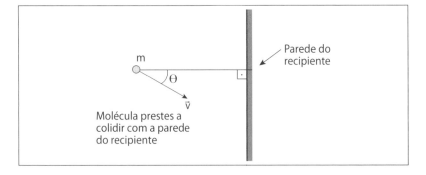

- O recipiente e o gás são mantidos à temperatura constante T.
- Admitimos choque elástico com as paredes do recipiente.

Estudando a mecânica da colisão da molécula com a parede, temos os seguintes equacionamentos:

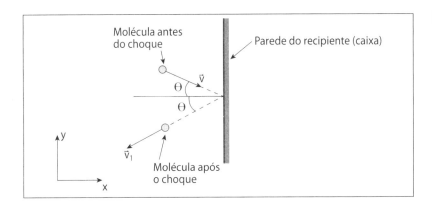
Figura 7.9

As colisões de moléculas com as paredes são consideradas elásticas. Como o choque é considerado elástico, temos que a componente da velocidade perpendicular à parede muda de sentido e a componente paralela à parede permanece a mesma. Matematicamente temos:

Antes do choque da molécula com a parede:

$$\vec{v} = v_x \cdot \vec{i} + v_y \cdot \vec{j} \qquad v_y < 0$$

Depois do choque da molécula com a parede:

$$\vec{v}\,' = -v_x \cdot \vec{i} + v_y \cdot \vec{j} \qquad v_y < 0$$

Vemos, assim, que a componente da velocidade na direção y se mantém a mesma depois do choque. A força da colisão que age na molécula não altera a velocidade na direção. Por outro lado, o choque da molécula com a parede faz com que a componente da velocidade mude de v_x para $-v_x$, ou seja, mude de sentido.

O momento linear da molécula antes da colisão é $\vec{p}_i = m \cdot \vec{v}$ $\Rightarrow \vec{p}_i = m \cdot (v_x \cdot \vec{i} + v_y \cdot \vec{j})$, e o momento linear da molécula após a colisão elástica é dada por $\vec{p}_f = m \cdot (-v_x \cdot \vec{i} + v_y \cdot \vec{j})$.

Esquematicamente, podemos representar o choque da molécula com a parede como segue, em termos do momento linear.

A variação do momento linear da molécula, devida ao choque elástico, é dada por:

$$\vec{\Delta p} = \vec{p}_f - \vec{p}_i = m \cdot \vec{v} - m \cdot \vec{v}\,' =$$
$$m \cdot (-v_x \cdot \vec{i} + v_y \cdot \vec{j}) - m(v_x \cdot \vec{i} + v_y \cdot \vec{j})$$

Figura 7.10

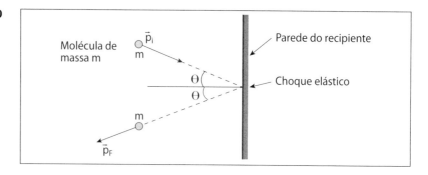

$$\Delta \vec{p} = \vec{p}_f - \vec{p}_i = m \cdot -v_x \cdot \vec{i} - m \cdot v_x \cdot \vec{i} + m \cdot v_y \cdot \vec{j} - m v_y \cdot \vec{j}$$

$$\Delta \vec{p} = \vec{p}_f - \vec{p}_i = -m \cdot v_x \cdot \vec{i} - m \cdot v_x \cdot \vec{i}$$

$$\Delta \vec{p} = \vec{p}_f - \vec{p}_i = -2m \cdot v_x \cdot \vec{i}$$

Vemos explicitamente que a componente do momento linear na direção y não se altera, assim, $\Delta py = 0$. Matematicamente, temos que

$$\Delta \vec{p} = \Delta p_x \cdot \vec{i} + \Delta p_y \cdot \vec{j}$$

$$\Delta p_y = 0 \text{ e } \Delta p_x = -2 \cdot m \cdot v_x$$

Como temos a conservação do momento linear **durante** a colisão, como consequência direta da terceira lei de Newton, como não há outra força agindo na molécula e não ser aquela devida ao choque, temos que a variação do momento sofrida pela parede é de sentido oposto à variação de momento linear sofrida pela molécula. Assim, a variação do momento linear da parede do recipiente, em razão do choque da molécula é

$$\Delta \vec{p}_{parede} = -\Delta \vec{p} = -2 \cdot m \cdot -v_x \cdot \vec{i}$$

$$\Delta \vec{p}_{parede} = 2m \cdot v_x \cdot \vec{i}$$

O módulo do momento linear transferido por uma molécula de massa m e velocidade escalar na direção x, Vx, é dada por $\Delta p_{parede} = 2m \cdot v_x$. Tem-se que a mesma molécula se choca várias vezes com parede vertical direita da caixa. O número de vezes que essa molécula em foco se choca no intervalo de tempo Δt é dado por

$$\Delta t = \frac{2 \cdot l}{v_x}$$

Explicando: a mesma molécula se choca várias vezes com a mesma parede; ela demora $\dfrac{2 \cdot l}{v_x}$ para percorrer a distância de ida e volta, ou seja, l + l = 2 *l*, até atingir novamente a mesma parede. Veja que o importante para a parede vertical direita (o mesmo para a parede esquerda) é a componente x da velocidade, isto é, v_x.

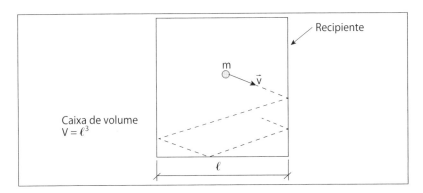

Figura 7.11

Caixa de volume
$V = \ell^3$

Recipiente

Sabemos da mecânica clássica que a força pode ser dada por $\vec{F} = \dfrac{d\vec{p}}{dt}$, ou seja, a variação do momento linear (grandeza vetorial) no tempo é igual à força. Esta é a segunda lei de Newton escrita de maneira mais geral. Assim, podemos escrever que

$$\frac{\Delta p_x}{\Delta t} = \frac{2 \cdot m \cdot vx}{\Delta t}$$

Como vimos, Δt é o intervalo de tempo que pode ser escrito como $vx = \dfrac{2 \cdot l}{\Delta t}$, $\Delta t = \dfrac{2 \cdot l}{Vx}$, assim

$$F_x = \frac{\Delta p_x}{\Delta t} = \frac{2m \cdot v_x}{\dfrac{2 \cdot l}{v_x}}$$

$$F_x = \frac{\Delta p_x}{\Delta t} = \frac{2m \cdot v_x^2}{2 \cdot l} = \frac{m \cdot v_x^2}{l}$$

Como estamos interessados em obter a pressão na parede do recipiente, em razão do choque das moléculas, usaremos diretamente da definição da pressão, isto é, $p = \dfrac{|\vec{F}|}{A}$; como sabemos, para o cálculo da pressão, devemos considerar a força normal que age na superfície. Mais precisamente, podemos considerar a força normal que age na superfície, no choque, como sendo a soma vetorial da componente normal à superfície com a componente tangencial à superfície. Assim, matematicamente, temos que, $\vec{F} = \vec{F}_t + \vec{F}_n$, com $\vec{F}_t$ a força tangencial à superfície e F_n a força nominal à superfície. Para o cálculo da pressão física $p = \dfrac{\left|\vec{F}_n\right|}{A}$.

Para determinar a pressão que temos nas paredes do recipiente, devemos calcular a força que age na direção normal à superfície da parede em questão, no caso, na direção x (parede do recipiente) devido a todos os choques das moléculas no recipiente.

Assim, na direção x, considerando N moléculas se chocando com a parede vertical direita, temos o seguinte cálculo:

$$F_{x\text{total}} = F_x^{(1)} + F_x^{(2)} + F_x^{(3)} + \ldots + F_x^{(n-1)} + F_x^{(n)}$$

Sendo n o número de moléculas. Temos que a força $F_x^{(1)}$ devida à molécula número 1 é dada por

$$F_x^{(1)} = \frac{m \cdot [v_x^{(1)}]^2}{l}$$

Veja que todas as moléculas têm a mesma massa m. Levando em conta todas as N moléculas, ficamos com,

$$F_{x\text{total}} = F_x^{(1)} + F_x^{(2)} + F_x^{(3)} + \ldots + F_x^{(n-1)} + F_x^{(n)}$$

$$F_{x\text{total}} = \frac{m \cdot [v_x^{(1)}]^2}{l} + \frac{m \cdot [v_x^{(2)}]^2}{l} + \frac{m \cdot [v_x^{(3)}]^2}{l} + \ldots + $$
$$+ \frac{m \cdot [v_x^{(n)}]^2}{l}$$

Sabemos que a pressão é dada por

$$p = \frac{F_{xtotal}}{A} = \frac{F_{xtotal}}{l \cdot l} = \frac{F_{xtotal}}{l^2}$$

Assim temos que,

$$p = \frac{F_{xtotal}}{l^2} = \frac{m \cdot [v_x^{(1)}]^2}{l^3} + \frac{m \cdot [v_x^{(2)}]^2}{l^3} + \frac{m \cdot [v_x^{(3)}]^2}{l^3} + \ldots +$$
$$+ \frac{m \cdot [v_x^{(n)}]^2}{l^3}$$

$$p = \frac{F_{xtotal}}{l^2} = \frac{m}{l^3} \cdot \{[v_x^{(1)}]^2 + [v_x^{(2)}]^2 + [v_x^{(3)}]^2 + \ldots + [v_x^{(n)}]^2\}$$

Vamos agora considerar dois aspectos em nosso modelo mecânico de gás ideal, considerações estas fundamentais para conseguirmos evoluir em nossos cálculos. Para todas as moléculas no recipiente, temos

$$[v^{(1)}]^2 = [v_x^{(1)}]^2 + [v_y^{(1)}]^2 + [v_z^{(1)}]^2$$

Nesse caso, especificamos a molécula de número 1, mas a igualdade vale para qualquer das N moléculas. Ainda, como estamos admitindo desde o início de nossos cálculos, o número de moléculas N é muito grande, da ordem de 10^{23}, ou seja, 1 mol.

Considerando o número grande de moléculas e também, por uma questão de simetria, em média o número de choques das moléculas em uma determinada parede, é o mesmo, em média, em relação a qualquer outra parede. No cálculo realizado acima, cujo resultado obtido, é mostrado novamente a seguir, podemos definir uma grandeza,

$$p = \frac{F_{x\,total}}{A} = \frac{F_{x\,total}}{l^2} = \frac{m}{l^3} \cdot \{[v_x^{(1)}]^2 + [v_x^{(2)}]^2 + [v_x^{(3)}]^2 + \ldots + \\ + [v_x^{(n)}]^2\}$$

Definimos como sendo o valor médio da velocidade na direção x, ou seja, a componente da velocidade na direção x, ao quadrado, para todas as moléculas, a expressão a seguir

$$\left(v_x\right)_{médio}^2 = \frac{\{[v_x^{(1)}]^2 + [v_x^{(2)}]^2 + [v_x^{(3)}]^2 + \ldots + [v_x^{(n)}]^2\}}{N}$$

Veja que as velocidades das moléculas que compõem a amostra gasosa podem ter vários valores, mas o valor absoluto médio das velocidades é de valor bem caracterizado, ou seja, bem determinado. O mesmo podemos fazer para o valor médio do quadrado da intensidade do vetor velocidade. Como por exemplo, consideramos uma caixa de fósforos, nela temos vários palitos, cada palito tem um determinado comprimento. Apesar de cada um dos palitos ter um comprimento de valor bem especificado, porém diferentes entre si em geral, temos que o valor médio do comprimento dos palitos é um valor bem determinado.

O mesmo raciocínio vale para o valor médio do quadrado da intensidade do vetor velocidade do conjunto de moléculas no recipiente. Assim, definimos o valor médio do quadrado do módulo da velocidade, de um conjunto de N moléculas como sendo

$$v_{médio}^2 = \frac{[v_x^{(1)}]^2 + [v_x^{(2)}]^2 + [v_x^{(3)}]^2 + \ldots + [v_x^{(n-1)}]^2 + [v_x^{(n)}]^2}{N}$$

Sendo que para cada uma das N moléculas, temos:

- Molécula 1, $v_1^2 = [v_x^{(1)}]^2 + [v_y^{(1)}]^2 + [v_z^{(1)}]^2$
- Molécula 2, $v_2^2 = [v_x^{(2)}]^2 + [v_y^{(2)}]^2 + [v_z^{(2)}]^2$
- Molécula $n-1$, $v_{n-1}^2 = [v_x^{(n-1)}]^2 + [v_y^{(n-1)}]^2 + [v_z^{(n-1)}]^2$
- Molécula n, $v_n^2 = [v_x^{(n)}]^2 + [v_y^{(n)}]^2 + [v_z^{(n)}]^2$

Assim podemos escrever:

$$\left(v^2\right)\text{médio} = \left(v_x^2\right)\text{médio} + \left(v_y^2\right)\text{médio} + \left(v_z^2\right)\text{médio}$$

Pois cada componente da velocidade vale a igualdade:

$$v_x^2 = \frac{[v_x^{(1)}]^2 + [v_x^{(2)}]^2 + [v_x^{(3)}]^2 + \ldots + [v_x^{(n-1)}]^2 + [v_x^{(n)}]^2}{N}$$

Agora, por consideração de simetria, o número de choques das moléculas em cada uma das paredes por unidade de área deve ser igual para qualquer outra parede. Pois, podemos constatar isto experimentalmente, suspendendo por um fino fio uma caixa com N moléculas e verificamos que a caixa fica imóvel, com isso deve ter força resultante sendo exercida no conjunto das paredes como sendo o vetor nulo. Assim, podemos escrever matematicamente, na média:

$$\left(v_x^2\right)\text{médio} = \left(v_y^2\right)\text{médio} = \left(v_z^2\right)\text{médio}$$

assim ficamos com o valor da pressão como sendo dado pela expressão:

$$p = \frac{F_{x\,\text{total}}}{A} = \frac{F_{x\,\text{total}}}{l^2} = \frac{m}{l^3} \cdot \{[V_x^{(1)}]^2 + [V_x^{(2)}]^2 + [V_x^{(3)}]^2 + \ldots + $$
$$+ [V_x^{(n)}]^2\}$$

como,

$$\left(V_x^2\right)\text{médio} = \frac{[V_x^{(1)}]^2 + [V_x^{(2)}]^2 + [V_x^{(3)}]^2 + \ldots + [V_x^{(n-1)}]^2 + [V_x^{(n)}]^2}{N}$$

Ficamos com

$$p = \frac{F_{x\,\text{total}}}{l^2} = \frac{m}{l^3} \cdot N \cdot (v_x^2)_{\text{médio}}.$$

Mas, $m \cdot N = M$, sendo M a massa total do gás contido no recipiente de volume $V = l^3$. Assim, podemos escrever:

$$p = \frac{F_{x\,\text{total}}}{l^2} = \frac{M}{l^3} \cdot (v_x^2)_{\text{médio}}$$

$$p = \frac{F_{x\,\text{total}}}{l^2} = \frac{m}{V} \cdot (v_x^2)_{\text{médio}}$$

Admitindo um determinado tipo de gás em questão, podemos escrever

$$m \cdot N = M, \text{ mas } M_{\text{mol}} \cdot n = M$$

sendo a massa molecular o gás no recipiente. Assim podemos escrever que

$$p = \frac{m}{V} \cdot (v_x^2)_{\text{médio}} = \frac{n \cdot M_{\text{mol}}}{V} \cdot (v_x^2)_{\text{médio}}$$

Continuando, sabemos que, por simetria, como já argumentado e discutido,

$$\left(v_x^2\right)_{\text{médio}} = \left(v_y^2\right)_{\text{médio}} = \left(v_z^2\right)_{\text{médio}}$$

Desta forma, como

$$\left(v^2\right)_{\text{médio}} = \left(v_x^2\right)_{\text{médio}} + \left(v_y^2\right)_{\text{médio}} + \left(v_z^2\right)_{\text{médio}}$$

Temos que,

$$\left(v^2\right)_{\text{médio}} = 3 \cdot \left(v_x^2\right)_{\text{médio}} + 3 \cdot \left(v_y^2\right)_{\text{médio}} + 3 \cdot \left(v_z^2\right)_{\text{médio}}$$

Como estamos calculando a pressão na parede vertical direita, na direção x, ficamos com

$$p = \frac{F_{x\,\text{total}}}{l^2} = \frac{m \cdot N}{V} \cdot (v_x^2)_{\text{médio}} = \frac{n \cdot M_{\text{mol}}}{V} \cdot (v_x^2)_{\text{médio}}$$

$$p = \frac{F_{x\,\text{total}}}{l^2} = \frac{n \cdot M_{\text{mol}}}{V} \cdot \frac{(v_x^2)_{\text{médio}}}{3}$$

A grandeza $(v_x^2)_{\text{médio}}$ recebe um nome especial que é a velocidade média quadrática, e representada por v_{rms} cuja iniciais vêem do inglês rms – *root mean square*; que é valor médio quadrático.

Com relação à expressão obtida aqui, podemos dizer que a pressão exercida por um gás, a uma dada temperatura, é dada pelo número de mols de moléculas do gás, multiplicado pela massa molar do gás contido no recipiente, dividido pelo volume do recipiente e multiplicado pelo quadrado médio da velocidade das moléculas, e dividido por três.

Assim, a última expressão obtida tem uma característica interessante: relaciona grandezas macroscópicas, no caso, a pressão, que pode ser medida por um manômetro, a massa molecular do gás e o número de mols, com uma grandeza microscópica, que no caso é a velocidade das moléculas, mais precisamente com o quadrado médio da velocidade das moléculas. Dessa forma, essa última expressão é um elo entre o mundo microscópico, mundo dos átomos e moléculas, com o mundo macroscópico, mundo da matéria tangível; no caso uma porção de gás contido no recipiente.

Continuando, podemos representar a energia cinética média obtida no movimento de translação de uma molécula, como

$$E_{CT\,\text{média}} = \frac{1}{2} m \cdot (v^2)_{\text{médio}}$$

identificando com a expressão

$$p = \frac{n \cdot M_{\text{mol}}}{3V} \cdot (v^2)_{\text{médio}}$$

ficamos com

$$p = \frac{n \cdot M_{\text{mol}}}{3V} \cdot \frac{2 \cdot E_{CT\,\text{média}}}{m}$$

$$p = \frac{2}{3} \cdot \frac{n \cdot M_{\text{mol}}}{m \cdot V} \cdot E_{CT\,\text{média}}$$

Como $n \cdot M_{mol} = M$, temos que a pressão pode ser expressa como sendo

$$p = \frac{2}{3} \cdot E_{CT\,\text{média}} \cdot \frac{N}{V} = \frac{2}{3} \cdot \frac{N}{V} \cdot E_{CT\,\text{média}}$$

por meio da equação dos gases perfeitos, sabemos que

$$pV = nRT = NkT$$

que identificamos com a equação microscópica da pressão

$$p = \frac{2}{3} \cdot \frac{N}{V} \cdot E_{CT\,\text{média}}$$

Assim, chegamos à conclusão que

$$p = \frac{2}{3} \cdot \frac{N}{V} \cdot E_{CT\,\text{média}} \cdot V = NRT$$

A segunda lei da Termodinâmica e teoria Cinética dos Gases

$$\frac{2}{3} \cdot E_{CT\text{média}} = RT$$

$$E_{CT\text{média}} = \frac{3}{2}RT$$

Em palavras, a temperatura é uma medida da energia cinética de translação média das moléculas. Esse é um dos resultados mais importantes conseguidos na física durante o século XIX. Pela primeira vez, foi possível dar uma interpretação física à temperatura.

Vemos que mesmo por meio de um modelo bastante simplificado de gás, pudemos obter uma expressão que fornece uma interpretação à temperatura. Certamente, podemos construir modelos mais sofisticados de gases ideais, ou mesmo de gases reais.

Em meados do século XIX, Clausius obteve a interpretação física da temperatura, abrindo as portas para uma forma nova de estudar os fenômenos físicos, a partir da constituição básica da matéria. Essa abordagem se desenvolveu muito e é intensamente usada em nossos dias, tanto para a ciência básica como na tecnologia. Finalizando este assunto neste livro, esperamos ter mostrado aos estudantes o alcance da termodinâmica e, ainda, a extensão dos seus conceitos básicos. Certamente, estudos mais avançados serão realizados dentro da especialidade de cada curso. Na soldagem, na mecânica dos motores em geral, no estudo da dissipação de energia em mecanismos, na fabricação de componentes elétricos, a termodinâmica está presente e deve ser aplicada e, se possível aprofundada.

EXERCÍCIOS RESOLVIDOS

1) Dar exemplos de processo que poderiam ocorrer, considerando exclusivamente a conservação de energia, mas que não são observados espontaneamente na natureza. Discutir os exemplos.

   Exemplo a) Dois corpos, a temperaturas distintas, são postos em contato térmico. Nunca foi verificado que espontaneamente o corpo, inicialmente quente, depois do contato térmico com o corpo inicialmente frio, tenha ficado mais quente e que o corpo frio inicialmente tenha ficado mais frio. Se a energia térmica ΔU tivesse saído do corpo frio, na forma de calor, e tivesse sido entregue ao corpo quente, não haveria violação da primeira lei da Termodinâmica. Ocorre que nunca verificamos esse fenômeno. Corpos podem ser esfriados, mas é necessária uma intervenção externa, que custa trabalho; esse processo não é espontâneo.

Exemplo b) Quando um corpo desliza em uma superfície com atrito, ele prossegue perdendo velocidade e a força de atrito trabalha no sentido de transformar energia mecânica cinética em energia térmica. Verificamos que, quando o corpo para totalmente, toda energia cinética, inicialmente com o corpo, foi transformada em energia térmica, parte ficando no corpo e parte na superfície deslizante. Por que não verificamos que a superfície esfrie, assim como o corpo, e a energia térmica que sai do corpo e da superfície se transforme em energia cinética do corpo e, assim, o corpo saia com a velocidade inicial do movimento?

Do ponto de vista da primeira lei da Termodinâmica, não haveria sua violação. Mas nunca observamos tal ocorrência.

Exemplo c) Quando ligamos um ventilador em uma sala, a sala se aquece. A energia mecânica nas hélices é transformada em energia térmica do gás na sala, e nas partes da sala. Não verificamos o contrário, ou seja, que, com o ventilador desligado, o ar da sala ficasse mais frio e a energia térmica cedida ao ventilador fizesse com que as suas pás adquirissem uma energia cinética igual à energia térmica cedida. Nunca verificamos tal efeito e veja que, como descrito, isso não violaria a primeira lei da Termodinâmica. Por que não ocorre?

Exemplo d) Quando soltamos um corpo, a certa altura, e ele cai em uma bacia com água, verificamos que a água se aquece, pois ocorre a transformação de energia potencial em mecânica (no início da queda) em energia térmica (no final da queda). Não verificamos o contrário, ou seja, que a água esfrie, transforme a energia térmica do seu resfriamento em energia cinética do corpo, e este salte da água, chegando à altura de onde partiu, com a energia potencial que possuía. Esse evento não violaria a primeira lei da Termodinâmica, mas nunca vimos tal fenômeno ocorrer. Por quê?

Exemplo e) Vemos em um filme, dois carros, depois de sofrerem uma colisão, ficando bem amassados; o filme mostra os carros se desamassando e retornando às intensidades de velocidades de antes no choque. As pessoas, assistindo ao filme, saberiam que o filme foi exibido no sentido do contrário, ou seja, do futuro para o passado. Como sabemos disso? Veja que a energia necessária para amassar os carros, e

A segunda lei da Termodinâmica e teoria Cinética dos Gases

transformada em energia térmica, poderia ser reconduzida aos carros em forma de energia cinética.

Exemplo f) Atualmente, está em voga a questão de se economizar energia. Mas a primeira lei da Termodinâmica declara que em todos os processos que ocorrem na natureza, sejam biológicos, ambientais, químicos e físicos, a energia se conserva. Assim, qual o sentido da preocupação em "economizar" energia?

Exemplo g) Deixamos um bloco de ferro exposto ao ar. Depois de dias, vemos que o bloco está "enferrujado", isto é, oxidado. Por que não vemos o bloco de ferro oxidado tornando-se outra vez novo? Certamente, se o fluxo de energia na oxidação invertesse o sentido e fosse usado na desoxidação, isso não violaria a primeira lei da Termodinâmica. Nunca vimos esse fenômeno ocorrer espontaneamente. Por que não?

2) Definir processo reversível e irreversível. Qual a importância desses conceitos para a termodinâmica?

Solução:

Nos processos reversíveis, as transformações ocorrem de forma extremamente lenta, dizemos que são transformações quase estáticas. Durante as transformações, as variáveis termodinâmicas estão muito bem definidas. Mais, nas transformações reversíveis as movimentações ocorrem sem atritos; por exemplo, ao se movimentar o pistão para variar o volume do sistema termodinâmico não há dissipação de energia.

Os processos reversíveis são muito importantes para a termodinâmica, uma vez que a partir deles podemos efetuar cálculos para encontrar valores de funções de estado, como, por exemplo, a energia interna e a entropia. Temos, ainda, outras funções termodinâmicas mais avançadas e muito úteis, e bastante utilizadas na prática, como a entalpia, a energia livre de Gibbs e a energia de Helmholtz.

Dependendo dos valores assumidos por certas funções termodinâmicas é possível saber se os processos em análise poderão ser realizados ou não.

Processo irreversível é uma transformação termodinâmica realizada em um tempo relativamente pequeno e as partes dos mecanismos em que está o sistema termodinâmico apresentam atritos. Por exemplo. A variação de volume de um gás, mantido em um recipiente provido de um êmbolo que apresenta atrito com as paredes do recipiente é processo irreversível.

Na realização de qualquer processo reversível, a variação de entropia do Universo (sistema termodinâmico e vizinhança) é igual a zero, isto é, $\Delta S = 0$ (a entropia do Universo não varia). Não houve nenhuma transformação permanente no Universo. Podemos voltar à situação anterior, antes de se realizar o processo reversível.

Se tivermos realizado um processo irreversível, qualquer processo irreversível, a variação de entropia do Universo é maior que zero, $\Delta S > 0$ (a entropia do Universo aumenta). O Universo mudou para sempre, NADA poderá ser feito para que o Universo volte a ser o que era.

Os processos irreversíveis são os que, de fato, ocorrem na natureza. Os processos reversíveis são uma idealização, algo impossível de ser realizado. Dessa forma, sempre verificamos um aumento de entropia no Universo, em tudo o que ocorre na natureza.

Apesar de os processos reversíveis serem uma idealização, eles são importantes nos estudos termodinâmicos, porque podemos fazer cálculos com os processos reversíveis e encontrar valores de funções termodinâmicas. Como as funções termodinâmicas dependem apenas de estado termodinâmico, e não do processo que levou o sistema termodinâmico ao estado termodinâmico em questão, usamos caminhos (processos) termodinâmicos reversíveis para calcular grandezas importantes de processo, e assim estudar aspectos dos processos irreversíveis.

3) Definir a grandeza termodinâmica entropia. Como calculamos a entropia em um processo termodinâmico? A entropia é uma função de estado termodinâmica. O que significa isso?

Solução:

A entropia, ou melhor, variação de entropia, é definida matematicamente da seguinte forma

$$\Delta S_{1 \to 2} = S_2 - S_1 = \int_1^2 \frac{dQ}{T}$$

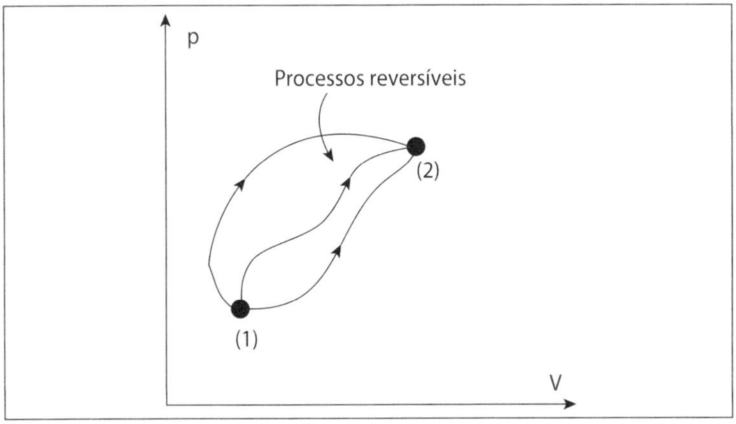

Figura 7.12

Para qualquer processo termodinâmico reversível o cálculo da integral apresentada aqui conduz ao mesmo resultado, uma vez que estamos diante de uma função termodinâmica.

Quando temos de calcular a variação de entropia entre dois estados termodinâmicos, podemos construir um processo termodinâmico reversível que liga os dois estados termodinâmicos e, assim, calcular essa integral. A ideia é escolher um processo reversível, em que seja relativamente simples efetuar o cálculo da integral, e assim determinar a variação de entropia.

Veja que o cálculo da integral nos dá o valor da variação da entropia. A determinação da entropia em um estado depende de uma referência: consideramos um determinado valor de entropia para um estado termodinâmico particular. Para as aplicações, o que nos interessa conhecer é a variação da entropia, e o mesmo ocorre para a energia interna.

Como enfatizamos, fazer o cálculo da variação da entropia por qualquer "caminho" termodinâmico reversível (processo termodinâmico reversível) é possível, uma entropia é uma função de estado.

Aprofundando: Para um processo termodinâmico podemos escrever

$$\Delta U = Q_{processo} - \tau_{processo}$$

No caso de o trabalho ($\tau_{processo}$) poder ser escrito exclusivamente como $p \cdot \Delta V$ (há a possibilidade de outros trabalhos, como, por exemplo, trabalho da força elétrica, trabalho da força elástica, trabalho da força da tensão superficial, e muitos outros tipos de trabalho. Faça uma pesquisa em livros mais avançados), e não ocorrer variação do volume processo isocórico, temos que $\tau_{\text{processo isocórico}} = 0$ no processo escolhido. Assim,

$$\Delta U = Q_{\text{processo isocórico}} = m \cdot c_v \cdot \Delta T$$

Dessa forma, podemos calcular a variação de entropia como

$$\Delta S_{1\to 2} = S_2 - S_1 = \int_1^2 \frac{dQ}{T} = \int_{T1}^{T2} \frac{m \cdot c_v \cdot dT}{T}$$

Integral calculada para o processo isocórico em questão ($V = $ cte).

Na maioria dos sistemas físicos, químicos e até biológicos, $c_v = c_v(T)$, ou seja, o calor específico a volume constante depende da temperatura. Então:

$$\Delta S_{1\to 2} = S_2 - S_1 = \int_{T1}^{T2} \frac{m \cdot c_v \cdot dT}{T} = \int_{T1}^{T2} \frac{c_v \cdot dT}{T}$$

Para o cálculo da integral, devemos saber como o calor específico a volume constante varia em função da temperatura.

Esta expressão é muito utilizada na prática, considerando qualquer tipo de sistema físico, principalmente os sólidos e líquidos, uma vez que estes não sofrem mudanças apreciáveis em seus volumes durante os processos térmicos.

4) Considere o sistema termodinâmico gás ideal monoatômico. Calcular a entropia nos processos termodinâmicos representados a seguir:

Figura 7.13
Processo a

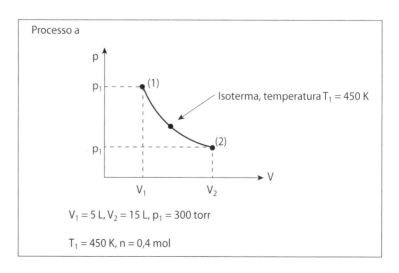

Processo a

$V_1 = 5$ L, $V_2 = 15$ L, $p_1 = 300$ torr

$T_1 = 450$ K, $n = 0{,}4$ mol

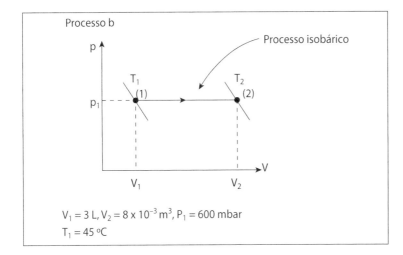

Figura 7.14
Processo b

$V_1 = 3$ L, $V_2 = 8 \times 10^{-3}$ m^3, $P_1 = 600$ mbar
$T_1 = 45$ °C

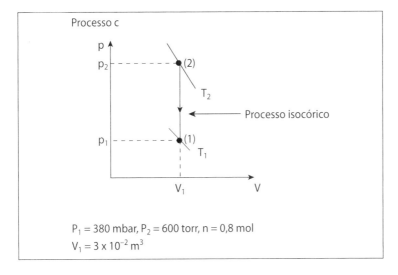

Figura 7.15
Processo c

$P_1 = 380$ mbar, $P_2 = 600$ torr, $n = 0,8$ mol
$V_1 = 3 \times 10^{-2}$ m^3

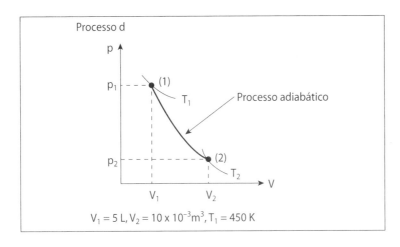

Figura 7.16
Processo d

$V_1 = 5$ L, $V_2 = 10 \times 10^{-3}$ m^3, $T_1 = 450$ K

Considere, em todos os casos, o gás hélio (He) e, ainda, considere válido o modelo de gás ideal. Discutir se o modelo de gás ideal é aplicável nos processos aqui estudados.

Solução:

Calculemos as variações de entropia para os processos reversíveis propostos. Como sabemos a equação de estado de um gás ideal é $PV = nRT$ e os calores específicos a volume constante e pressão constante, para um gás monoatômico, dados respectivamente por:

$$c_v = \frac{3}{2}R \quad \text{e} \quad c_p = \frac{5}{2}R$$

com valores numéricos aproximados

$c_v = 3 \text{ cal} \cdot \text{mol}^{-1} \cdot \text{K}^{-1} = 12{,}6 \text{ J} \cdot \text{mol}^{-1} \cdot \text{K}^{-1}$

$c_p = 5 \text{ cal} \cdot \text{mol}^{-1} \cdot \text{K}^{-1} = 21 \text{ J} \cdot \text{mol}^{-1} \cdot \text{K}^{-1}$

sabemos que

$c_p - c_v = R = 2{,}0 \text{ cal} \cdot \text{mol}^{-1} \cdot \text{K}^{-1} = 8{,}3 \text{ J} \cdot \text{mol}^{-1} \cdot \text{K}^{-1}$

Figura 7.17

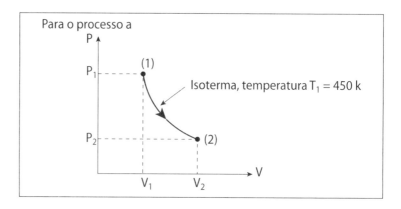

$$\Delta S_{1 \to 2} = S_2 - S_1 = \int_1^2 \frac{dQ}{T} = \frac{1}{T_1} \int_1^2 dQ$$

Com $\Delta U = Q - \tau = 0$ para um gás ideal em um processo isotérmico, temos que o processo termodinâmico (reversível) está especificado. Vemos que o processo termodinâmico (reversível) está especificado para poder calcular o trabalho.

$$\Delta S_{1 \to 2} = \frac{1}{T_1} \cdot \int_1^2 d\tau = \frac{1}{T_1} \int_{v1}^{v2} p dV = \frac{1}{T_1} \int_1^2 \frac{nRT_1}{V} dV =$$

$$= \frac{1}{T_1} nRT_1 \cdot \int_{v1}^{v2} \frac{dv}{V} = nR \ln \frac{V_2}{V_1}$$

$$\Delta S_{1\to 2} = S_2 - S_1 = n \cdot R \cdot \ln\frac{V_2}{V_1}$$

$$\Delta S_{1\to 2} = 0{,}4 \cdot 8{,}3 \ln\frac{15}{5} = 0{,}4 \cdot 8{,}3 \ln 3$$

$$\Delta S_{1\to 2} = 3{,}7 \text{ J} \cdot \text{K}^{-1}$$

Veja que a temperatura não participou do cálculo da variação da entropia. Certamente, a entropia depende da temperatura, mas o processo para o qual calculamos a variação de entropia ocorreu à temperatura constante e, dessa forma, o aumento da entropia foi devido ao aumento do volume. Veja também que não nos preocupamos em transformar litros em m³ (SI), pois no denominador e no numerador temos a mesma unidade.

Como exercício, calcular a variação de entropia por outro "caminho" (processo termodinâmico). Você vai se surpreender se der a mesma variação de entropia? Sabemos que é uma função de estado.

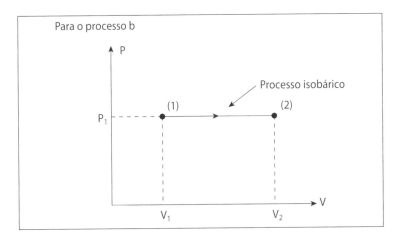

Figura 7.18

$$\Delta S_{1\to 2} = S_2 - S_1 = \int_1^2 \frac{dQ}{T}$$

Para um processo isobárico temos que o calor específico (à pressão constante) é dado para um gás monoatômico ideal
$$c_p = \frac{5}{2}R = 21 \text{ J} \cdot \text{mol}^{-1} \cdot \text{K}^{-1}$$
Assim, $dQ = n \cdot c_p \cdot dT$ e ficamos com

$$\Delta S_{1\to 2} = S_2 - S_1 = \int_{T_1}^{T_2} n \cdot c_p \cdot \frac{dT}{T} = n \cdot c_p \cdot \int_{T_1}^{T_2} \frac{dT}{T} = nc_p \ln\frac{T_2}{T_1}$$

$$\Delta S_{1\to 2} = S_2 - S_1 = n \cdot 21 \cdot \ln\frac{T_2}{273+45}$$

com o número de mols podendo ser encontrado como segue:

$p_1 \cdot V_2 = n \cdot RT_1$

$6 \cdot 10^4 \cdot 3 \cdot 10^{-3} = n \cdot 8{,}3 \cdot (273 + 45) = n \cdot 8{,}3 \cdot 318$

(fique atento às unidades!), passamos para o Sistema Internacional de Unidades (SI).

Assim, n = $6{,}8 \cdot 10^{-2}$ mol, agora, T_2 pode ser determinada de:

$p_1 \cdot V_2 = n\, R\, T_2 \Rightarrow$

$6 \cdot 10^4 \cdot 8 \cdot 10^{-3} = 6{,}8 \cdot 10^{-2} \cdot 8{,}3 \cdot T_2 \Rightarrow$

$T_2 = 850$ K .

Desta forma,

$$\Delta S_{1\to 2} = S_2 - S_1 = n \cdot c_p \cdot \ln\frac{850}{318} = 6{,}810^{-2} \cdot 21 \cdot \ln 2{,}673 \Rightarrow$$

$\Delta S_{1\to 2} = S_2 - S_1 = 1{,}40$ J $\cdot$ K^{-1}

Figura 7.19

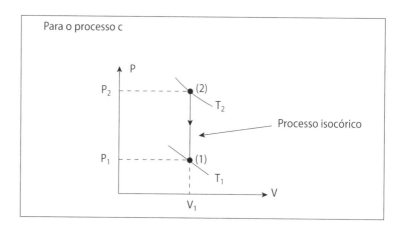

A variação de entropia entre os estados termodinâmicos (2) e (1), para um gás ideal monoatômico, pode ser calculada usando-se a própria definição de variação de entropia, em um processo reversível:

$$\Delta S_{2\to 1} = S_2 - S_1 = \int_1^2 \frac{dQ}{T}$$

como estamos diante de um processo isocórico

$dQ = n \cdot c_v \cdot dT$, portanto

$$\Delta S_{2 \to 1} = S_1 - S_2 = \int_{T_2}^{T_1} \frac{n \cdot c_v \cdot dT}{T} = n \cdot c_v \int_{T_1}^{T_2} \frac{dT}{T} \Rightarrow$$

$$\Delta S_{2 \to 1} = S_1 - S_2 = n \cdot c_v \cdot \ln \frac{T_1}{T_2} \Rightarrow$$

$$\Delta S_{2 \to 1} = 0,8 \cdot 12,6 \cdot \ln \frac{T_1}{T_2}$$

Por meio da equação de Clapeyron-Mendeleev temos que:

$$p_1 \cdot V_1 = n \cdot R \cdot T_1 \Rightarrow$$

$$3,8 \cdot 10^4 \cdot 3 \cdot 10^{-2} = 0,8 \cdot 8,3 \cdot T_1 \Rightarrow$$

$$T_1 = 171 \text{ K}$$

Agora, a temperatura T_2 pode ser obtida de:

$$p_2 \cdot V_2 = n \cdot R \cdot T_2 =>$$

$$5,98 \cdot 10^4 \cdot 3 \cdot 10^{-2} = 0,8 \cdot 8,3 \cdot T_2 =>$$

$$T_2 = 270 \text{ K}$$

Desta forma,

$$\Delta S_{2 \to 1} = S_1 - S_2 = 0,8 \cdot 12,6 \cdot \ln \frac{170}{270}$$

$$\Delta S_{2 \to 1} = -4,6 \text{ J} \cdot \text{K}^{-1}$$

Houve uma diminuição da entropia! Mas como pode haver uma diminuição de entropia? A Segunda Lei da Termodinâmica declara que a entropia do Universo sempre aumenta nos processos irreversíveis e não varia nos processos reversíveis. Ocorre que temos de considerar o sistema termodinâmico, o gás monoatômico ideal, e a vizinhança. Como o processo é reversível, a variação de entropia do Universo (o sistema termodinâmico e a vizinhança) é igual a zero. Assim, como houve diminuição da entropia do gás, a vizinhança deverá aumentar em igual quantidade sua entropia. Veja que o calor que sai do gás deve ir para a vizinhança, aumentando a sua entropia.

Figura 7.20

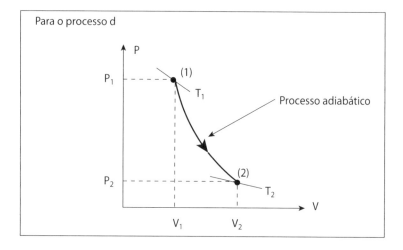

Analisemos a entropia na passagem do estado termodinâmico 1 para o estado termodinâmico 2, considerando um processo reversível adiabático. A variação de entropia é dada pela integral:

$$\Delta S_{2 \to 1} = S_1 - S_2 = \int_1^2 \frac{dQ}{T}$$

Como o processo é adiabático e reversível,

$\Delta Q = 0$

portanto,

$\Delta S_{1 \to 2} = S_1 - S_2 = 0$

Por meio desses quatro exemplos simples, porém expressivos, pudemos ver como são realizados os cálculos para a obtenção da variação da entropia.

Enfatizamos a necessidade de se especificar um processo termodinâmico reversível.

Para verificar se o cálculo da diferença da entropia, entre dois estados termodinâmicos é independente do processo termodinâmico, sugerimos fortemente que o estudante faça os cálculos nos exemplos trabalhados aqui, considerando processos reversíveis alternativos que ligam os mesmos estados termodinâmicos.

5) Estudar o processo de expressão livre de um gás ideal. Qual a variação de entropia no processo de expansão livre de um sistema isolado?

Solução:

O problema que se coloca é sobre a expansão livre de um gás ideal. Este caso se refere a um processo termodinâmico irreversível. Esquematizando, temos a seguinte situação:

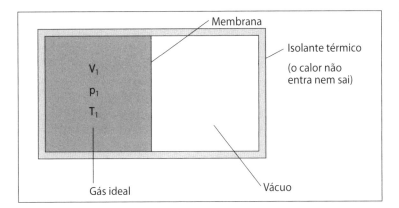

Figura 7.21

Vamos considerar um gás ideal confinado em um volume V, estando a pressão p e temperatura T. Podemos escrever que o gás ideal é regido pela equação de Clapeyron-Mendeleev $pV = nRT$. Como o sistema é isolado, nem calor entra e nem calor sai, também não há troca de matéria entre o sistema termodinâmico e sua vizinhança.

Consideremos que a membrana seja rompida; assim, o gás irá ocupar todo recipiente. A passagem do gás contido na parte da esquerda do recipiente para ocupar todo volume será um processo irreversível. Não há como definir estados de equilíbrio termodinâmico; a pressão não está bem definida, a temperatura não está bem definida, o volume que o gás ocupa, na transição também não está bem definido. Esquematicamente, temos a situação mostrada na Figura 7.22.

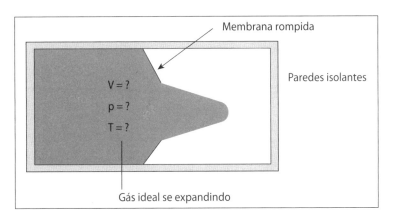

Figura 7.22

Quando dissemos que o volume não está bem definido, queremos dizer que o volume que o gás ocupa não está bem definido. Onde está a parede imaginária que separa o gás do vácuo depois do rompimento da membrana, e antes de atingir o novo estado de equilíbrio?

O mesmo argumento vale para a temperatura e para a pressão. As três grandezas termodinâmicas não podem ser expressas segundo a termodinâmica dos estados de equilíbrio.

Mesmo considerando o estudo do sistema físico por meio da disciplina dos fenômenos de transporte (transporte de momento, transporte de massa e transporte de calor) o problema é extremamente difícil, senão impossível, uma vez que o escoamento é turbulento, assunto de extrema dificuldade.

Vamos esquematizar o sistema termodinâmico depois que está no novo estado de equilíbrio termodinâmico, isto é, equilíbrio térmico, equilíbrio mecânico e equilíbrio químico.

Figura 7.23

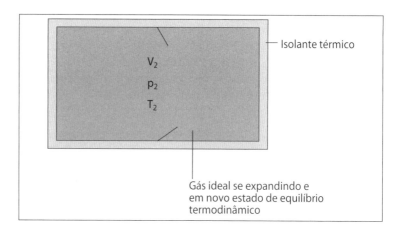

Vamos considerar, sem perda de generalidade, que o volume final, volume V_2 é o dobro de V_1, assim, $p_2 = \dfrac{1}{2} p_1$ e mais $T_2 = T_1$, pois, como estamos tratando de um gás ideal, a energia interna só depende da temperatura e, como $\Delta U = Q - \tau$ e, ainda, $Q = 0$ (sistema isolado termicamente) e também $\tau = 0$ (a expansão contra o vácuo), temos que $\Delta U = 0$, pois, para um gás ideal, $U = U(T)$.

Assim, vamos ao cálculo da entropia. Sabemos que:

$$\Delta S_{1 \to 2} = S_2 - S_1 = \int_1^2 \dfrac{dQ}{T},$$

como o sistema termodinâmico está isolado termicamente $\Delta Q = 0$, temos que

$$\Delta S_{1 \to 2} = S_2 - S_1 = \int_1^2 \frac{dQ}{T} = 0$$

Ou seja, não houve variação da entropia na expansão livre. **Certo? Não!** A conclusão está completamente errada! O cálculo da integral apresentado aqui deve, necessariamente, ser feito considerando um processo reversível, qualquer processo reversível!

A expansão livre está muito longe de ser um processo termodinâmico reversível. Assim não há sentido algum em fazer o cálculo considerando $\Delta Q = 0$ (embora ΔQ seja igual a zero!).

Temos que propor um processo reversível que, partindo do mesmo estado termodinâmico dado possa atingir o estado termodinâmico (estado de equilíbrio) final, depois da expansão livre.

Podemos imaginar o seguinte processo reversível. Um processo isotérmico à temperatura T_1, saindo do volume V_1 e chegando ao volume $V_2 = 2V_1$. Como conseguimos isso? Fazendo uso de um pistão móvel, à medida que o gás se expande vagarosamente, quase estaticamente, sem atrito, sem turbulência, temos um processo reversível. Como a temperatura é mantida constante (T_1), à medida que expande, o gás realiza trabalho sobre a vizinhança; como a energia interna do gás não muda, devemos fornecer igual quantidade de calor. Usando a primeira lei da Termodinâmica.

$$\Delta U_{1 \to 2} = U_2 - U_1 = Q^{\text{Isot}}{}_{1 \to 2} - \tau^{\text{Isot}}{}_{1 \to 2}$$

Como,

$$Q^{\text{Isot}}{}_{1 \to 2} = \tau^{\text{Isot}}{}_{1 \to 2}$$

temos que,

$$\Delta U_{1 \to 2} = U_2 - U_1 = 0$$

Esquematicamente, o processo isotérmico proposto aqui pode ser realizado com o seguinte arranjo experimental:

Figura 7.24

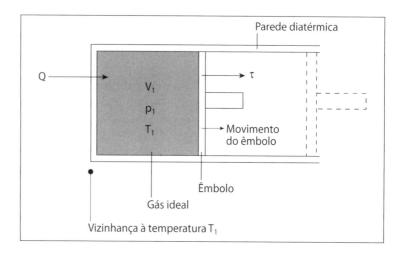

A pressão externa é quase igual à pressão do gás. A diferença é quase zero, o suficientemente para que o ângulo excursione para a direita e realize trabalho contra o ambiente (vizinhança). Agora, considerando esse processo reversível podemos calcular a variação de entropia entre os estados termodinâmicos 1 (p_1, V_1, T_1) e 2 (p_2, V_2, T_2), com

$$p_2 = \frac{p_1}{2}, V_2 = 2V_1 \text{ e } T_2 = T_1$$

Assim,

$$\Delta S_{1 \to 2} = S_2 - S_1 = \int_1^2 \frac{dQ}{T} = 0$$

E, ainda,

$$\Delta U = Q - \tau = 0$$

temos que $Q = \tau$. Dessa forma:

$$\Delta S_{1 \to 2} = S_2 - S_1 = \int_1^2 \frac{dQ}{T} = \int_1^2 \frac{d\tau}{T_1} = \frac{1}{T_1} \int_{V_1}^{V_2} p dV =$$

$$\frac{1}{T_1} \int_{V_1}^{2V_1} \frac{nRT1}{V} dV = \frac{1}{T_1} nRT_1 \int_{V_1}^{2V_1} \frac{dV}{V} = n \cdot R \cdot \ln \frac{2V_1}{V_1}$$

$$\Delta S_{1 \to 2} = S_2 - S_1 = n \cdot R \cdot \ln 2 > 0$$

Assim, no processo isotérmico reversível, sabemos que, pela segunda lei da Termodinâmica, a variação da entropia do Universo é igual a zero; dessa forma, o aumento da en-

A segunda lei da Termodinâmica e teoria Cinética dos Gases

tropia do gás deve ser compensado pela diminuição da entropia na vizinhança, o que é, de fato; pois o que foi ganho de calor Q pelo gás, foi justamente o perdido pela vizinhança à temperatura T_1, ou seja:

$$\Delta S_{\text{vizinhança}} = \frac{-Q}{T_1} = \frac{-(U-\tau)}{T_1} = \frac{-\tau}{T_1} = \frac{-nRT_1\ln 2}{T_1} = n \cdot R \cdot \ln 2$$

Assim,

$$\Delta U^{\text{Rev}}_{\text{universo}} = \Delta S_{\text{gás}} + \Delta S_{\text{vizinhança}} = nR\ln 2 - nR\ln 2 = 0$$

como deve ser em um processo reversível! Portanto, no processo irreversível, expansão livre:

$$\Delta S^{\text{Irrev}}_{\text{universo}} = \Delta S_{\text{gás}}^{\text{Irrev}} + \Delta S_{\text{vizinhança}} = nR\ln 2 + 0 = nR\ln 2 > 0$$

Ou seja, no processo irreversível houve um aumento da entropia do Universo. Veja que, tanto no caso reversível como no caso irreversível, o sistema termodinâmico em estudo, o gás ideal, sofreu igual variação de entropia. Assim, o que mudou? Mudou o Universo. No caso reversível, o aumento da entropia do gás ideal ocorre com a diminuição, em igual quantidade, da entropia da vizinhança. Dessa forma, o Universo como um todo ficou igual. Poderíamos diminuir o volume do gás, comprimindo o êmbolo, isotermicamente, e voltar tudo exatamente como era antes. O calor que agora sai do gás vai para a vizinhança à temperatura T_1, em razão do trabalho que a vizinhança realiza sobre o sistema termodinâmico (gás ideal). Nada mudou. É como se o tempo tivesse voltado.

Agora, com a expansão livre, a vizinhança não mudou nada, pois o sistema termodinâmico está isolado, mas sua entropia aumentou. Para voltar o sistema termodinâmico ao que era, temos de fazer o gás voltar ao volume original (volume V_1). Para que isso ocorra, temos de realizar trabalho sobre o gás, de forma isotérmica; assim, uma quantidade de calor será transferida à vizinhança, de maneira que o inverso não será mais o que era, nunca mais, não há o que fazer.

Perguntamos: Aumentou a entropia do Universo na expansão livre (processo irreversível). O que perdemos com isto?

Perdemos a oportunidade de ter realizado certa quantidade de trabalho, conforme o cálculo que segue, como:

$$\Delta S_{1\to 2}^{\text{Irrev}} = n \cdot R \cdot \ln 2$$

o trabalho τ é igual a

$$\tau = n \cdot R \cdot T_1 \cdot \ln 2 = Q$$

No processo reversível isotérmico, temos:

$$\Delta S_{1\to 2}^{\text{Irrev}} = n \cdot R \cdot \ln 2 = \frac{Q_{1\to 2} \text{ isot}}{T_1} = \frac{\tau^{\text{isot}}_{1\to 2}}{T_1} \Rightarrow$$

$$\tau^{\text{isot}}_{1\to 2} = T_1 \cdot \Delta S^{\text{Irrev}}_{1\to 2}$$

Vemos então que, ter expandido o gás irreversivelmente, em uma expansão livre, fez com que tenhamos perdido a chance de utilizar o trabalho $\tau^{\text{rever}}_{1\to 2}$. O Universo perdeu uma oportunidade, e nada há o que possa ser feito. Jamais recuperaremos essa energia para aproveitá-la. Veja que esta energia se conservou, mas temos agora uma energia que está indisponível para uso, ela se degradou.

Isto é o que ocorre quando realizamos processos irreversíveis em demasia na natureza, estamos indisponibilizando muita energia, ela está aí no ambiente, mas como usá-la?

As consequências dessas ações são dramáticas para nós. Este é um assunto fascinante!

---

6) Expor os enunciados da segunda lei da Termodinâmica, em suas formas usuais, e discuti-los.

Solução:

É comum ver, nos livros sobre termodinâmica, o enunciado da segunda lei da Termodinâmica apresentado de três formas diferentes, e totalmente equivalentes.

Uma forma de apresentá-lo é a seguinte: "Em um ciclo termodinâmico é impossível a conversão completa de calor em trabalho". Neste enunciado, quando falamos em ciclo, isto significa que o sistema termodinâmico volta a ser o que era. Ele não muda, mas a vizinhança deverá receber a carga de mudança imposta pelo processo termodinâmico. Se o processo for reversível, o Universo como um todo não muda. Se o processo for irreversível o Universo sofrerá uma mudança inexorável, nada poderá ser feito para que o Universo volte a ser o que era antes do processo irreversível.

Outra forma de apresentar a segunda lei da Termodinâmica é a seguinte: "É completamente impossível ocorrer passagem de calor de um corpo frio para um corpo quente, sem a intervenção externa".

Este enunciado declara que, simplesmente, não poderá ocorrer de forma natural, sem o uso de geladeiras, a passagem de calor de um corpo frio para um corpo quente. Esse enunciado está mais próximo de nossa experiência diária. Desde que tomamos contato com os fenômenos naturais, nunca vimos um corpo frio se tornar mais frio, estando a vizinhança a uma temperatura maior. Isto não violaria a primeira lei da Termodinâmica, se a energia que sai do corpo frio fosse para a vizinhança quente. Mas nunca observamos essa ocorrência.

A outra forma de apresentar é a seguinte:

"Nos processos que ocorrem na natureza a entropia nunca diminui". Nesta forma de apresentar a segunda lei da Termodinâmica foi usado o conceito de entropia. Assim, ele precisará ser definido e estudado. Fizemos exemplos neste capítulo usando este conceito; ele torna a segunda lei da Termodinâmica passível de ser operacionalizada, fato que não ocorre com as duas primeiras formas de enunciá-la.

As três formas são totalmente equivalentes. Assim, violar a segunda lei da Termodinâmica a partir do primeiro enunciado significa violar o segundo enunciado, como também o terceiro enunciado.

Para mais detalhes, veja os livros mais aprofundados sobre o assunto.

Veja que os dois primeiros enunciados são gerais, eles não especificam qual é o tipo de motor térmico, motor a gasolina, turbina de avião, caldeira que impulsiona um pistão. Não importa o tipo de motor térmico, operando em ciclos, nem todo calor injetado será transformado em trabalho. Inclusive cabe mencionar que os motores térmicos têm rendimento, em geral, na prática, não superior a 40%. Ou seja, 60% da energia colocada no motor térmico será exaurida para a vizinhança, "ajudando" a aquecer o Universo.

No caso da geladeira, ocorre que sempre, independentemente do modelo, do fabricante, ou do princípio de seu funcionamento, precisaremos alimentá-la com trabalho para que ela funcione.

A generalização da termodinâmica é impressionante, e vale mais nas reações químicas em geral, nos processos biológicos, e em tudo o que ocorre no Universo.

7) Quando você coloca uma geladeira ligada e aberta em uma sala, ela esfriará a sala? Justificar e discutir.

Solução:

Considere o esquema de uma geladeira: temos a sala e, nela, uma geladeira com a porta aberta e em funcionamento.

Figura 7.25

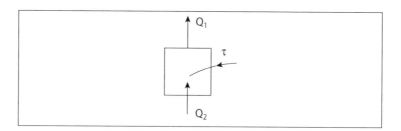

O trabalho τ é necessário para que a geladeira funcione. Sabemos que, para funcionar, a geladeira deverá ser conectada à tomada. Q_2 é o calor que é transferido do ar da sala para dentro da geladeira, o ar da sala será resfriado. Mas ocorre que, pela parte de trás da geladeira, pelo tubo fino aletado, o calor Q_1 é despejado também na sala. Pela primeira lei da Termodinâmica temos que $\Delta U_{ciclo} = Q_{total} - \tau = 0$, portanto $Q_{Total} - \tau = 0$, mas $\tau < 0$, pois o sistema termodinâmico está recebendo trabalho. Assim,

$Q_{Total} + |\tau| = 0 \rightarrow |Q_2| - |Q_1| + |\tau| = 0$

e temos também que $|Q_1| = |Q_2| + |\tau|$, ou seja, a sala será aquecida pela geladeira! Será aquecida pela quantidade de trabalho, pois o que será esfriada, na remoção de calor (Q_2), será aquecida pela quantidade de calor $|Q_1| - |Q_2| = \tau$.

Usamos a parte trás da geladeira para secar um pano de prato, por exemplo. A geladeira é uma bomba de calor. Ela retira energia térmica por meio de calor (calor é energia em trânsito, das partes e coisas que estão dentro da geladeira) e o exaure adicionado ao τ, para fora da geladeira.

Por isso, a parte de trás da geladeira deverá estar livre para troca de calor com o ambiente. Muitas vezes, as geladeiras funcionam mal porque a parte de trás está sem troca de calor, dentro de um compartimento.

---

8) Considerar um bloco de gelo com massa 1,4 kg à temperatura de −10 °C. O bloco é colocado em recipiente com

pistão móvel e com pressão externa de 1 atm(10^5 Pa). O bloco de gelo é aquecido até atingir a temperatura de 230 °C. Calcular a variação de entropia na água.

Solução:

Certamente, o processo real é não reversível (irreversível). Para calcular a variação de entropia na água devemos calcular a integral:

$$\Delta S_{1\to 2} = S_2 - S_1 = \int_{\text{Est.Termod1}}^{\text{Est.Termod2}} \frac{dQ}{T}$$

necessariamente, um processo reversível. Podemos considerar o sistema termodinâmico como esquematizado a seguir:

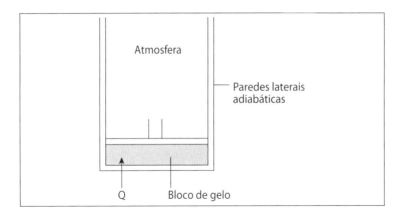

Figura 7.26

Vamos considerar as paredes laterais adiabáticas. Esquematicamente, vamos traçar a curva de aquecimento levar o sistema de –10 °C até 230 °C. Veremos que a construção do gráfico de aquecimento praticamente nos mostrará como deveremos fazer o cálculo da variação de entropia da porção de água.

O gráfico está fora de escala. Por meio dele, temos as quantidades de energia térmica que devemos fornecer a 1,4 kg de água para fazer a transformação à pressão constante de 1 atmosfera no nível do mar, aproximadamente $p\text{atm} = 1,01 \cdot 10^5$ Pa.

Considerando que podemos realizar o processo de forma bem lenta e sem atrito no pistão; a experiência levada a cabo pode ser aproximada como sendo reversível, mas, de qualquer forma, temos a energia necessária para levar $m =$

Figura 7.27

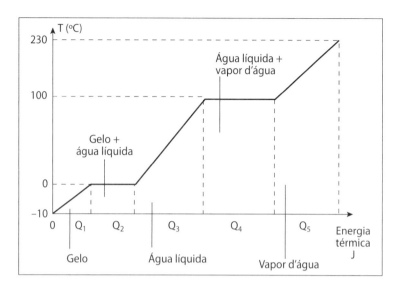

1,4 kg de água de –10 °C até 230 °C. Assim, para cada uma das etapas representadas no gráfico anterior, temos que:

$Q_1 = m \cdot c_p^{gelo} \cdot \Delta T_1 = 1,4 \cdot 2,09 \cdot 10^3 \, [0 - (-10)] =$
$= 1,4 \cdot 2,09 \cdot 10^3 \cdot 10 =>$

$Q_1 = 2,93 \cdot 10^4 \, J$

Q_1 é o calor necessário para aquecer o gelo de –10 °C até 0 °C. A partir dessa temperatura, o calor fornecido será para transformar o gelo em água líquida, portanto Q_2 será o calor latente de fusão:

$Q_2 = 1,4 \cdot 3,3 \cdot 10^5 => Q_2 = 4,62 \cdot 10^5 \, J$

A quantidade de energia necessária para aquecer 1,4 kg de água desde 0 °C até 100 °C é dada por:

$Q_3 = m \cdot c_p^{água \, líquida} \cdot \Delta T_2 = 1,4 \cdot 4,19 \cdot 10^3 \cdot (100 - 0) =>$

$Q_3 = 5,87 \cdot 10^5 \, J$

Estamos considerando que os calores específicos da água são independentes da temperatura e dependem somente do estado físico da matéria.

Segundo, quando a água líquida à temperatura de 100 °C continua a receber energia (no caso calor), não haverá aumento de temperatura, há apenas passagem da água líquida para a forma gasosa. Assim,

$Q_4 = m \cdot L_{vap} = 1,4 \cdot 2,26 \cdot 10^6 = Q_4 = 3,16 \cdot 10^6 \, J$

Sendo L o calor latente de vaporização à pressão atmosférica no nível do mar. Finalmente, para aumentar a temperatura de 100 °C até 230 °C do vapor d'água na pressão atmosférica temos de injetar a seguinte quantidade de energia:

$$Q_5 = m \cdot c_p \cdot \Delta T_3 = 1,4 \cdot 2,01 \cdot 10^3 \cdot (230 - 100) =$$
$$= 1,4 \cdot 2,01 \cdot 10^3 \cdot 130$$

$$Q_5 = 3,66 \cdot 10^5 \, J$$

A quantidade total de energia necessária, no caso calor, é dada por processo realizado à pressão atmosférica:

$$Q_T = Q_1 + Q_2 + Q_3 + Q_4 + Q_5 = 2,93 \cdot 10^4 + 4,62 \cdot$$
$$\cdot 10^5 + 5,87 \cdot 10^5 + 3,16 \cdot 10^6 + 3,66 \cdot 10^5 =>$$

$$Q_T = 4,6 \cdot 10^6 J$$

Podemos calcular a variação da entropia do gelo desde a temperatura de –10 °C até chegar ao vapor, à temperatura de 230 °C, à pressão atmosférica. Assim,

$$\Delta S = \Delta S_1 + \Delta S_2 + \Delta S_3 + \Delta S_4 + \Delta S_5 =>$$

$$\Delta S = \int_{i1}^{f1} \frac{dQ1}{T} + \int_{i2}^{f2} \frac{dQ2}{T} + \int_{i3}^{f3} \frac{dQ3}{T} + \int_{i4}^{f4} \frac{dQ4}{T} + \int_{i5}^{f5} \frac{dQ5}{T} =>$$

$$\Delta S = m \cdot c_p^{\,gelo} \cdot \int_{263}^{273} \frac{dT}{T} + \frac{Q2}{273} + m \cdot c_p^{\,\text{água líquida}} \int_{373}^{603} \frac{dT}{T} =>$$

$$\Delta S = 1,4 \cdot 2,93 \cdot 10^4 \ln \frac{273}{261} + \frac{4,62 \, x \, 10^5}{273} + 1,4 \cdot 4,19 \cdot 10^3$$

$$\ln \frac{373}{273} + \frac{3,16 \, x \, 10^6}{373} +$$

$$+ 1,4 \cdot 2,01 \cdot 10^3 \, \ln \frac{603}{373} =>$$

$$\Delta S = 1,5 \cdot 10^3 + 1,7 \cdot 10^3 + 1,8 \cdot 10^3 + 8,5 \cdot 10^3 + 1,4 \cdot 10^3 =>$$

$$\Delta S = 1,5 \cdot 10^4 \, J \cdot K^{-1}$$

Vemos que nas transformações de fase ocorridas no processo total, transformação sólido–líquido e transformação líquido–vapor, como ocorreu sem mudanças de temperatura (0 °C e 100 °C) o cálculo da variação da entropia fica bastante facilitado.

Consideramos que os calores específicos adotados são independentes da temperatura. Certamente, é uma simplificação, não grosseira. Para a água há tabelas de entropia, em função da temperatura, que podem ser consultadas. Não obstante a simplicidade do cálculo, os aspectos essenciais foram mostrados em sua forma de obtenção da variação da entropia.

---

9) Determinar a velocidade quadrática média (v_{qm}) das moléculas de um gás, estando a pressão de 0,1 atm em um volume de 200 litros. No recipiente há $1,2 \cdot 10^{-3}$ kg de H_2.

Solução:

Considerando que a pressão está bem abaixo da pressão atmosférica (patm = 1,01 ·) e o volume é relativamente grande, como uma pequena massa de gás, e como a massa molecular do hidrogênio (H_2) é 2 g, temos que o número de mols é:

$$n = \frac{m}{M_{H_2}} = \frac{1,2}{2} => n = 0,6 \text{ mol}$$

Levando em conta os valores da pressão e do volume e a quantidade de gás, podemos considerar o modelo de gás ideal adequado, representando bem o sistema físico. Dessa forma, a equação de Clapeyron-Mendeleev pode ser escrita como:

$$pV = n \cdot R \cdot T => (0,1 \cdot 1,01 \cdot 10^5) \cdot (200 \cdot 10^{-3}) = 0,6 \cdot R \cdot T$$

A constante R, para o Sistema Internacional de Unidades – SI – tem valor igual à 8,315 J · mol^{-1} · K^{-1}. Com os valores, podemos encontrar a temperatura que se encontra o gás

$$(0,1 \cdot 1,01 \cdot 10^5) \cdot (200 \cdot 10^{-3}) = 0,6 \cdot 8,315 \cdot T$$

$$T = \frac{2.020}{4,989} => T = 404,9 \text{ K}$$

Conhecendo a temperatura, podemos encontrar a velocidade quadrática media, com $E_{cm} = \frac{3}{2}kT$ temos que a energia cinética média por molécula é

$$E_{cm} = \frac{3}{2} \cdot 1{,}381 \cdot 10^{23} \cdot 404{,}9$$

$$E_{cm} = 8{,}39 \cdot 10^{21} \, J$$

Sabemos que

$$E_{cm} = \frac{1}{2} m_{H2} \cdot v_{qm}^2$$

com

$$v_{qm} = \sqrt{\frac{2_{Ecm}}{m_{H2}}}$$

A massa da molécula de hidrogênio é dada por

$$m_{H2} = \frac{2}{6{,}02 \cdot 10^3} \Rightarrow m_{H2} = 3{,}32 \cdot 10^{-24} \, g.$$

Transformando para $m_{H2} = 3{,}32 \cdot 10^{-27} \, kg$. Finalmente

$$v_{qm} = \sqrt{\frac{2 \cdot 8{,}39 \cdot 10^{-21}}{3{,}32 \cdot 10^{-27}}} \Rightarrow$$

$$v_{qm} = 2.248{,}2 \, m \cdot s^{-1}$$

Para muitos cálculos relacionados aos fenômenos de transporte, v_{qm} é bastante importante, como, por exemplo, os fenômenos de difusão de gás, tanto nos sólidos como nos gases, assim como nos líquidos. Muitos processos tecnológicos podem ser bem entendidos, e, com isso, podem ser melhorados, a partir do conhecimento de grandezas com origem na teoria cinética dos gases. Como exemplo, podemos citar o cálculo de condutâncias nos sistemas de alto--vácuo, muito utilizados nos processos de metalização de faróis e lanternas automotivas.

EXERCÍCIOS COM RESPOSTAS

1) Definir reservatório térmico, fonte fria, fonte quente e ciclo de Carnot. Definir rendimento de uma máquina térmica motor.

Respostas:

Vamos apenas apontar as respostas, pois elas podem ser encontradas diretamente nos capítulos pertinentes, e podemos dizer que: reservatório térmico é um corpo que pode ceder ou receber calor sem mudar sua temperatura. Na prática, um corpo com capacidade térmica muito grande pode ser usado como reservatório térmico. Por exemplo, uma caixa com 1.000 litros de água, em contato com uma ponta de um ferro de solda, pode ser considerada um reservatório térmico, pois o calor que deixa o ferro de solda não aquecerá a água apreciavelmente. Certamente, se deixarmos muito tempo, haverá alteração na temperatura dos 1.000 litros de água.

Fonte fria é um reservatório térmico que está a uma temperatura menor que um reservatório térmico a temperatura maior. Fonte quente segue definição similar. Ciclo de Carnot é um ciclo termodinâmico que realiza um processo isotérmico, em seguida, um processo adiabático, em seguida, um processo isotérmico e, finalmente, um processo adiabático. Rendimento de uma máquina térmica motor é a relação entre o trabalho realizado no ciclo termodinâmico e o calor que o motor térmico recebe.

2) Enunciar, de uma forma, a segunda lei da Termodinâmica.

Resposta:

Não pode haver a passagem de calor de um corpo mais frio para um corpo mais quente de forma espontânea. É impossível, em um ciclo termodinâmico de um motor térmico, haver transformação total de calor em trabalho. Procure em outros livros maneiras diferentes de expressar a segunda lei da Termodinâmica.

3) Seja um corpo com capacidade térmica muito grande. Digamos que o corpo esteja a uma temperatura de 30 °C. Encostamos um ferro de passar roupa no corpo e deixamos ocorrer uma passagem de calor de 5.800 J. O que aconteceu com a entropia do corpo? Se houve alguma alteração na entropia do corpo, qual o valor?

Resposta:

Podemos aproximar o corpo como sendo um reservatório térmico. Isso facilita muito os cálculos, pois a temperatura é mantida constante. A entropia aumenta, e o valor é aproximadamente de $19 \, \text{J} \cdot \text{K}^{-1}$.

4) Qual a variação de entropia durante a passagem de 50 litros de água sólida a 0 °C para água líquida também a 0 °C? Discutir o problema.

Resposta:

Como a transformação ocorre exclusivamente em razão da mudança de fase, a temperatura se mantém constante. Para que a fusão do gelo ocorra é necessária a transferência de energia ao bloco de gelo. Vamos considerar a transferência de calor para o bloco de gelo; não importa qual o tipo de energia transferida. A entropia é uma função de estado. Seja martelando o gelo, seja incidindo micro-ondas, seja incidindo ondas de ultrassom, não importa a forma de energia. Para o cálculo da entropia consideremos um processo reversível no qual é transferido calor. Veja que o gelo tem densidade menor que a água líquida. Dessa forma, a variação de entropia no corpo é de 56 kJ $\cdot$ K^{-1}.

5) Comentar sobre processos termodinâmicos quase estáticos. Definir processos termodinâmicos reversíveis e irreversíveis. Qual a importância dessas definições para a construção da termodinâmica do equilíbrio?

Resposta:

Somente para apontar a solução para estas questões, podemos levantar as palavras-chaves. Processos termodinâmicos quase estáticos pressupõem processos termodinâmicos realizados de forma muito lenta. Processos termodinâmicos reversíveis são os processos termodinâmicos realizados de forma quase estática e ainda sem atritos nas movimentações dos mecanismos. Toda a termodinâmica do equilíbrio está baseada nesses conceitos para estudar os processos. Pesquise esse assunto.

6) Considerar uma quantidade de água em uma garrafa térmica. Com a agitação da garrafa térmica fechada, o que você espera que ocorra com a temperatura da água na garrafa? Há variação de entropia da água? Descrever como a entropia pode ser calculada.

Resposta:

Haverá aquecimento da água, ou seja, ocorrerá elevação de temperatura. O mesmo ocorrerá com outro líquido. Na verdade, se colocássemos qualquer coisa dentro da garrafa, ela própria se aqueceria. Como estudado no capítulo anterior, estamos transferindo energia à garrafa, por meio da agitação. E como diz a primeira lei da Termodinâmica, deverá ocorrer aumento da energia interna do sistema termodinâmico. Se tivermos uma queda d'água, a energia potencial será transformada em energia cinética e, em seguida, no choque com o chão, haverá conversão em energia térmica, aquecendo a água. Podemos calcular a variação da entropia na garrafa térmica imaginando um processo reversível que faça com que ocorra a mesma mudança de estado. A partir desse processo termodinâmico, calcular a entropia.

BIBLIOGAFIA GERAL

1. AMALDI, Ugo. *Imagens da Física:* as ideias e as experiências do pêndulo aos quarks. Tradução de Fernando Trotta. São Paulo: Scipione, 1995. 539 p.

2. MÁXIMO, Antônio; ALVARENGA, Beatriz. *Física* – Ensino Médio. Vols. 1 e 2. São Paulo: Scipione, 2007.

3. CHAVES, Alaor; SAMPAIO, J. F. *Física Básica*. Vol. I – Mecânica. Rio de Janeiro: LTC, 2007.

4. HALLIDAY, David, RESNICK, Robert e WALKER, Jearl. *Fundamentos da Física*. Vols. 1 e 2. 8ª ed. Rio de Janeiro: LTC. 2009.

5. MCKELVEY, John P.; GROTCH, Howard. *Física*. Vols. 1 e 2. São Paulo: Harper&Row, 1979.

6. NUSSENZVEIG, H. M. *Curso de Física Básica*. VolS. 1 e 2. 4ª ed. São Paulo: Editora Edgard Blücher, 2002.

7. SERWAY, Raymond e JEWETT, John W. Jr. *Princípios de Física*. Vols. 1 e 2. São Paulo: Thomson, 2003.

8. TIPLER, Paul A. e MOSCA, Gene. *Física para Cientistas e Engenheiros*. Vols. 1 e 2. 6ª ed. Rio de Janeiro: LTC, 2009.

9. CENGEL, Yunus A. e BOLES, Michel A. *Termodinâmica*. São Paulo: McGraw-Hill, 2007.

10. BENENSON, Walter; HARRIS, John; STOCKER, Horst; LUTZ, Holger. *Handbook of Physics*. New York: Springer-Verlag, 2002.

Impressão e acabamento:

tel.: 25226368